내 몸 안의 생명 원리

인체생물학

흥미로운 인체 탐험

07

인간의 발생 · 진화 · 유전 · 복제 등
인간을 이해하는 가장 흥미로운 탐험!!

내 몸 안의 생명 원리 인체 생물학

요시다 구니히사 지음 | 황소연 옮김

전나무숲

머리말

꽤 오래 전부터 쉽고 재미난 교양생물학 책을 집필하기 위해 고군분투해왔고, 실제로 몇 권의 책을 출간했다. 다행히 그중에는 독자들의 뜨거운 호응을 얻으며 필자로서는 더할 나위 없는 행복을 맛본 책들도 있다. 특히 중학생, 고등학생, 초등학생들은 물론 학부모까지도 '와, 재밌어요!' 하는 독자편지를 보내 와 기쁨과 보람을 만끽한 적도 있었다. 쉽고 재미나게 쓰려고 머리를 쥐어짜며 원고를 다듬은 것은 사실이지만, 독자층이 그렇게 폭넓을 줄은 정말 상상도 못 했던 일이다.

언론에서는 '기초과학의 부재'에 대해 하루가 멀다 하고 보도하지만, 내가 겪은 호응들을 생각해보면 과학을 향한 일반인의 관심이 결코 적지 않음을 확신할 수 있다. 부족한 것은 일반인의 관심이 아니라, 자연과학을 연구하는 학자나 교수들이 일반인의 흥미에 귀 기울이며 그들의 눈높이에서 친숙한 언어로 친절하게 설명을 곁들이려는 노력과 아이디어가 아닐까?

이 책은 그 반성의 결과물이다. 그래서 많은 독자들의 바람에 호응하기 위해 인간의 생명이나 생활과 관련해 새롭게 밝혀진 이론과 화제가 된 교양생물 이야기 등 인간을 중심으로 한 생물학을 주요 내용으로 삼았다. 요컨대, 지금까지 출간한 생물학 관련 서적과 달리 '인간'에 좀 더 주안점을 두고 '인간이란 무엇인가'를 생물학적인 관점에서 철저히 해부하고자 했다.

집필 구상 단계에서는 훨씬 더 얄팍한 지면을 예상했지만, '베어 군'의 질문에 대답하다 보니 두툼한 책이 되고 말았다. 무엇보다 과학적인 시야를 아우르고 독자들의 호기심을 해소하기 위해 내용을 폭넓게 다뤘다. 주제에 따라서는 얕은 지식에 머무르는 대목도 있을 줄 안다. 우선은 이 책을 통해 생물학의 묘미를 맛보고, 이후 좀 더 전문적인 서적으로 지식의 깊이를 공고히 다졌으면 한다. 아무쪼록 내가 준비한 열두 달에 걸친 생물학 강의를 편안하게 즐기기를 바란다.

그럼, '베어 군'과 함께 두근두근 인체생물학의 열두 달 여행을 떠나보자. 참고로, '베어 군'은 어느 날 갑자기 우리 집에 찾아온 스마트하고도 호기심 많은 반달곰이다.

_ 요시다 구니히사

차례

3월

입학식

남과 여, 그 차이를 생각하다

중간고사

인간의 발생과 복제인간

봄 소풍

마음을 만드는 뇌

장마
뇌 건강을 생각하다

방학
질병과 건강

팥빙수
인간은 무엇을 먹고 살아왔을까?

한가위

인체의 균형과 조절 시스템

운동회
왜 늙을까, 왜 죽을까?

단풍
인간은 어디에서 왔을까?

대청소
인간이 지구에 저지른 일들

1월 새해 인사

유전자는 생명의 레시피

새해 첫날 해돋이를 구경하고 집에 돌아왔더니 딸 인생이와 반달곰이 식탁에 앉아 떡국을 맛있게 먹고 있는 게 아닌가?!

생박사 어, 어, 고, 곰이잖아? 어떻게 된 일이야?

반달곰은 나를 힐끗 보더니 떡을 우걱우걱 삼켰다.

인생양 아빠 오셨어요? 으응, 이 곰 씨, 집 앞에 있더라고요. 르포작가라나 뭐라나. 인간을 테마로 글을 쓰고 싶대요. 왜 있잖아요, 얼마 전에 사람이 곰을 냅다 던진 사건! 그 뉴스를 보고서 인간 자체에 흥미를 갖게 되었대요. 지적인 곰 씨 같아요.

생박사 어, 그렇구나. 근데 난 아냐. 곰을 때린 건 내가 아니라고. 난 아무 잘못도 없는걸.

인생양 곰나라 인터넷에 아빠 제자가 되면 인간에 대해 완벽하게 배울 수 있다는 정보가 떴대요. 대단해, 우리 아빠!

헉! 인터넷이 곰나라에까지? 물론 믿거나 말거나다.

인생양 곰 씨한테 인간을 가르친다? 어때요, 근사하지 않아요? 그리고 아빤 대학에서 '인간과 생물'을 테마로 강의를 하고 계시잖아요. 잘됐죠.

베어군 안녕하세요? 생물 박사님. 저는 곰이라고 합니다. 애칭은 '베어 군'이죠. 잘 부탁드립니다. 아하, 걱정하지 마세요. 절대로 수업시간에 깨문다든지 으르렁거리지 않을 테니까요. 물론 먹성은 무지 좋지만 때와 장소를 가릴 줄 아는, 이래 봬도 엘리트 곰이랍니다.

이렇게 해서 나는 새해 아침부터 꿈인지 생시인지 모를 기묘한 강의를 맡게 되었다.

곰의 자식은 반드시 곰이 된다?

딸아이는 약속이 있다며 서둘러 외출을 하고, 나와 베어 군만 식탁에 덩그러니 남게 되었다. 베어 군은 반쯤 남아 있는 떡국에 시선을 고정한 채 얌전히 앉아 있었다.

생박사 자네에게 한 가지 물어볼 게 있네. 사람이 곰을 던졌다는 해외 토픽, 그거 정말인가?

베어 군 네, 정말입니다. 아주 수치스런 뉴스로 곰나라가 한동안 떠들썩했지요.

생박사 요즘 반달곰은 예전같지 않은가 보네. 많이 허약해졌나 봐.

베어 군 그렇지만 그게 꼭 곰만의 잘못은 아닌 것 같습니다. 요즘 저희가 사는 숲에 사람들이 너무 자주 찾아와요. 그래서 젊은 곰들 가운데는 인간을 흉내 내거나, 인간이 되고 싶다고 떠벌리고 다니는 곰도 있어요. 말세라며 걱정하는 어르신 곰들도 많고요.

생박사 음, 정말 심각한 것 같구먼.

베어 군 저희 곰나라에는 '곰의 자식은 곰, 인간의 새끼는 인간'이라는 속담이 있답니다. 그런데 이렇게 인간 흉내를 내다가는 정말 '곰돌이 푸'처럼 인간을 빼닮은 곰이 탄생하지 않을까 싶어요.

생박사 아이고 무슨 소리. 말도 안 되지. 곰의 새끼는 어디까지나 곰이야.

베어군 아니, 교수님이 '새끼'라뇨? 언어순화 좀 하셔야겠네요.

생박사 허허, 미안 미안. 하지만 자네가 먼저 '인간 새끼'라는 표현을 쓰지 않았나?!

베어군 그건 그렇고. 왜 곰의 자식은 곰이 될 수밖에 없는 거죠? 혹시 DNA 때문에 그런가요?

생박사 자네가 DNA를 알고 있는가? 정말 자네 소개대로 엘리트 곰이구먼.

베어군 아이 뭘요. 인간이 말하는 걸 들은 적이 있어요. 근데 유전자, DNA 그런 건 다 뭐예요?

생박사 글쎄, 자네한테는 좀 어려울 텐데…. 이 분야는 인간들도 어려워해서 고개를 절레절레 흔들거든.

부모의 특징이 자식에게 전해진다

■ 유전이란?

가끔 친구의 핸드폰 배경화면에 저장된 가족사진을 보고 있노라면 굳이 설명하지 않아도 한 가족임을 단박에 알아차릴 수 있다. 아주 어릴 때는 잘 몰라도 유치원이나 초등학교에 들어갈 즈음이면 '저 부리부리한 눈, 제 아빠(혹은 엄마)를 빼닮았네' 하는 인사가 절로 나온다. 바로 '유전'이라는 단어를 떠올리는 순간이다.

유전이란 부모의 다양한 특징(키, 피부색, 성격 등)의 유전형질이 자식에게 전해지는 현상을 말한다. 이때 유전형질을 결정하는 인자를 '유전자'라고 한다.

■ 무엇이 전해질까?

유전되는 다양한 특징 가운데 '인간의 자손은 역시 인간'이라는 사실도 있다. 예를 들면 '두 다리와 두 눈, 그리고 약간의 털' 식으로 인간의 꼴을 결정하는 정보가 유전자에 포함된다. 마찬가지로 곰의 자식은 반드시 곰이 되는 것도 곰의 꼴을 만드는 유전자가 자손에게 고스란히 전해지기 때문이다.

■ 어떻게 전해질까?

인간은 자신의 의사를 전달하고 싶을 때 대체로 '언어'라는 도구를 이용한다. 하지만 유전의 경우는 예외다. 엄마가 뱃속에 있는 아기에게 일일이 '사람의 자식이 되어라. 머리카락은 노랑머리!' 하며 언어로 지시를 내리고 그 지시대로 태아가 자신의 몸을 만드는 일은 여태껏 없었으며 앞으로도 생기지 않을 것이다. 그렇다면 '머리카락은 노랑머리, 눈동자는 까만색'이라는 유전정보는 어떻게 자손에게 전달될까?

지금으로부터 150년 전만 해도 혈액과 같은 액체 물질이 부모에서 자손으로 전달되면서 인간의 다양한 특징이 전해진다고 믿었다. 이후 과학의 발달로 유전정보를 전달하는 물질은 세포핵 속의 염색체를 구성하는 데옥시리보 핵산(deoxyribo核酸), 즉 DNA라는 사실을 알게 되었다(그림 1-1). 유전자가 들어 있

그림 1-1 ▪▪ 세포핵 안에 있는 DNA

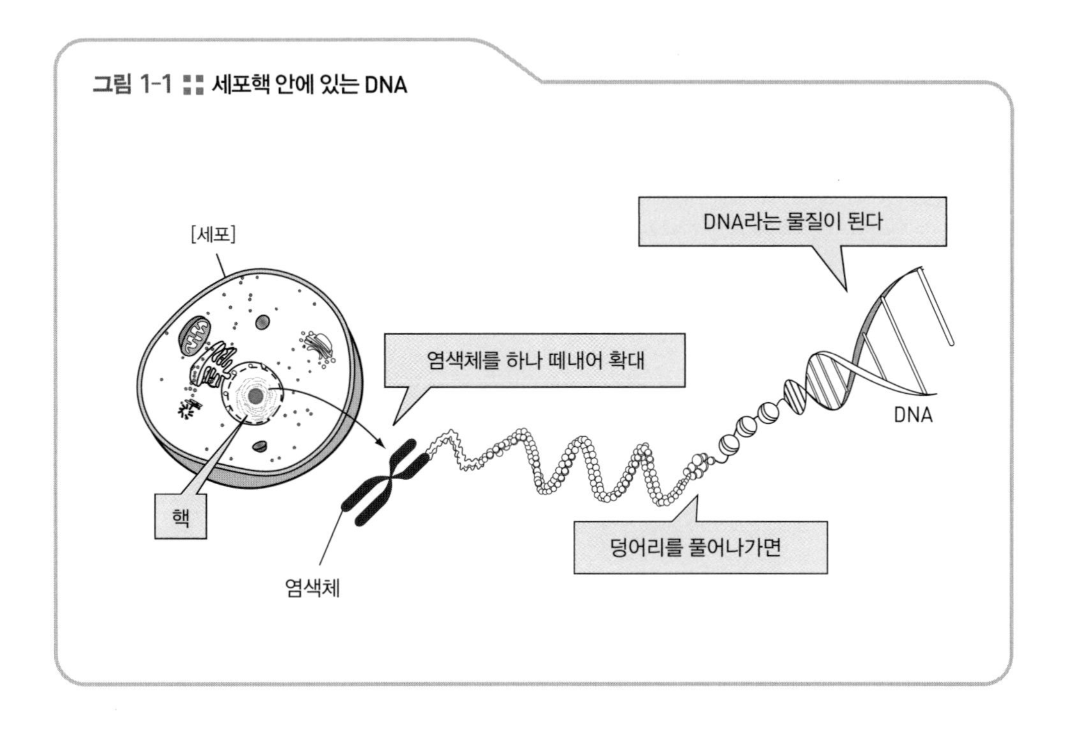

는 본체가 DNA인 셈이다.

베어군 박사님, 질문 있습니다! DNA는 세포핵 속에 들어 있다고 하셨는데요. 근데 인간의 몸을 구성하는 세포의 수는 60조 개가 훨씬 넘는다고 들었습니다. 그렇다면 그 세포 하나하나에 DNA가 들어가 있나요?

생박사 그렇지. 세포 하나하나에 같은 DNA가 들어가 있지.

베어 군은 잠시 생각에 잠기더니 자신의 손바닥을 펼쳐 보았다.

베어군 안 보이는걸요. 손바닥을 아무리 뚫어져라 쳐다봐도 세포도 DNA도 보이지 않아요.

생박사 하하하, 당연하지! 세포는 워낙 작아서 눈으로 보이지 않아.

베어군 그럼 상상해볼 수밖에 없겠네요. DNA는 어떻게 생겼을까요? 빨강, 아니 노란색 비즈 구슬 모양일까요?

생박사 아니, 비즈 구슬보다는 끈이나 가느다란 실을 떠올리는 게 더 정확할 거야. 사슬이라고 표현할 때도 있지만. 아무튼 인간의 세포 하나에 들어 있는 DNA를 하나로 이으면 1.8m나 된다고 해.

베어군 눈에 보이지도 않는 작은 세포 안에 1.8m나 되는 끈이 들어 있다고요! 압축의 달인이네요. 그런데 그 끈이 어떻게 유전정보를 전달하는 거죠? DNA는 그저 화학물질일 텐데요. 화학물질에 '흰색이 되어라!' 혹은 '눈은 크게!'라고 글자를 새기기는 힘들 것 같아요.

생박사 그럴 리 없지만, 글자를 쓸 수 있다고 해도 그 언어를 몸이 이해할 수는 없을 거야. 정보 전달의 열쇠는 바로 DNA의 구조에 달려 있거든.

DNA의 이중나선 구조와 유전정보의 전달 과정

가느다란 끈처럼 생긴 DNA는 그림 1-2처럼 이중나선 구조로 되어 있다.

먼저 '데옥시리보스-인산-데옥시리보스-인산…' 식으로 배열된 두 가닥의 중심 사슬이 서로 반대 방향을 가리키며 DNA의 뼈대, 즉 사다리 모양을 이루고, 데옥시리보스에서 아데닌(adenine, A), 티민(thymine, T), 구아닌(guanine, G), 사이토신(cytosine, C)이라는 4가지 염기가 서로 볼트와 너트처럼 A-T, G-C 식으로 쌍을 이루며 결합하여 사다리의 가로대 모양을 완성한다. 이때 두 가닥의 사슬이 서로 올록볼록 이어진 약한 화학 결합을 '수소 결합'이라고 부르고, A와 T 혹은 G와 C처럼 서로 끌어당기는 2개의 염기를 '상보적 염기쌍'이라고 말한다.

이와 같은 이중나선 구조는 1953년에 미국의 분자생물학자 제임스 왓슨(James Watson, 1928~)과 영국의 분자생물학자 프랜시스 크릭(Francis Crick, 1916~2004)이 발견했는데, 바로 이 역사적인 발견이 분자유전학의 시초로 일컬어진다.

한편, DNA의 이중나선모형이 발표된 이후 어떻게 유전정보가 전달되는지 그 과정이 조금씩 밝혀졌다. 요컨대 유전정보는 4가지 염기서열에 기록되어 있는데 ①DNA의 염기서열은 베껴 쓰기 작업을 통해 전령RNA(mRNA)라는 사본으로 옮겨지고(전사), ②세포핵 내부에서 세포핵 외부로 나와서 리보솜(ribosome)에

그림 1-2 ▪▪ DNA의 이중나선

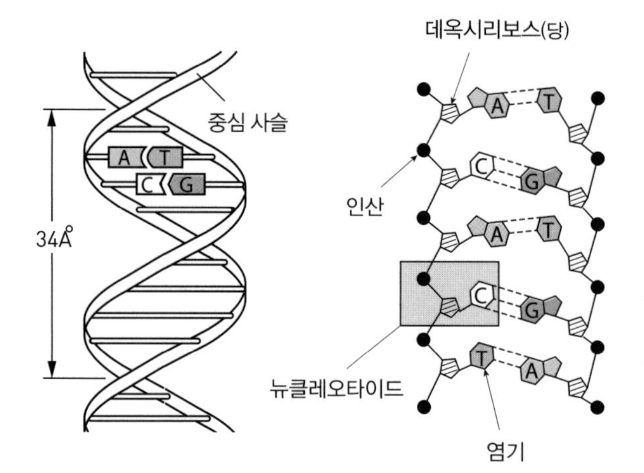

2개의 중심 사슬은 A-T, G-C의 염기쌍으로 약한 화학 결합(수소 결합)을 형성하며 안정되어 있다(왓슨과 크릭의 이중나선모델).

뉴클레오타이드(nucleotide)는 인산, 당, 염기가 결합한 분자로 핵산을 구성하는 단위다.
(------은 수소 결합)

▶DNA와 함께 유전정보 전달에 관여하는 물질로 RNA(ribonucleic acid, 리보 핵산)가 있는데, DNA와 RNA를 아울러서 핵산이라고 한다. RNA를 만드는 염기는 아데닌(A), 구아닌(G), 사이토신(C), 유라실(uracil, U)의 4종류이다. DNA와 달리 RNA를 구성하는 당은 리보스(ribose)이며, RNA는 하나의 사슬로 이루어져 있다.

서 단백질을 구성하는 아미노산 배열로 치환된다(번역). 결과적으로 ③DNA나 RNA의 4가지 염기가 3개씩 쌍을 이루어 20가지의 아미노산 가운데 어느 하나를 지정하는 암호(유전암호, 코돈codon)가 되는 것이 유전정보의 전달 과정이다.

베어군 박사님, 너무 어려워요.

생박사 그래? 전사나 번역 정도는 자네도 '당연히' 알고 있는 줄 알았는데….

베어군 박사님께는 당연한 정보인지 모르지만, 저처럼 배우는 입장에서는 너무 어려운 이야기랍니다. '이 정도는 알겠지' 하며 친절한 설명 없이 건너뛰니까 수업시간에 조는 학생들이 많은 거라고요!

생박사 알았어, 알았다고! 그럼 찬찬히 설명할 테니 잘 들어보렴.

DNA는 단백질의 암호

■ 전사

유전정보는 DNA의 A, T, G, C 염기서열에 새겨져 있다. 예를 들면 T A C G G T G A A C T A… 식이다. 이 염기서열을 거푸집으로 삼아서 mRNA가 만들어지는 과정, 즉 유전정보가 RNA 염기서열로 똑같이 옮겨지는 작업을 베낀다는 의미에서 '전사(轉寫)'라고 부른다. 전사 과정에서도 서로가 서로를 끌어당기는 상보적 염기쌍의 관계가 적용된다(그림 1-3).

RNA에서는 T(티민) 대신 U(유라실)가 들어가기 때문에 A에는 U, T에는 A, G에는 C, C에는 G가 상보적 염기쌍을 형성한다. 그 결과 앞에서 예로 든 T A C G G T G A A C T A…의 염기서열은 mRNA에서 A U G C C A C U U G A U…로 옮겨진다. 바로 이 과정을 전사라고 한다.

■ 번역

DNA도 RNA도 구성 염기는 각각 4가지인데 단백질을 구성하는 아미노산은 모두 20가지다. 따라서 4개의 문자로 20가지의 단어를 만드는 것과 마찬가지다. 문자 조합을 생각하면, 2개의 문자(염기) 배열에서는 염기서열이 16가지(4×4=16)로 20에 미치지 못하므로 3개 이상의 문자(염기) 조합으로 아미노산을 지정해야 한다. 예를 들면 CCU는 프롤린, GAA는 글루탐산, AAG는 라이신 식이다. 3개씩 쌍을 이루는 염기서열은 모두 64가지(4×4×4=64)인데, 아미노산은 20가지이므로 하나의 아미노산을 지정하는 암호가 여러 개 존재할 수도 있다.

1967년에는 유전암호, 즉 코돈이 모두 해독되어 64가지의 코돈이 지정하는 아미노산을 하나의 표에 정리한 유전암호표가 완성되었다(표 1-1). 코돈은 몇 가지 예외를 제외하고 지구의 모든 생명체에 적용되는 공통 암호로, 지구에 사는 생물들이 한 조상에서 유래한다는 사실을 뒷받침해주는 단서이기도 하다.

유전암호표에 따르면, 앞에서 예로 든 A U G C C A C U U G A U의 RNA

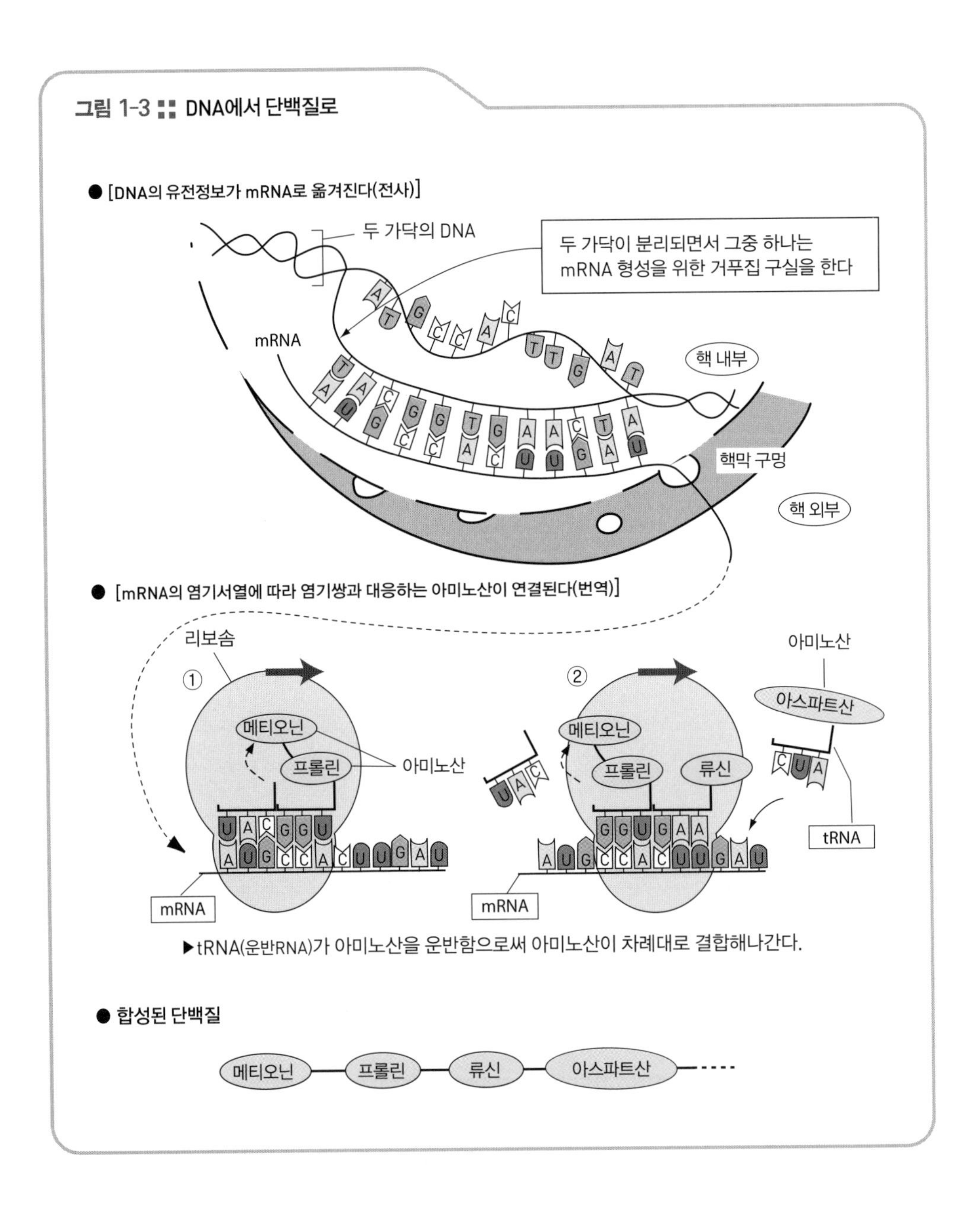

염기서열은 메티오닌-프롤린-류신-아스파트산…이라는 아미노산 배열을 결정한다. 이처럼 염기서열의 암호에 따라 아미노산 배열이 결정되는 것을 문자의 종류가 달라진다는 의미에서 '번역'이라고 부른다(그림 1-3).

표 1-1 ▪▪ mRNA의 유전암호표

제1 염기↓ \ 제2 염기→	U	C	A	G ←제2 염기	제3 염기↓
U	UUU 페닐알라닌	UCU 세린	UAU 타이로신	UGU 시스테인	U
	UUC 페닐알라닌	UCC 세린	UAC 타이로신	UGC 시스테인	C
	UUA 류신	UCA 세린	UAA 종결 코돈	UGA 종결 코돈	A
	UUG 류신	UCG 세린	UAG 종결 코돈	UGG 트립토판	G
C	CUU 류신	CCU 프롤린	CAU 히스티딘	CGU 아르지닌	U
	CUC 류신	CCC 프롤린	CAC 히스티딘	CGC 아르지닌	C
	CUA 류신	CCA 프롤린	CAA 글루타민	CGA 아르지닌	A
	CUG 류신	CCG 프롤린	CAG 글루타민	CGG 아르지닌	G
A	AUU 아이소류신	ACU 트레오닌	AAU 아스파라진	AGU 세린	U
	AUC 아이소류신	ACC 트레오닌	AAC 아스파라진	AGC 세린	C
	AUA 아이소류신	ACA 트레오닌	AAA 라이신	AGA 아르지닌	A
	AUG 메티오닌 (개시코돈)	ACG 트레오닌	AAG 라이신	AGG 아르지닌	G
G	GUU 발린	GCU 알라닌	GAU 아스파트산	GGU 글라이신	U
	GUC 발린	GCC 알라닌	GAC 아스파트산	GGC 글라이신	C
	GUA 발린	GCA 알라닌	GAA 글루탐산	GGA 글라이신	A
	GUG 발린	GCG 알라닌	GAG 글루탐산	GGG 글라이신	G

■ 아미노산에서 단백질로

번역을 통해 아미노산 배열이 정해지면 차례대로 만들어진 아미노산이 서로 결합하여 전체적으로 특정 입체구조를 갖춘다. 그 결과 특정 효소나 호르몬, 항체 등의 구실을 담당하는 단백질이 생성되는 것이다. 바로 이것이 유전정보, 즉 'DNA→mRNA→단백질'의 전달 흐름이다. 전사는 세포핵 안에서, 번역은 세포질인 리보솜에서 이루어진다.

■ DNA에 쓸모없는 부분이 들어 있다고?

유전암호가 해독된 후 DNA의 염기서열 가운데 어떤 부분이 유전자가 되는지, 발현 조절 구조가 어떻게 되는지 등 DNA의 실체가 조금씩 드러났다. 이를 정리해보면 다음과 같다.

* '정크'란 쓸모없거나 기능이 없는 물건을 이를 때 흔히 쓰는 말로 오늘날에는 기능이 알려지지 않은 DNA 영역을 지칭

≫ 인간의 DNA 가운데 75%는 유전자를 만들지 않는 정크DNA(junk DNA)* 로, 유전자는 전체 DNA 가운데 외딴 섬처럼 드문드문 흩어져서 존재한다(인간의 경우 약 2%가 유전자).

≫ 유전자 내부에도 아미노산을 지정하지 않는 염기서열 부분(인트론)이 삽입되어 있다(아미노산의 지정 정보가 있는 부분은 전체 유전자 가운데 약 1.5%, 47쪽의 그림 2-4).

≫ 유전자 안에는 다른 유전자를 깨우는 조절 유전자도 존재한다.

구체적인 유전자 연구 방법은 다음 장에서 자세히 알아보자.

베어 군 아하, 이제야 유전정보의 전달 흐름이 확 잡히네요. 목에 걸린 떡국 떡이 쑥 내려가는 느낌이에요.

생 박사 하하하, 다행이구먼! 그런데 왓슨과 크릭의 이중나선 모형이 과학 전문 잡지인 〈네이처(Nature)〉에 실린 게 바로 1953년 4월이었는데, 딱 50년이 지난 2003년 4월에 아주 뜻 깊은 사건이 있었지. 바로 인간게놈(Genom, 유전체), 그러니까 30억 개의 DNA 염기쌍이 2003년 4월에 완전히 해독되었거든.

베어 군 인간게놈이라고요? 게놈이 뭔데요? 엉엉엉, 다시 떡이 목에 찰싹….

생 박사 아니, 그새 또 떡국에 손이 갔구나! 아니, 발인가?!

게놈은 설계도가 아니다

게놈이란 개별 생물종이 자신의 몸을 만들고 생명활동을 유지하기 위해 필요한 유전정보 전체를 가리킨다. 즉 인간게놈이라면 인간이라는 생물종이 갖춘 모든 유전정보, 유전자의 총량을 뜻한다.

인간의 DNA는 23쌍의 염색체에 나뉘어 들어 있다(22쌍의 상염색체와 1쌍의 성염색체). 염색체란 DNA의 끈이 히스톤(histone) 단백질 주위로 감겨서 단단하게 압축 포장되어 있는 상태를 말한다(21쪽의 그림 1-1). 이 23쌍의 염색체 전체를 게놈이라고 부를 때도 있다.

베어 군 정의만 들으면 무슨 말인지 모르겠어요. 더 어렵게 느껴져요. 그러니까 인간에게는 인간만의, 곰에게는 곰만의 유전정보 전체, 즉 유전체가 있는데 이를 게놈이라고 부른다는 거지요? 그런데 DNA는 세포핵 안에 있다고 하셨잖아요. 그리고 세포는 그 수도 많고 종류도 아주 다양해서 인간을 만드는 세포의 수는 60조 개, 세포 종류는 200종에 달하고요. 그렇다면 세포 하나하나에 어떻게 같은 DNA가 들어갈 수 있지요? 엿가락처럼 하나로 길게 만든 다음 조금씩 잘라가는 건가요?

생박사 아니, 그렇진 않아. 지금부터 설명할 테니 차분하게 들어줘.

DNA는 어떻게 복제될까?

하나하나의 세포에 같은 DNA가 들어 있는 이유는 세포가 분열할 때마다 두 가닥의 DNA가 2배로 복제되어서 2개의 세포에 똑같이 분배되기 때문이다.

DNA의 복제 원리를 간단하게 소개하면, 우선 지퍼를 열 듯 두 가닥의 DNA가 서로 분리되면서 각각 한 가닥씩을 거푸집으로 삼아 상보적 염기쌍을 만든다. A와 T, G와 C가 한 쌍으로! 그 결과 새로운 두 가닥의 사슬이 생기고 같은 염기서열의 DNA가 2개 만들어지는데, 이를 '복제'라고 한다(아래 그림).

요컨대 세포가 분열할 때 각 세포로 복제된 DNA가 똑같이 분배되기 때문에 개별 세포에 동일한 DNA가 들어가게 되는 것이다. 또 분열할 때마다 같은 유전 정보를 갖춘 DNA가 복제되고 균등하게 분배되기 때문에 모든 세포가 동일한 게놈을 지닌다.

그럼, 똑같은 DNA에서 어떻게 각각 다른 임무를 담당하는 세포로 나누어질까?

이는 같은 피아노로 연주하더라도 매번 다른 곡을 연주하는 것과 같은 이치다. 어떤 건반을 어떤 순서로 두드려서 화음을 만드느냐에 따라 멜로디가 달라지듯이, 어떤 유전자가 어떤 순서로 활동하느냐에 따라 세포의 종류가 나뉜다. 이는 '4월, 인간의 발생과 복제인간'에서 좀 더 자세히 알아보자.

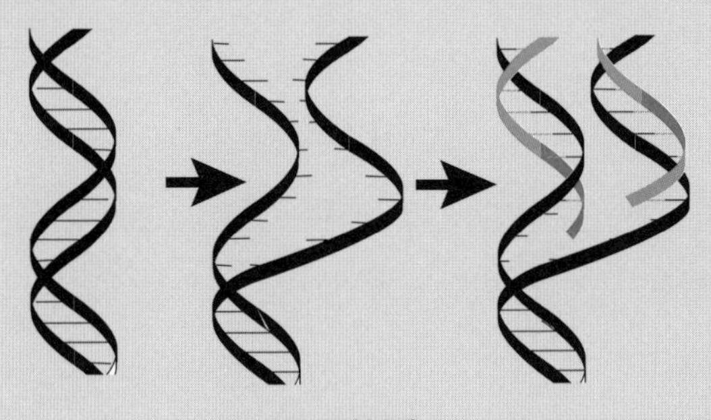

DNA의 복제

수정란 안의 게놈에서 하나의 생명이 시작된다

난자나 정자 등의 생식세포에는 게놈이 한 쌍이 아닌 한쪽(상염색체 22개와 성염색체 1개)만 들어 있는데, 정자와 난자가 하나로 결합한 수정란에는 한쪽과 또 다른 한쪽이 만나서 비로소 한 쌍의 게놈(염색체 23쌍, 즉 46개)이 계승된다. 그리고 이들 유전정보를 바탕으로 생명이 자라나고 몸이 만들어진다.

유전정보는 생명이 탄생하고 아기가 어린이로, 어린이가 어른으로 성장하는 과정에만 관여하는 것이 아니다. 생명을 유지하는 데 필요한 정보도 포함되어 있으며, 성인이 되었다고 해서 유전자가 폐기처분되는 것이 아니라 인간이 살아가는 한 유전자는 거듭 활동한다.

베어군 그런데 왜 하필 게놈이라는 이름이 붙었어요? 어찌 어감이 좀….

생박사 게놈이 어려우면 '유전체'라는 우리말을 기억해두렴.

베어군 유전체가 더 발음하기 어려운걸요.

생박사 아하, 미안 미안, 자네가 곰이라는 사실을 깜박했네. 게놈이라는 말은 독일어인 'Genom'에서 왔는데 말이야. 이 'Genom'은 '유전자'를 뜻하는 'gen'과 '염색체'를 뜻하는 'chromosom'의 일부가 결합하여 만들어진 단어라고 해.

베어군 아하, 그렇게 조합된 말이군요. 저는 또 '게+놈'이라고요?!

게놈은 '설계도'인가, '레시피'인가

흔히 게놈을 몸의 설계도라고 하는데 게놈을 구성하는 DNA를 조사해도 키가 몇 cm인지, 외까풀인지 쌍꺼풀인지, 보조개가 있는지, 피부가 까무잡잡한지, 술에 강한지 등을 정확하게 파악할 수 없다. 자동차의 설계도라면 각 부품의 크기, 색상, 형태가 아주 구체적으로 명시되어 있겠지만 게놈의 경우 정밀한

그림 1-4 :: 대부분의 질병은 유전 요인과 환경 요인이 서로 얽혀 발병한다

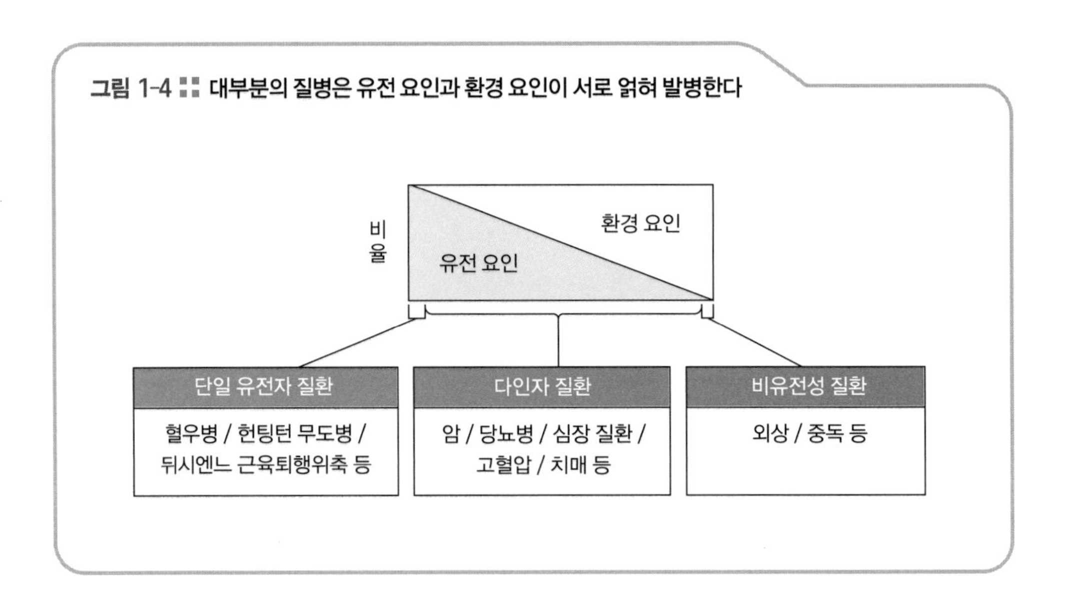

설계도가 아니기 때문이다.

또한 동일한 설계도에 따라 만들어진 자동차라면 어떤 공장에서 만들어도 거의 차이가 없지만, 게놈은 동일한 게놈이라도 환경에 따라 발현되는 특징(형질)이 크게 달라진다. 그래서 당뇨병에 걸리기 쉬운 유전자를 갖고 태어나도 음식을 조절하면 당뇨병에 걸리지 않는 경우도 많은 것이다(그림 1-4). 따라서 게놈은 설계도보다 레시피에 가깝다고 주장하는 사람도 있다.

그림 1-5에 요리 레시피의 예를 소개했다. 실제 이 레시피로 요리를 하면 어떤 음식이 탄생할까?

레시피를 보면서 요리를 상상한다

그림 1-5의 레시피에 따라 음식을 만들어보면, 일명 '고기감자' 요리가 탄생한다. 요리에 전혀 소질이 없는 사람이 만들어도 분명 고기에 감자가 곁들여진 비스름한 요리가 만들어질 것이다. 하지만 전문 요리사가 아닌 이상 레시피만 보고 고기감자의 정확한 이미지나 맛을 떠올리기란 쉽지 않다. 그런 점에서 설

그림 1-5 ∷ '이 맛 저 맛' 레시피

●● 재료 4인분

쇠고기(얇게 저민 것) 200g, 감자 300g, 당근 100g, 양파 1개, 실곤약 100g, 다시마물 3컵, 양념(설탕 1큰술, 맛술 3큰술, 청주 1큰술, 간장 5큰술), 그린피스(냉동) 30g, 식용유 약간

●● 재료 다듬기

① 감자는 싹을 제거하고 껍질을 벗겨서 크게 둘로 쪼갠 다음, 각각 2~3토막으로 자른 후 찬물에 담가둔다.
② 당근은 감자보다 조금 작게 썰어둔다.
③ 실곤약은 3등분으로 칼집을 넣어둔다.
④ 양파는 사다리꼴로 자른다.
⑤ 쇠고기는 3cm로 썰어 둔다.

●● 만들기

① 냄비에 기름을 두르고 고기를 볶는다.
② 고기를 살짝 익힌 다음 양파, 당근, 실곤약, 감자 순으로 넣고 볶는다.
③ 모든 재료를 적당히 볶은 다음 다시마물을 넣고 끓이면서 불순물을 제거한다.
④ 약한 불로 줄인 다음 설탕, 청주, 맛술을 넣는다.
⑤ 뚜껑을 덮고 5분쯤 지난 후 간장을 넣고 채소가 부드러워질 때까지 천천히 재료를 조린다.
⑥ 재료에 간이 충분히 뱄다면 그린피스를 넣고 한소끔 끓인 후 불을 끈다.

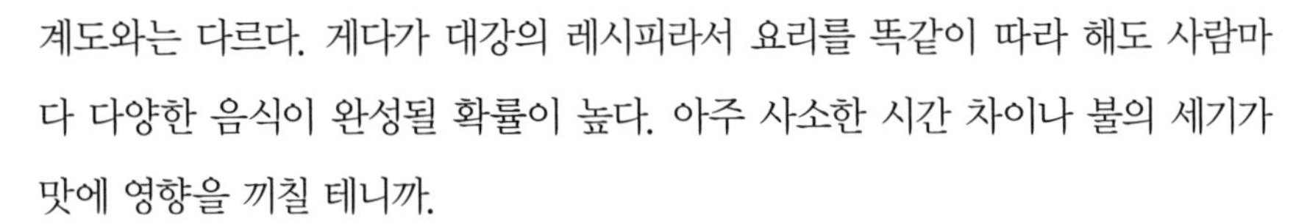

계도와는 다르다. 게다가 대강의 레시피라서 요리를 똑같이 따라 해도 사람마다 다양한 음식이 완성될 확률이 높다. 아주 사소한 시간 차이나 불의 세기가 맛에 영향을 끼칠 테니까.

다시 게놈 이야기로 돌아와서, 게놈에서도 어떤 세포에 어떤 단백질을 얼마나 넣고 어떤 순서로 만들지 정도의 정보만 명시하고 있다. 완성된 단백질은 효소로, 수용체로, 조절물질로, 혹은 근육섬유나 피부섬유로 여러 가지 활성을 나타내고, 그 결과 세포 증식을 촉진하거나 형태를 바꾸거나 어떤 물질을 세포 내에 축적하면서 저마다 맡은 임무를 수행한다. 이렇게 해서 수정란은 인간다운 모습으로 조금씩 자리를 잡아가는 것이다. 보조개가 생기거나 키가 크거나

피부가 까맣거나 머리가 좋아지는 식으로!

이때 영양 조건이나 환경 요인의 차이에 따라서도 성장 모습이 달라진다. 따라서 게놈은 설계도라기보다 레시피라고 부르는 것이 더 정확하지 않을까 싶다.

베어 군 레시피로 고기감자를 만들듯이, 게놈 정보로 인간의 생명이 탄생하는 셈이네요.

생박사 그렇지. 그리고 내가 강조하고 싶은 바는, 게놈은 모든 것이 자세히 적혀 있는 설계도가 아니라는 말씀!

베어 군 네, 열심히 들을수록 배가 고파지는 이야기네요. 그런데 박사님, 게놈이 레시피라면 하나하나의 유전자는 무엇에 비유할 수 있는 거죠?

생박사 유전자는 레시피 중에서도 좀 더 상세한 레시피겠지. 예를 들면 감자 껍질을 벗긴다거나, 냄비에 기름을 두른다거나 하는 방법까지 명시된.

베어 군 아하, 그렇군요. 역시 곰의 자식은 곰이네요. 하지만 설계도가 아닌 레시피라고 생각하면 조금 다르게 생긴 곰이 생겨도 별로 이상하지 않겠어요. 레시피 이야기를 하니까, 배가 너무너무 고파지네요.

말이 떨어지기가 무섭게 베어 군은 떡국을 한 그릇 뚝딱 해치웠다. 하지만 게놈 이야기가 아직 끝나지 않았는데….

2월 **밸런타인데이**

'인간게놈 해독'으로 알게 된 것들

밸런타인데이를 맞이하여 딸아이가 열심히 초콜릿을 만들고 있다. 전문점에서 구입한 초콜릿이 훨씬 맛있을 텐데, 딸은 정성이 중요하다며 심혈을 기울여 초콜릿을 굽고 있다.
베어 군은 인생이 옆에서 신기한 듯 지켜보다가 오븐의 열기를 견딜 수 없었는지 부엌에서 나와 거실에 있는 나를 찾아왔다. 처음에는 부끄러움을 많이 타더니 요즘은 부쩍 나랑 많이 친해진 것 같다. 하하, 귀여운 녀석 같으니라고!

베어 군 밸런타인데이는 여자가 좋아하는 남자에게 초콜릿을 선물하는 날, 맞지요?

생박사 으음. 맞아, 맞아. 베어 군도 받으면 좋으련만. 물론 그런 거 기대도 안 하겠지만 말이야.

베어 군 인생 양이 주지 않을까요? 그런데 받을 수 있을지 없을지 알 수 있는 방법은 없을까요? 예를 들어 저의 DNA를 조사하면 올해는 힘들어도 내년에는 초콜릿을 꼭 받을 수 있다는 미래를 알 수 있지 않을까요? 아, 맞다. 게놈 해석을 보면 말이지요.

생박사 DNA를 보고 운명을 점칠 수 있는 건 절대 아니야. 레시피라고 하는 것은 운명 레시피가 아니라 생명 레시피니까.

베어 군 하지만 게놈을 해석하면 당뇨병에 걸리기 쉬운 운명이라는 것쯤은 알 수 있다고 들었는데요.

생박사 물론 걸리기 쉽다는 사실 정도는 알 수 있겠지만, 당뇨병에 걸린다고 절대 확신할 수는 없다는 거지. 그럼 게놈 해석을 좀 더 자세히 설명해 줄게. 귀를 쫑긋 세우고 들어보렴. 2월의 주제이기도 하니까.

게놈을 읽어내다

게놈을 해독한다는 것은 어떤 의미일까?

인간게놈의 해석 또는 해독이라는 말이 화제가 된 적이 있다. 인간게놈은 인간이 지닌 DNA 전체를 말한다. 그렇다면 인간게놈의 해독이란, DNA의 4가지 염기(A, T, C, G)서열 방법(순서)을 모두 조사하여 밝혀냈다는 뜻이다.

말은 간단하지만 인간의 DNA는 매우 긴 끈으로(하나로 펼치면 1.8m에 해당한다), 약 30억 개의 염기쌍이 나열되어 있다*. 따라서 인간게놈을 모두 해독한다는 것은 30억 염기쌍의 서열을 모조리 알아내야 하는 방대한 작업이다. 인간게놈의 염기를 알파벳으로 나타내면 1000쪽(한 쪽당 3000자)짜리 사전이 1000권 정도 되는 분량이다. 지금 읽고 있는 책의 1만 권에 해당하는 양이다.

* 정자와 난자 안의 DNA는 각각 30억 염기쌍. 체세포 DNA는 60억 염기쌍.

베어 군 우와, 정말 대단한 양이네요. '해독'이라는 딱딱한 단어를 쓴 이유를 알겠어요. 이 책을 꼼꼼하게 읽는 데 사흘 정도 걸리더라고요. 그런데 만 권이라면 한 번씩 읽는 데만 80년 걸려요. 아이쿠, 평생 해석만 해야겠어요!!!

생 박사 그렇지, 그렇게 어마어마한 양을 과학자들이 분담해서 10년 만에 밝혀냈지.

베어군 [절레절레] 아니 A, T, G, C밖에 없는 정말 재미없는 책을 10년이나 읽었다고요? 모두 대단하셔요!

생박사 아냐, 생각보다 재밌어!

A-T-G-C의 순서를 어떻게 알아낼까?

과연 어떤 방법으로 염기서열을 알아낼 수 있을까? 몇 가지 방법 가운데 하나를 소개하면 다음과 같다.

지금 염기서열이 TAAGCCTACG인 DNA가 한 가닥 있다고 가정하자. 우리가 이 염기서열을 모르는 상황에서 배열법을 알아내려면 어떻게 해야 할까?

먼저, 분석하려는 한 가닥의 DNA를 거푸집으로 삼아서 핵산 형성의 촉매가 되는 효소, 즉 DNA 폴리메라아제(DNA polymerase)를 이용하여 복제한다(상보적 염기서열의 사슬이 생긴다). 이때 A지점까지 복제가 진행되면 대신 개입해서 복제를 정지시키는 물질을 넣고 거기에 빨간색 형광 색소로 표시를 하는 장치를 고안한다. 여기에서 정지시키는 물질을 터미네이터(terminator)라고 부르는데, 이는 '종결짓는다'는 뜻이다. 그리고 T지점에서 대신 들어가서 정지시키는 물질을 넣어 파란색 형광 색소로 구분한다. 마찬가지로 G지점, C지점에도 각각 노란색, 녹색 형광 색소로 표시한다. 이와 같이 각 지점별로 각기 다른 형광 색소로 구별해두면 4가지 색 가운데 어느 한 가지 색이 부착된 다양한 길이의 DNA 조각을 얻을 수 있다(그림 2-1).

이 DNA 조각을 가느다란 모세관 모양으로 만든 아크릴아마이드 젤(acrylamide gel)이라는 굳은 젤리 상태의 물질에 얹고 전압을 가해서 이동시킨다. DNA는 -(마이너스) 전하를 띠기 때문에 양극으로 끌려가게 된다. 아크릴아마이드 젤은 미시적으로 그물코 모양을 띠고 있으므로 전류를 흐르게 하면 DNA는 그물코를 빠져나가듯이 이동한다. 이때 긴 DNA 조각은 중간에 주춤주춤 걸리면서 나아가지만, 짧은 DNA 조각은 부드럽게 빨리 통과한다. 따라서 길이가 짧은 조각부터 순서대로 양극을 향해 앞으로 나아가는 셈이다.

그림 2-1의 DNA 조각 혼합물을 움직임이 더딘 쪽부터 나열하면 그림 2-2가 된다.

그림 2-1 ∷ 염기서열을 알아내는 방법 ①

- TAAGCCTACG라는 염기서열을 통해 얻은 DNA 조각

빨간색 표시가 붙은 DNA 조각(A지점에서 복제 정지)

A　ATTCGGA

파란색 표시가 붙은 DNA 조각(T지점에서 복제 정지)

AT　ATT　ATTCGGAT

노란색 표시가 붙은 DNA 조각(G지점에서 복제 정지)

ATTCG　ATTCGG　ATTCGGATG

녹색 표시가 붙은 DNA 조각(C지점에서 복제 정지)

ATTC　ATTCGGATGC

그림 2-2 ∷ 염기서열을 알아내는 방법 ②

- DNA 조각을 아크릴아마이드 젤(젤리 상태의 물질)에 얹고 전압을 가해 이동시킨다.

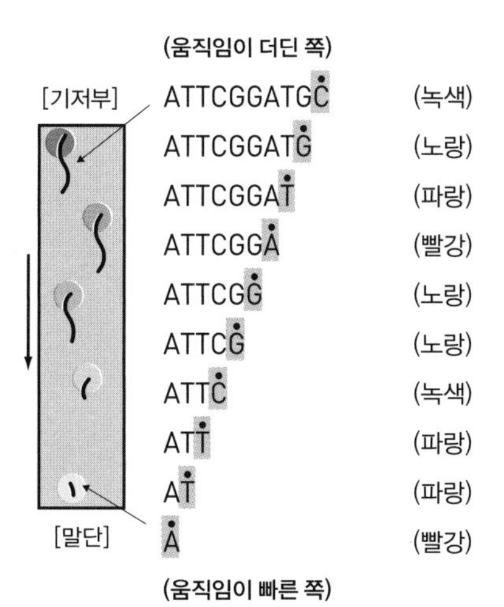

짧은 DNA 조각은 빨리 통과한다!

말단 부위부터 색상만 구별하면 빨강, 파랑, 파랑, 녹색, 노랑, 노랑, 빨강, 파랑, 노랑, 녹색이 된다. 빨강은 A, 파랑은 T, 노랑은 G, 녹색은 C에 대응하므로 ATTCGGATGC의 순서로 배열되어 있음을 알 수 있다. 결과적으로 이 배열에 상보적인 사슬은 TAAGCCTACG이므로 처음에 알아내려고 했던 염기서열과 일치한다.

이 방법을 고안해낸 영국의 생화학자 프레더릭 생어(Frederick Sanger, 1918~2013)는 1958년에 이어 1980년에 두 번째 노벨 화학상을 수상하는 영예를 차지했다.

해독 속도의 눈부신 발전

염기서열의 해독법을 고안했지만 몇십억 개나 되는 염기서열을 해독하는 일은 여전히 머나먼 이야기였다. 실제로 1980년대에는 최첨단 기술을 이용하는 연구실에서도 하루에 500개 정도의 염기서열을 해독하는 것에 그쳤다. 이 속도라면 몇천 년이나 걸렸을 텐데, 이후 기술이 눈부시게 발전해 로봇과 컴퓨터를 이용한 장치를 하루 종일 가동함으로써 하루에 40만 개의 염기서열을 해독하는 성과를 올렸다. 처음 속도보다 1000배나 해독 속도가 빨라진 것이다.

이렇게 해서 게놈 해독은 순조롭게 진행되었다.

베어군 생어 선생님은 어쩜 그런 기발한 생각을 해냈을까요? 그러고 보니 저희 곰나라에서도 자신의 근거지가 되는 나무에 서서 발톱으로 표시를 해요. 저마다의 체취도 새겨두고요. 그렇게 표시된 높이와 냄새를 이용해서 누구의 땅인지 구별하고 있어요.

생박사 DNA는 아주 작은 세계이지만, 그 원리는 곰나라의 세력권 구별 방식과 비슷한 것 같구나. 물론 구분은 형광 색소 혹은 방사능을 이용하지만 말이야.

베어군 아무튼 엄청난 속도로 염기서열을 해독할 수 있게 되었네요. 그런데 인간게놈을 해독해서 뭐에 쓰나요?

생박사 인간이라면 누구나 인간을 만들어낸 레시피가 궁금하지 않을까? 그리고 게놈 자료를 의료 현장에서 활용할 수도 있을 테고.

베어군 정말이요? 인간게놈을 의료 현장에서 써먹을 수 있다고요?

생박사 그 이야기는 조금 있다가 들려줄게. 우선 인간게놈과 관련된 드라마를 감상하자. 드라마 제목은 〈프로젝트 X〉. 두구두구 개봉 박두!

인간게놈 해독의 드라마

■ 대장균의 게놈에서 인간의 게놈으로

인간게놈을 해독하기에 앞서 이미 인간 이외의 생물의 게놈을 해독하고 있었다. 예를 들면 대장균이나 헬리코박터 파일로리(helicobacter pylori)·고초균 등의 세균, 곰팡이류의 효모균, 공생하여 엽록체가 된 것으로 추측되는 남세균, 그리고 동물의 선충과 초파리의 게놈 해독이다.

이와 같은 연구활동을 토대로 1990년에 인간게놈프로젝트가 시작되었다. 인간의 DNA에 새겨진 모든 염기(A, T, G, C)의 서열을 밝히려는 국제 컨소시엄이 출범한 것이다. 처음에는 15년 정도 예상한 인간게놈프로젝트가 다음에 소개할 드라마틱한 사건을 만나면서 예상보다 빠른 속도로 진행되었다.

■ 어떤 해독 방법을 선택할까?

그러면 인간해독 드라마를 감상해보자.

이 드라마의 묘미는 국제 컨소시엄과 민간기업 간에 '누가 먼저 해독을 완성할 것인가?'라는 경쟁에 있다. 게놈 해독에는 크게 두 가지 방법이 있는데(그림 2-3), 국제 컨소시엄과 민간기업은 각각 다른 해독법을 구사했다.

≫ **계층적 숏건 방식** : 먼저 지도 제작에 바탕을 둔 분석법으로, '계층적 숏건(Hierarchical Shotgun)' 방식이라고 부른다.

어떤 도시에 사는 전체 가구의 모든 주민을 알아보고자 할 때는 우선 시를 구로 나누고, 다시 구를 동으로 나눈 다음 모든 가구를 하나씩 조사한다. 이와 마찬가지로 큰 범위로 분류하여 DNA 조각의 크기가 잘게 쪼개지게끔 게놈을 절단하고 더 짧게 DNA 조각으로 나누어서 그 조각의 염기서열을 결정한 다음, 이들을 다시 처음 순서대로 이어서 모든 염기서열을 복원하는 방식이다. 바로 이것이 인간게놈프로젝트 국제 컨소시엄이 선택한 방법이었다.

≫ **전체 게놈 숏건 방식** : 또 다른 방법은 처음부터 모든 게놈을 무작위로 쪼개서 염기서열을 한꺼번에 해독하는 것이다. 이렇게 얻은 수백만 개의 조각을 컴퓨터 프로그램을 매개로 순서를 끼워 맞춰 최종적으로 완전한 게놈을 재구성한다. 이 방법을 '전체 게놈 숏건(Whole genome Shotgun) 방식'이라 한다. 민간기업 셀레라 제노믹스(Celera Genomics)가 이 방식을 채택했다.

그림 2-3 ▪▪ 두 가지의 게놈 해독 방법

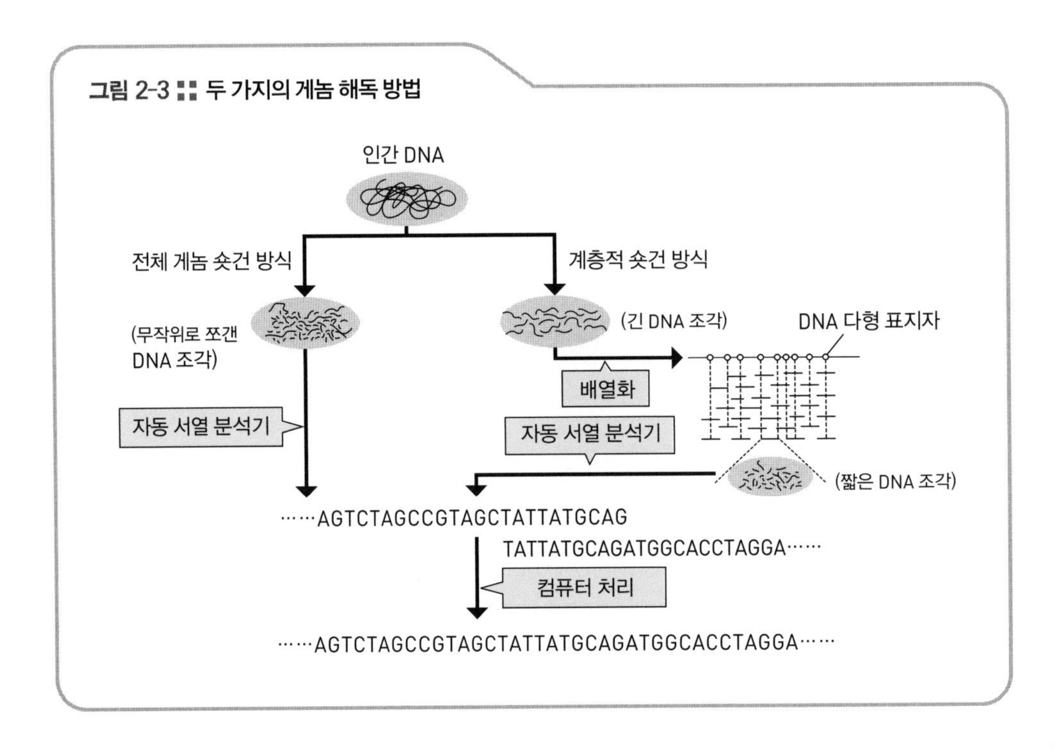

■ 셀레라의 도전

인간게놈프로젝트가 한창 진행되던 1998년, 미국의 분자생물학자이자 기업가인 크레이그 벤터(Craig Venter, 1946~) 박사는 셀레라 제노믹스라는 생명공학 벤처기업을 설립했다. 그리고 이듬해인 1999년에는 300대의 자동서열분석기(sequencer)를 이용해 전체 게놈 숏건 방식으로 초파리의 게놈을 완전히 해독했다.

이 성공에 힘입어 셀레라는 1999년 9월에 독자적으로 인간게놈 해독에 착수하여 2002년까지 해독을 완료하겠다고 선언했다. 15년 계획으로, '2005년 완료'를 목표로 게놈 해독을 추진하던 국제 컨소시엄은 민간기업의 도전장에 적잖이 놀랐다. 그도 그럴 것이 계층적 숏건 방식은 정확도가 높은 반면 세계 도처에서 해독을 분담하여 추진했기 때문에 속도 면에서 셀레라를 앞서기가 힘들었던 것이다.

하지만 인간게놈프로젝트 국제 컨소시엄도 셀레라의 도전장에 고무되어 해독이 완료되는 예상 시기를 앞당겼다. 이렇게 해서 2000년 6월 26일, 인간게놈프로젝트와 셀레라 제노믹스는 인간게놈 지도의 초안을 공동 발표했고, 마침내 2003년 4월에는 해독 완료를 선언했다.

초안 발표의 경우 정확도가 99.9%에 이른다면, 2003년 해독 완료 시점에서는 99.99%까지 정확도를 향상시킬 수 있었다.

베어 군 그런데 도대체 누구의 DNA를 해독한 건가요?

생 박사 인간게놈프로젝트 국제 컨소시엄에서 해독한 DNA는 특정 인물의 것이 아니란다. 몇몇 지원자의 혈액을 해독 재료로 삼은 거지. 그러니까 인간이라면 누구라도 상관없겠지.

베어 군 정말이요? 박사님과 스모 선수는 DNA가 전혀 다를 것 같은데요.

생 박사 하지만 인간이라면 DNA의 염기서열은 99.9%가 공통이야. 1000개 중에 하나밖에 다르지 않다고!

인간의 게놈이 다른 생물의 게놈과 다른 점

인간의 게놈이 규명된 시점에서 다른 생물의 게놈과 인간의 게놈을 비교해보았더니 인간의 특징이 드러났다. 그런데 결과는 뜻밖의 반전이 있었다.

유전자를 다른 생물과 비교한다

■ 인간의 유전자 수는 의외로 적었다!

다른 생물의 유전자 수는 결핵균 4000개, 효모균 6000개, 선충 1만 9000여 개, 초파리 1만 3000여 개 정도로 알려졌다.

반면에 인간은 고도로 발달한 생물이고 전체 염기 수도 30억 개로, 초파리의 30배나 되기 때문에 10만~15만 개의 유전자가 있을 것이라고 추측했다. 하지만 인간게놈을 해독해보니 유전자 수는 고작 2만 2000개에 불과했다. 이는 선충보다 약간 많고, 애기장대 식물보다는 적은 숫자다(표 2-1).

■ 다른 종의 생물 유전자와 비슷한 유전자가 발견되었다!

다른 생물의 유전자를 발견하거나 유전자 기능이 규명되었을 때 이들 유전자

표 2-1 ∷ 생물의 유전자 수

생물	유전자 수
인간	22,000개
애기장대	26,000개
선충	19,000개
초파리	13,000개
효모균	6,000개
결핵균	4,000개

를 인간게놈에서 찾아내려는 방법이 시도되었다. 흥미롭게도 효모나 선충, 초파리에 있는 유전자와 비슷한 유전자(염기서열이 서로 공통된 부분이 많은 유전자)가 인간의 유전자에서도 다수 발견되었다.

게놈은 진화를 말한다

인간게놈은 최초의 생명 탄생에서 인간에 이르는 진화 과정을 DNA의 여러 부위에 보존하고 있다. 이른바 화석 유전자나 '살아 있는 화석'도 쉽게 찾을 수 있다. 더욱이 인간게놈의 약 50%는 유전자를 만들지 않는 단순반복 배열인데, 이 배열도 아주 오래 전에 활동한 기생성 유전자(트랜스포존)* 의 화석과 비슷하다고 한다.

놀랍게도 에이즈바이러스(HIV)와 같은 레트로바이러스* 가 반입한 것으로 추측되는 부분도 찾아냈다. 어쩌면 포유류나 인간의 진화 과정에 바이러스가 중요한 임무를 수행했는지도 모른다. 더욱이 세균에서 유래한 것으로 여겨지는 유전자도 200~300개나 발견했다. 이와 같은 사실에서 세균이 직접 척추동물의 게놈으로 이행했을 것이라는 가정도 조심스럽게 나오고 있다. 자연스럽게 유전자 교체가 이루어지고 있었던 셈이다.

*
트랜스포존 (transposon)
게놈 가운데 어떤 위치에서 다른 위치로 이동할 수 있는 DNA 부분

*
레트로바이러스 (retrovirus)
RNA를 유전자로 갖고, 일단 숙주세포에 들어가면 역전사 효소를 이용해 자신의 RNA를 DNA로 바꾸어 숙주세포의 염색체 어딘가에 끼어들어가서 잠복한다.

한편 인간과 침팬지의 게놈 차이는 1.23%에 불과했다고 한다.

베어 군 인간게놈의 염기 수는 무지 많은데, 유전자 수는 그다지 많지 않네요.

생 박사 유전자는 대체로 단백질의 유전정보를 갖추고 있는 DNA 부분이고, 염기 수는 보통 천 개에서 수천 개의 염기서열로 이루어져 있어. 이것이 DNA 안에 드문드문 흩어져서 존재한다고 생각하면 되겠지.

베어 군 하지만 인간의 유전자는 생각보다 훨씬 그 수가 적은 것 같아요. 유전자 수는 DNA의 길이에 비례하는 건 아닌가 봐요.

생 박사 맞아. 복어는 DNA 길이가 인간의 8분의 1밖에 되지 않아도 폼 나게 잘살고 있잖아. 복어와 인간의 유전자를 비교하면 꽤 공통된 부분이 많다고 해. 아마도 복어는 불필요한 DNA 영역이 그만큼 적은 거겠지.

베어 군 인간의 DNA 안에는 유전자 부분이 외딴섬처럼 아주 드문드문 흩어져 있는 거군요.

생 박사 그렇지. 게다가 인간의 유전자 가운데 아미노산을 지정하는 부분은 약 1.5%밖에 되지 않아.

정말 쓸모가 없을까?

유전자를 만드는 것은 인간게놈의 약 25%인데(나머지 75%는 정크DNA), 그나마 유전자 중에서도 아미노산을 지정하지 않는 염기배열 부분인 인트론(intron)이 삽입되어 있어서 정작 아미노산을 지정하는 부분인 엑손(exon)은 전체 DNA 가운데 1.5%밖에 되지 않는다(그림 2-4). 인간게놈에서 불필요한 부분이 많다는 사실이 놀랍지만, 바로 이런 특징이 인간이라는 복잡한 생물을 만들어내는 데 도움이 될지도 모른다.

또한 선충의 경우 하나의 유전자 정보에 따라 하나의 단백질만 만들어낼 수 있지만, 인간의 경우 하나의 유전자에서 엑손 조합을 변화시킴으로써 여러 종

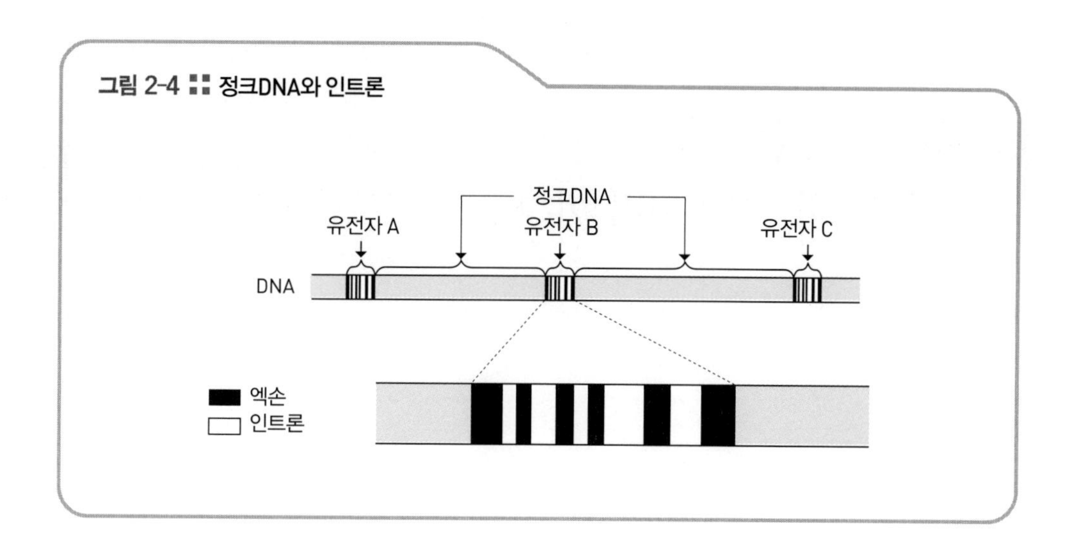

그림 2-4 ∷ 정크DNA와 인트론

류의 단백질을 만들어낼 수도 있다. 결과적으로 유전자 수가 많지 않더라도 만들 수 있는 단백질의 종류가 무한하게 늘어나서 복잡하고 정교한 인간을 실현할 수 있지 않을까?

베어군 어머나, 1.5%라니요. 그럼 나머지 부분은 전혀 의미가 없나요? 지금 당장은 의미가 없더라도 언젠가는 의미가 있을지도 모르잖아요.

생박사 그렇지. 쓸모없는 쓰레기가 훌륭한 자원으로 변신할 때도 많으니까. 다만 이는 진화 과정의 하나로 포착해야겠지만 말이야.

유전자는 어떻게 찾아낼까?

수많은 DNA 염기서열에서 유전자 부분과 유전자가 아닌 부분은 어떻게 가려낼 수 있을까?

범인 찾기?

유전자에는 일정한 염기서열의 유형이 존재한다. 예를 들면 전사가 시작되는 부분, 번역이 개시되는 부분, 전사가 끝나는 부분에서는 거의 정해진 염기서열을 볼 수 있다. 이를 토대로 컴퓨터에서 게놈 배열 가운데 일정한 유형을 찾아내는 것이다. 범인을 잡을 때 장갑을 끼고 복면을 하고 큰 배낭을 둘러매고서 종종걸음 치는 사람을 의심하는 것과 마찬가지다. 물론 오늘날의 첨단시대에는 그런 순진한 도둑은 없을 테지만(그림 2-5).

이 밖에도 해당 세포에서 만들어진 전령RNA를 바탕으로 상보적인 DNA(cDNA)를 만들어서 이 DNA가 결합하는 부분을 찾는 방법도 있다. 이른바 함정수사다. 비슷한 동료를 모두 모아놓고 접촉한 인물을 한패라고 간주하는 것이다.

그림 2-5 ▪▪ 유전자 찾기

DNA 염기서열에서
별난 차림(유전자의 일정한 유형)에
착안해서 유전자를 찾아간다.

다만 오인 체포도 있다. 얼핏 유전자처럼 보이지만 유전자로 활동하지 않는 가짜 유전자도 존재한다. 이를 화석유전자라고 부르는데, 돌연변이로 기능을 소실한 유전자가 흔적만 남아 있는 것이다. 이 외에 다른 생물의 유전자를 토대로 유사한 부분이 있는지 찾아내는 방법도 있다.

게놈 해독과 유전자 찾기

게놈 해독 이전에는 어떤 형질이 있으면 그 형질과 관련된 효소 등의 단백질을 밝혀내서 해당 유전자를 특정화시키는 방향으로 연구가 진행되었다. 그러나 게놈 해독이 완료되면서 먼저 유전자를 찾아내고 그 유전자가 만드는 단백질의 아미노산 배열을 알아내서 이것이 어떤 활동을 하는지(의미를 갖는지) 찾아가는 식의, 종전과는 반대 방향으로 연구가 진행되고 있다. 마치 일단 수상한 사람을 붙잡아서 어떤 범죄를 저질렀는지 수사하는 것처럼 말이다.

베어 군 저에게는 유전자 찾기가 뜬구름 잡는 이야기처럼 들려요. 그러니까 인간게놈을 해석해서 염기서열을 알게 되고 유전자도 알게 되었다는 거지요? 오늘은 그만하면 안 될까요? 머리에서 쥐가 나려고 해요. 그리고 초콜릿 받을 때를 대비해서 멋진 멘트도 준비해야 하고요.

생박사 그래? 그럼 아무쪼록 베어 군이 초콜릿을 받을 수 있게 기도나 해야 겠다.

베어 군 아니예요. 잠깐만요! 인간은 거의 동일한 DNA를 갖고 있는데, 어떤 남자는 훈남이라서 초콜릿을 많이 받고 또 어떤 남자는 찌질이라서 하나도 못 받아요. 어째서 그런 차이가 생겨나죠? 인간게놈프로젝트에서 사용한 DNA는 자원봉사자의 DNA로, 같은 인간이라면 0.1%밖에 차이가 나지 않는다면서요. 게놈 차이가 없는데, 어쩜 그렇게 저마다 얼굴이 다르고 성격도 다를 수 있는 거죠?

생박사 베어 군, 모처럼 아주 어려운 질문을 했네.

게놈의 0.1% 차이가 개성을 만든다

인간으로 살아가기 위해서는 인간의 특징, 즉 형질을 지니기 위해 필요한 유전자는 반드시 갖추고 있어야 한다. 바로 이것이 인간게놈의 대부분을 차지한다. 하지만 인간은 한 사람 한 사람이 개성을 지닌 고유한 존재로, 유전되는 특징도 다르기 때문에 유전자에 차이가 있는 것은 분명한 사실이다. 게놈을 비교하면 그 차이는 약 0.1%다.

0.1%의 차이는 유전자의 기능에는 큰 차이가 없지만 일부 DNA가 조금 다르거나, 유전자를 만들지 않는 DNA 영역에서 개인차가 나는 경우(빈도가 좀 더 높은 경우)가 있다.

더욱이 개인차가 나는 부분이 설령 유전자의 기능이더라도 일상생활에서 다소 불편한 정도에 그치는 일이 많다. 만약 술에 강한 유전자가 없다면 술을 마시지 않으면 아무런 문제가 생기지 않는다. 또한 혈액형이나 외까풀과 쌍꺼풀의 차이 등 유전자의 유무나 유전자에 변화가 있어도 건강에 크게 문제가 되지 않는 경우도 많다.

물론 개중에는 병적인 이상을 초래하는 유전자도 있다. 질병과 유전자의 관계를 규명해서 질병의 원인을 밝히고, 치료법을 찾아내는 일이 오늘날의 으뜸 과제인 셈이다.

베어군 드디어 구체적인 이야기가 나왔네요. 지금까지는 암호 해독 이야기였다면, 이제부터는 병 치료와 연결되는 거군요.

생박사 그렇지. 지금부터가 아주 중요하지. 게놈 해석을 어떻게 활용하고 이용할 것인지를 진지하게 생각하고 고민해야지. 베어 군도 졸지 말고 귀를 쫑긋 세우고 들으렴.

베어군 넵!!!

게놈 다형을 의료 현장에서 활용한다

■ 게놈 다형

앞에서 소개한 개인별 게놈의 0.1% 차이를 '게놈 다형(多型, polymorphism)' 혹은 'DNA 다형'이라고 부르는데, 다형에는 세 유형이 있다.

첫 번째는 특정 부위의 염기서열의 길이가 다른 유형으로, 수백 개에서 수천 개의 염기가 덧붙거나 탈락한다.

두 번째는 짧고 반복적인 염기서열 부위에서 반복되는 숫자가 달라지는 유형이다. 몇 군데 부위에서 반복 서열을 볼 수 있는데, 이때 되풀이되는 반복 횟수는 유전자에 따라 결정된다고 한다. 결과적으로 개인 식별에 이용할 수 있다(DNA 감식).

세 번째는 'SNP' 표지자로, 우리말로 하면 '단일 염기 다형성(Single Nucleotide Polymorphism; SNP)'이다. 한정된 DNA 장소에서 염기 1000개당 1개의 비율로 상당히 높은 빈도(예를 들면 1% 이상)로 변화하는 영역이 있다. 단순 계산으로, 30억의 모든 염기쌍 가운데 표지자가 되는 염기가 300만 쌍이 존재하는 것이다.

■ SNP와 개인별 맞춤 의료

SNP는 전 세계인을 계통적으로 분류하는 데 아주 편리한 표지자다. 여러 가지 다양한 표지를 조사하면 유사한 정도를 알 수 있고, 공통분모가 많은 그룹

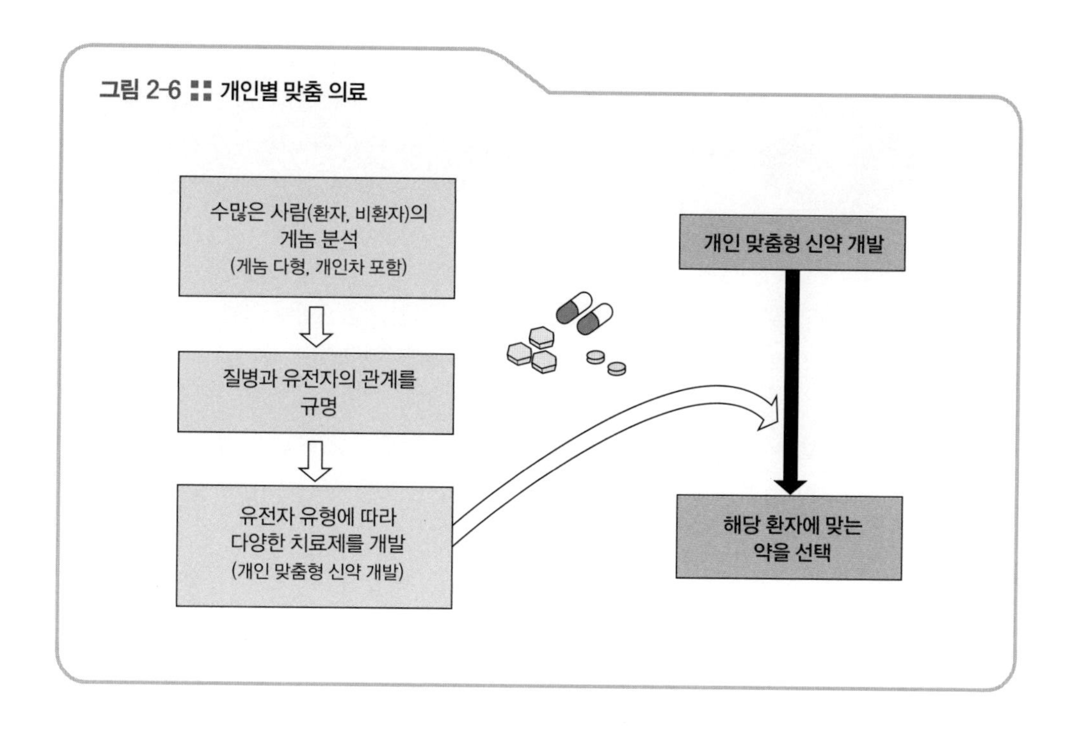

그림 2-6 :: 개인별 맞춤 의료

은 유전적으로 가까운 친척 관계에 있음을 추측할 수 있기 때문이다.

나아가 해당 그룹이 비슷한 유전병의 유전자를 갖고 있거나, 비슷한 질병에 걸리기 쉬운 체질이라거나, 특정 약물에 유사한 반응을 보일 가능성도 점칠 수 있을 것이다.

좀 더 연구를 진행하면 SNP를 이용해 특정 개인의 인체 특성을 미리 예측하고 질병의 정확한 예방 방침이나 치료 방침을 세울 수 있게 될지도 모른다. 요컨대 개개인에게 효능이 있는 치료법이나 약제를 이용할 수 있는 가능성이 열리는 셈이다. 이를 '개인별 맞춤 의료'라고 부른다(그림 2-6).

DNA 감식은 어떻게 이뤄질까?

오늘날에는 범죄 수사, 친자 확인, 고고학 등에서 DNA 감식이 활발하게 이용되고 있다. 범죄 현장에 범인의 것으로 여겨지는 혈흔이나 정액 등의 흔적이 남아 있으면, 이 얼룩에 들어 있는 DNA를 중합효소로 증폭하여(PCR법, 58쪽 참고) 식별할 수 있다.

DNA 감식 방법 가운데 하나인 MCT118법은 제1염색체인 MCT118 부분의 GAAGACCACCGGAAAG 16염기의 염기서열(또는 유사한 배열)이 반복되는 부분에 대해 그 반복 횟수를 알아보는 방법이다(미니위성 DNA).

인간은 아버지와 어머니로부터 한 쌍의 염색체를 건네받는다. 유전자를 만들지 않는 특정 반복서열 부분의 반복 횟수도 부모로부터 하나씩 물려받는다. 아버지의 반복 배열이 18과 38이고 어머니가 25와 31이라면 자식은 18–25, 18–31, 25–38, 31–38의 4가지 가운데 하나다. 만약 다른 반복 횟수(예를 들면 21–31)가 있다면 아버지의 친자가 아닌 다른 남성(예를 들면 21–35)의 자녀라는 이야기가 된다.

미니위성(minisatellite) DNA를 이용

- MCT118 감식법
  제1 염색체의 짧은 팔(말단)
  (14~41회의 연쇄 반복)

TCAGCCC-AAGG-AAG
ACAGACCACAGGCAAG
GAGGACCACCGGAAAG
GAAGACCACCGGAAAG
GAAGACCACCGGAAAG
GAAGACCACAGGCAAG
……
GAGGACCACTGGCAAG

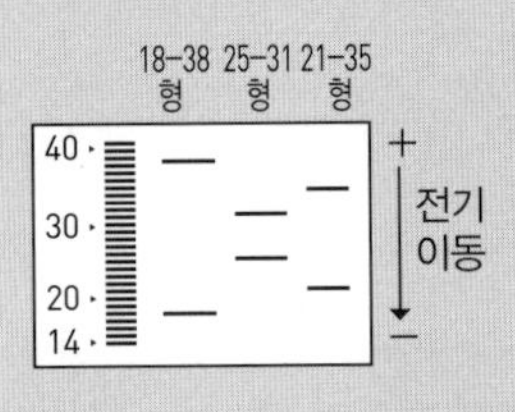

마이크로위성(microsatellite) DNA를 이용

- TH01 감식법
  제11 염색체의 짧은 팔(말단)
  (5~11회의 연쇄 반복)

AATG
AATG
AATG
....
AATG

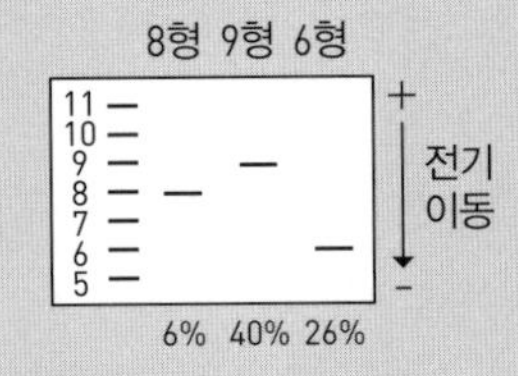

DNA 감식 방법

한편 혈흔이 오래되면 DNA가 절단되기 때문에 MCT118과 같은 긴 반복 배열을 분석할 수 없다. 이때는 염기서열이 아주 짧게 연쇄 반복되는 DNA를 이용하는데(마이크로위성 DNA) 정확한 감식을 위해서는 복수의 마이크로 위성 DNA를 조합해야 한다.

DNA 감식은 유효한 방법임에 분명하지만 지문과 같이 절대적 방법(100% 일치)이라고는 말할 수 없기 때문에 특히 범인을 확정할 때는 거듭 신중하게 판단을 내려야 한다.

생박사 제정러시아의 마지막 황제인 니콜라이 2세(Nikolai Ⅱ, 1868~1918)의 DNA 감식 이야기를 혹시 아니? 니콜라이 2세는 러시아혁명으로 황제의 지위를 박탈당하고 최후에는 총살당했다고 전해지는데 결정적인 증거가 없었어. 그래서 매장 장소에서 발굴한 시신이 황제 본인인지 아닌지를 밝히는 DNA 감식이 이루어졌다고 해.

니콜라이 2세

베어 군 황제가 맞는지 확인하기 위한 본인의 DNA 데이터가 준비되어 있었나요?

생박사 우와, 베어 군, 진짜 스마트한 곰 맞네! 그렇지. 아무리 시신을 조사해도 비교할 데이터가 없으면 본인인지 아닌지 알 수 없겠지. 그런데 1891년 니콜라이 2세가 아직 황태자였을 때 일본을 방문했는데, 그때 괴한에게 습격을 받았다고 해. 그 응급처치 과정에서 혈흔이 묻은 손수건이 남아 있었는데, 손수건의 혈흔 DNA와 시신의 DNA가 일치했다는 거지. 결과적으로 그 시신은 니콜라이 2세가 맞는 거고.

베어 군 진짜 신기하네요. 현장에 피나 머리카락, 정액 등을 남기면 나중에 정확한 증거가 되겠네요.

생박사 맞아. 빌 클린턴(Bill Clinton, 1946~) 전 미국 대통령이 모니카 르윈스키(Monica Lewinsky)와 부적절한 관계를 가진 증거가 바로 르윈스키의 치맛자락에 남은 정액 자국의 DNA 감식 결과였다고 해.

베어군 그런데 부적절한 관계란, 도대체 어떤 관계일까요???

유전자 정보의 데이터베이스 구축

■ 유전자은행 프로젝트

DNA 다형과 체질과의 관계를 규명함으로써 맞춤의료나 개인 맞춤형 신약 개발 기술이 발전하면 인류의 행복에 크게 이바지할 것이라고 주장하는 사람도 많다. 이를 위해서는 최대한 많은 사람들의 정확하고 상세한 유전자 정보의 데이터베이스가 구축되어야 한다.

실제로 세계 여러 나라에서 유전자은행을 설치하여 운영 중인데, 일본에서는 2003년 7월부터 문부과학성을 중심으로 암 환자 등 30만 명의 혈액을 제공받아 유전자 정보를 데이터베이스화하는 유전자은행 프로젝트가 시작되었다. 하지만 사생활 침해와 유전자 차별이 자행되지 않을까 하는 우려의 목소리도 거센 것이 사실이다*.

* 한국의 경우, 2008년 보건복지부와 질병관리본부가 '한국인체자원은행' 사업을 시작했다. 또한 질병관리본부 국립중앙인체자원은행과 전국 17개 병원의 인체유래물은행으로 구성된 세계 유일의 융합형 바이오뱅크 네트워크 '한국인체자원은행 네트워크'를 성공적으로 구축하였다. 현재까지 65만여 명의 한국인 인체자원을 확보하고, 이를 보건의료 연구과제에 지원하고 있다. -편집자주

■ 국민의 유전자 정보는 국가의 자산일까?

이와 관련해 미래 사회를 예측하게 만드는 나라가 있다. 아이슬란드가 그 주인공인데, 북대서양에 위치한 아이슬란드공화국은 인구가 30만 명 남짓한 작은 나라로, 1000년도 훨씬 전부터 사람들의 이주가 드물고 여러 가계도의 기록이 교회에 자세히 남아 있었다. 그리하여 아이슬란드 정부는 자국민의 유전자 정보와 가계 기록, 병력 등을 데이터베이스화해서 정보의 독점적인 이용권을 민간기업인 디코드 제네틱스(deCODE Genetics)에 제공하는 법률을 제정했다(1998년). 자국민의 유전자 정보를 자국의 자원으로 보고 해당 정보를 해외 제약회사

와 공유하는 대신 막대한 대가를 받은 것이다.

맞춤의료가 발전하면 국민의 복지와 건강 증진으로 이어지고 의료 관련 비용을 절감할 수 있을 것이라고 정부는 예상하고 있다. 하지만 개인의 유전자 정보가 누출되고 특정 개인이나 가계의 차별이 생길 수도 있다며 반대하는 사람도 여전히 많다.

베어 군 저도 기회가 닿으면 질병 관련 유전자를 갖고 있는지 어떤지 유전자 진단을 받아보고 싶어요. 그렇지만 모르는 게 약인 것 같기도 하네요.

생 박사 게다가 유전자 정보가 자신도 모르게 함부로 노출되거나 이용된다면 정말 큰일이겠지.

베어 군 기꺼이 유전자 진단을 받는 사람도 있지요?

생 박사 물론 그렇지. 질병을 생각했을 때 미리 걸리기 쉬운 체질을 알아두면 평소에 조심할 테니까. 개인의 게놈 데이터를 CD에 저장해주는 프로그램도 추진되고 있는 것 같아. 요즘은 1000달러에 게놈 진단을 받을 수도 있다고 해.

베어 군 곰나라에도 그런 기술이 발달하면 좋겠네요. 그런데 왠지 무서울 것 같아요.

유전자 진단과 유전자 치료

유전자 질환에 관련된 유전자의 이상을 검사하는 일을 '유전자 진단'이라고 하는데 구체적인 내용을 소개하면 다음과 같다.

질병에 걸리기 쉬운 체질을 분석한다

최근에는 개개인이 수많은 유전병의 유전자를 갖고 있는지를 유전자 진단으로 판별할 수 있게 되었다. 하나의 유전자 변이에 기인한 유전병인 단일유전자 질환은 물론이고, 복수의 유전자와 복수의 환경요인이 얽힌 유전병인 다인자 질환(32쪽의 그림 1-4), 나아가 환경에 따라서 유전병에 걸리기 쉬운 체질의 유전자에 대해서도 진단을 내릴 수 있다.

유전자 진단용 세포는 혈액의 백혈구, 모발의 뿌리가 되는 모근세포, 볼 안쪽의 점막세포 등이다. 이들 세포의 DNA를 먼저 PCR법* 으로 증폭한 다음 프로브(probe)라는 진단용 DNA 조각과 비교 검토함으로써 유전자 진단을 내린다.

* 내열성의 중합효소를 이용해 소량의 DNA를 짧은 시간에 엄청난 양으로 증폭하는 방법으로 '중합효소 연쇄반응(Polymerase Chain Reaction PCR)'이라고도 부른다.

오늘날에는 'DNA 칩(DNA chip)'을 이용해서 한꺼번에 여러 개의 유전자를 분석하기도 한다. 이는 수많은 질병의 유전자 DNA(1개 사슬)를 가로세로 1cm의

사각형 칩에 붙이고 거기에 검사 대상자의 DNA 조각(1개 사슬)을 더하는 방법인데, 만약 질병 유전자 DNA가 있다면 쌍(2개 사슬)이 만들어져 형광물질로 식별할 수 있다.

태아용 출생 전 진단

태어나기 전, 즉 태아 단계부터 유전자를 조사하는 출생 전 진단도 있다. 양수 검사(임신 15주부터), 융모 검사(임신 10주부터)가 대표적인 유전자 진단이며, 최근에는 수정란 검사(착상 전 진단)라고 해서 여러 세포 단계에 있는 하나의 세포를 떼어내서 진단하기도 한다.

이처럼 출생 전으로 유전자 진단의 시기를 앞당기는 이유 중 하나는 유전병 유전자를 갖고 있다는 이유로 임신중절 수술을 선택할 때 심리적인 거부감을 조금이라도 줄이기 위해서가 아닐까 싶다.

유전자 정보를 알았을 때

■ 태아에 대해

유전 질환을 일으키는 유전자를 발견했을 때 생명을 인공적으로 중절하는 일이 과연 옳은 일인지를 묻는 윤리적인 문제에 가장 먼저 봉착하게 된다. 이 밖에도 다음과 같은 심각한 문제에 맞닥뜨릴 수 있다.

- 심각한 유전병을 갖고 있는 사람은 과연 살아갈 권리가 없는가?
- 진단의 결과로 중증 유전병을 가진 태아를 낳는 사람이 적어지고 그만큼 유전병 아기가 줄어든다면, 반대로 이것이 유전병 아이들에 대한 차별로 작용하지 않을까?

• 유전병을 앓는 사람이 감소함으로써 치료 기술이 떨어지지는 않을까?

• 치료법이 없는 유전병의 유전자를 갖고 있느냐 없느냐를 발병 전에 진단하는 일이 과연 의미가 있을까?

• 열성 유전병의 유전자를 갖고 있는 보인자(保因者)임을 유전자 진단을 통해 알게 되면 애초 보인자끼리의 결혼*을 피할 수 있어서 후대에 유전병이 나타나지 않을 수 있다는 주장도 있는데, 과연 그렇게까지 조사할 필요가 있을까?

*
보인자끼리의 결혼 : 유전병이 겉으로 드러나지 않고 그 인자만 갖고 있는 '보인자'의 경우, 유전자를 이형(hetero)으로 갖고 있지만 보인자끼리 결혼해서 아이가 생기면 유전자를 동형(homo)으로 갖춘 아이, 즉 질병에 걸린 아이가 태어난다.

기술의 발달이 긍정적인 효과만 선사하는 것은 아니다. 어떤 일이든 동전의 양면이 존재하기 마련이다.

■ 정보의 비밀은 엄격하게 지켜지고 있는가?

더욱이 개인적인 유전자 정보가 함부로 유출되어서 결혼, 취직, 입학 등에서 불이익을 당하게 되는 문제를 사전에 심각하게 생각해야 한다(그림 2-7).

누구나 여러 개의 이상 유전자를 갖고 있다. 이는 임신했을 때 유전병을 가진 아이가 생길 가능성이 일정한 비율로 존재한다는 뜻이다. 그렇기에 유전 질

그림 2-7 ⁝⁝ 유전자 정보가 밝혀지면

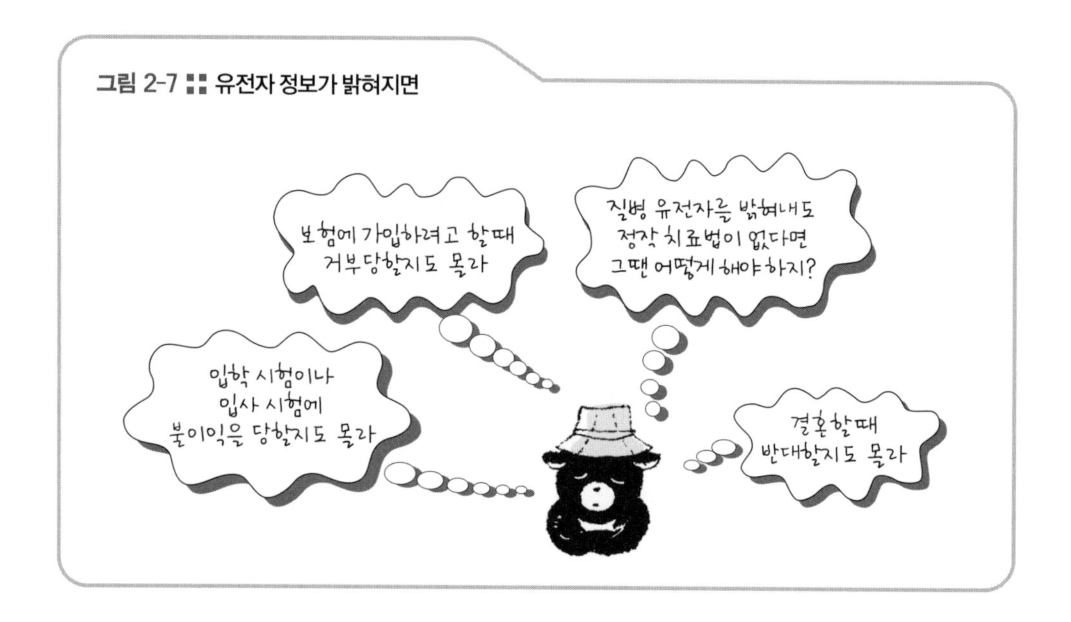

환을 앓고 있는 환자를 사회적으로 보듬어주는 배려가 절실하다.

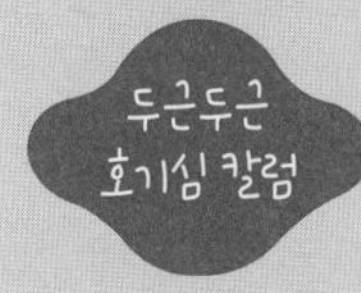

우생정책은 옳았던 걸까?

제2차 세계대전이 끝날 때까지(나라에 따라서는 전쟁이 끝나고 나서도) 민족이나 국민 전체의 유전적인 자질을 높이고 열악한 유전자를 줄이려는 우생정책이 일본을 포함해 전 세계에서 자행되었다.

미국이나 나치 독일에서는 명확한 유전병은 물론이고 지적장애인이나 성범죄자, 알코올의존증 환자도 강제적 혹은 반강제적으로 단종 수술을 받게 했다. 일본에서는 만성 전염병인 한센병 환자에게까지 단종 수술을 감행했다. 나치가 저지른 유태인 대학살도 우생학의 사고방식이 배경에 깔려 있었다(표 2-1).

그러나 오늘날에는 우생정책으로 이상 유전자를 줄일 수 없다는 사실이 만천하에 밝혀졌으니 감각적 혹은 감정적으로 우생정책에 동요되지 않게끔 주의해야 한다. 지금은 우생정책을 실행한 사람들을 악마로 여기지만, 그때는 민족과 인류에게 이로운 일이라고 믿었다. 집단광기라고 해야 할까? 이런 일이 두 번 다시 일어나지 않도록 당시의 만행을 절대 잊지 말아야 할 것이다.

표 2-1 ∷ 우생학의 역사

연도	사항
1883년	영국의 유전학자 프랜시스 골턴(Francis Galton, 1822~1911)이 〈인간의 능력과 발달 연구〉에서 우생학(eugenics)을 제창
1907년	세계 최초로 미국 인디애나주에서 우생학적 진단에 기초한 단종법 제정
1912년	제1회 국제우생학회의 개최(런던)
1921년	제2회 국제우생학회의 개최(뉴욕). 미국우생학회 발족
1933년	독일 '유전병 자손 예방법' 제정
1939년	아돌프 히틀러(Adolf Hitler, 1889~1945), '안락사 계획' 명령 장애인, 유태인 등의 홀로코스트(대학살) 자행
1940년	일본 '국민우생법' 제정
1948년	일본 '우생보호법' 제정
1995년	중국 '모자보건법' 제정(우생 사상에 기초한다고 국제적으로 비판받았다)
1996년	일본 '우생보호법'을 '모체보호법'으로 개정

베어군 입사할 때 신체검사를 받잖아요. 그때 당사자 모르게 에이즈 검사를 하는 회사도 있다고 들었어요.

생박사 맞아. 본인이 원하지 않는 유전자 진단은 받지 않게끔 우리 모두 경각심을 높여야 해. 개인정보가 멋대로 유출되지 않게 사회가 앞장서서 법적 장치를 마련하는 일도 중요하고. 이래저래 유전자 공부는 현대인의 교양이라고 할 수 있겠구나.

유전자 치료란 어떤 치료?

유전자 치료는 크게 ①기능을 상실한 유전자가 있을 경우 정상 유전자를 보충하는 방법 ②암의 유전자 치료처럼 암세포를 공격하기 위해 유전자를 이용하는 방법으로 나눌 수 있다.

여기에서는 ①의 방법을 좀 더 자세히 알아보자.

■ 정상 유전자를 보충한다

단일유전자 질환이란 어떤 원인 유전자가 제대로 기능하지 않아서 생기는 질병이다(32쪽의 그림 1-4). 따라서 원인 유전자 대신 정상 유전자를 편입하여 활동시킴으로써 질병을 치료하는 것이 유전자 치료의 기본 개념이다.

실제 현장에서는 RNA를 유전자로 갖는 레트로바이러스를 운반체(vector) 삼아서 정상 유전자를 염색체 어딘가에 끼워넣고 있다. 물론 바이러스의 병원성을 제거해서 투입하지만, 바이러스의 부작용이 전혀 없다고는 확신할 수 없다는 우려는 남는다.

■ 유전자 치료의 실례

유전자 치료는 1990년에 미국 프렌치 앤더슨(French Anderson, 1936~) 박사 연구팀의 시술이 세계 최초였으며, 이후 전 세계에서 다양하게 시행되고 있다.

일본의 경우 1995년 홋카이도(北海道)대학교에서 시술된 사례가 유전자 치료의 효시로, ADA라는 효소 결핍증을 앓고 있던 유아 환자의 치료에 이용되었다. ADA란 '아데노신 탈(脫)아미노효소(adenosine deaminase)'의 약칭으로, 환자는 ADA유전자의 이상으로 이 효소를 합성하지 못하고 면역이 약해지는 중증 복합면역결핍 증상을 나타낸다. 효소 결핍증 치료를 위해 환자의 혈액에서 백혈구를 따로 떼내어서 여기에 정상 ADA유전자를 지닌 레트로바이러스를 감염시켜 유전자를 재편한 백혈구를 배양한 다음 환자 체내에 다시 주입하는 것이다(그림 2-8).

암 유전자 치료의 경우, 암 억제 유전자의 하나인 p53유전자를 가진 레트로바이러스를 직접 암에 주입하는 방법도 시술되고 있다.

■ 유전자 치료의 문제점

유전자 치료로 가시적인 효과를 얻었다는 임상 보고도 많지만, 2002년에 유전자 치료의 부작용으로 백혈병에 걸린 사례가 발표되면서 의료 현장에서 매우 신중하게 이루어지고 있다.

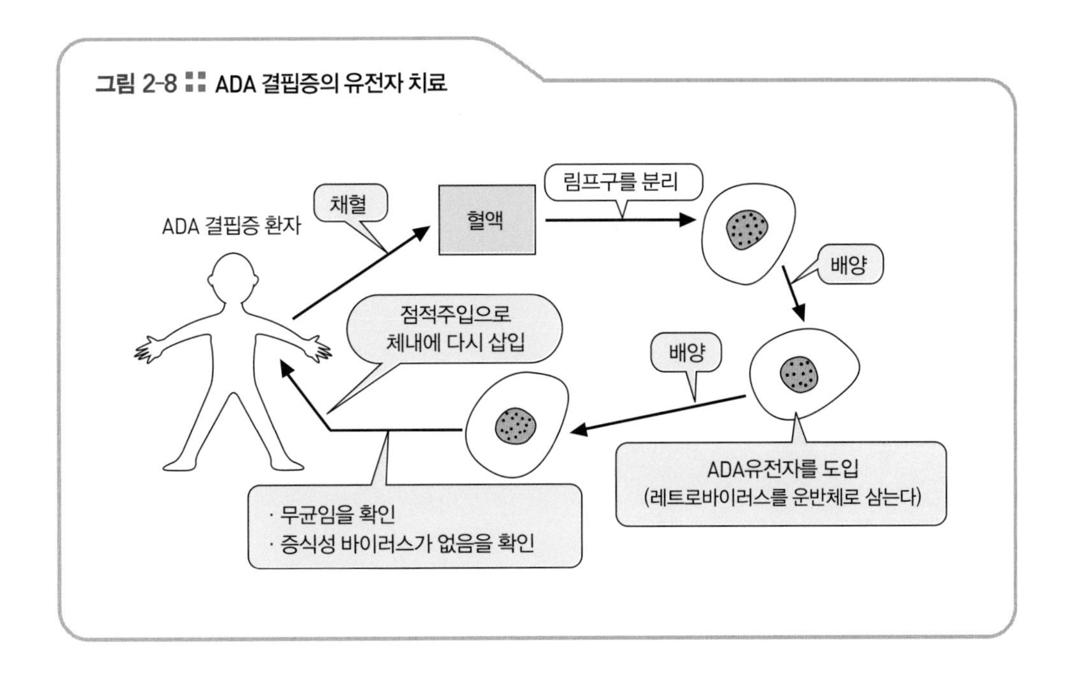

그림 2-8 ∷ ADA 결핍증의 유전자 치료

문제는 현재의 기술로는 염색체가 정해진 위치에 외래 유전자를 삽입할 수 없다는 점인데, 백혈병에 걸린 환자는 안타깝게도 원(原)암 유전자(proto-oncogene) 주위에 외래 유전자가 들어가서 이를 활성화시킨 것으로 추정하고 있다.

결론적으로 유전자 치료는 아직 실험단계로, 신중에 신중을 기해야 한다.

베어 군 오늘 이야기는 주제가 좀 무거웠네요. 살짝 피곤해지려고 하는데, 역시 피로 회복에는 달달한 게 최고죠!

생박사 내일 밸런타인데이에 초콜릿을 잔뜩 받을 테니까 그때 좀 줄게.

베어 군 흥, 필요 없어요! 내 힘으로 받을 수 있다고요.

베어 군은 부엌에 들어가서 인생이가 만든 초콜릿을 물끄러미 쳐다보았다.

3월 입학식

남과 여,
그 차이를 생각하다

산책하러 나간 베어 군이 집에 돌아오자마자 나를 다급히 찾았다.

베어 군 박사님, 글쎄요, 산책 나갔다가 우연히 입학식을 구경했는데요. 남학생들은 모두 바지정장 차림에 넥타이를 하고, 여학생들은 치마교복을 입고 있더라고요.

생박사 으음, 근처 고등학교 입학식을 구경했나 보구나.

베어 군 그런데 아주 꼬맹이 때부터 여자아이에게는 주로 핑크색 치마를 입히고 남자아이에게는 파란색 바지를 입히잖아요. 그건 부모가 어렸을 적부터 성차별을 강조하는 것 아닌가요?

생박사 아니, 베어 군이 여성 문제까지! 역시 똑똑한 베어 군. 그런데 생물학적으로 남자와 여자가 태어날 때부터 타고난 차이점이 분명 있기는 해. 그럼 오늘 주제는 '남과 여'로 정해볼까?

베어 군 좋아요. 직접 남녀를 관찰하면서 강의를 들으면 더 생생할 것 같은데요. 봄이라서 꽃도 활짝 피었고요. 박사님, 우리 꽃구경 가요!

다시 태어난다면
남자는 여자가 될 수 있을까?

누구나 '여자로 태어났다면 어땠을까? 반대로 남자로 태어났다면 어땠을까?' 하는 의문을 가져보았을 것이다. 남자가 여자로, 여자가 남자로 바뀌 태어나는 것은 불가능한 일일까?

성염색체의 조합이 남녀를 결정한다

실제로 본인이 직접 성을 선택해서 다시 태어나는 일은 불가능하다. 하지만 자신의 복제인간을 만들 수 있다면 어떻게 될까? 남자 혹은 여자로 성을 선택할 수 있을까? 결론을 미리 말하면, 남자의 복제인간은 남자, 여자의 복제인간은 여자가 된다.

인간의 체세포에는 모두 46개의 염색체가 존재하는데, 이 가운데 44개는 보통 염색체인 상염색체, 2개는 성을 결정하는 성염색체다. 이때 2개의 성염색체 조합으로 남성과 여성이 결정되며, 여성은 X염색체를 2개(XX) 갖고, 남성은 X염색체와 Y염색체를 하나씩(XY) 갖는다(그림 3-1).

그림 3-1 ∷ 상염색체와 성염색체

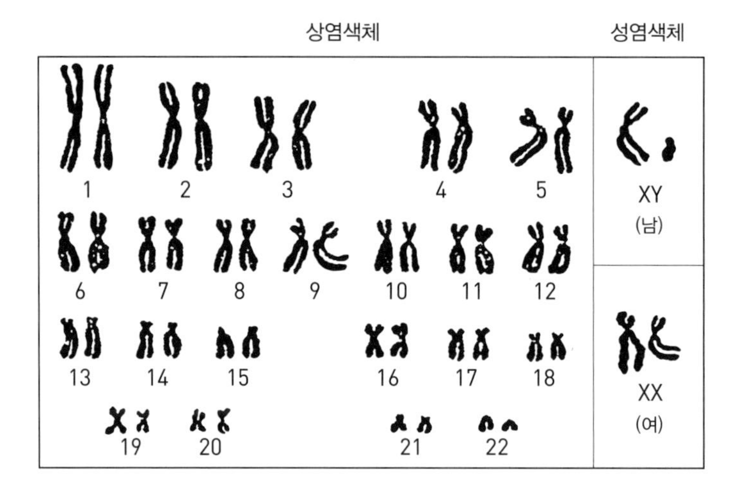

성전환 복제인간

자신과 성이 다른 복제인간을 만들려면 꽤 복잡한 절차가 필요하다. 만약 남자라면 우선 자신의 체세포 핵에서 Y염색체만 제거한 후(XY−Y→X), 여기에 자신의 다른 세포에서 떼어낸 X염색체를 덧붙여서(X+X→XX) X염색체를 2개 갖춘 핵 또는 세포를 만든다. 그리고 이 핵(또는 세포)을 제핵(除核), 즉 인공적으로 제거한 미수정란 속에 넣어야 한다.

이런 조작이 아직 시행된 적은 없지만 눈부시게 발달한 오늘날의 과학기술에 비추어본다면 전혀 불가능한 일은 아닐 듯하다. 결과적으로 22쌍의 염색체도 2개의 X염색체도 모두 자신의 염색체와 동일한 염색체다. 이렇게 핵 이식을 한 난(卵)을 다른 여성의 자궁에 넣고 출산을 유도하는 것이다.

한편 성전환 복제인간이 만들어진다면 어떤 여성이 될까? 유전자는 모두(Y염색체에 있던 소수의 유전자 이외에는) 본래 남성인 자신과 동일하기 때문에 분명 비

그림 3-2 ∷ 여자인 나를 남자인 나와 비교하면

[마음]
남자인 나만큼 여자에게 흥미(성적인 부분을 포함해)가 없으며, 예쁜 여자 사진을 즐겨 보지 않을 것 같다. 그 대신 남자에게 흥미를 나타낼지도….

[겉모습]
내부, 외부 생식기가 근본적으로 다르다.
키는 작아지고 골반은 좀 더 넓어지고 가슴이 부풀어 오른다.
피부는 부드러워지고 목소리는 높아지고 힘이 약해지지 않을까?

[행동, 사고]
수다쟁이가 될지도 모른다.
놀랐을 때 '꺄악' 하고 소리 지를지도 모른다.
길치가 될지도 모른다.

공간지각 능력은 남성이 좀 더 앞서고, 언어 능력은 여성이 좀 더 뛰어나다는 실험 결과가 있지만, 이는 여자의 경우 좌뇌 기능이, 남자의 경우 우뇌 기능이 좀 더 활성화되었기 때문으로 여겨진다(87쪽, 148쪽 참고). 다만 이 남녀 차이는 평균적인 차이로, 여기에 개성이 곁들여지면 개개인에 따라 다른 양상을 띠는 경우가 훨씬 많다.

슷할 테지만, 그래도 자신과 다른 여성이 되어 있지 않을까? 몸도 마음도 말이다(그림 3-2).

베어 군 박사님이 여자가 된다고요? 으음, 상상할 수 없어요. 전혀 다른 사람이 될 것 같아요.

생박사 그래도 유전자가 거의 일치하는걸.

베어 군 유전자는 거의 같더라도 남자일 때와는 다른 여자의 특성이 나타나지 않을까요? 남자와 여자는 아무튼 다를 테니까요.

남자와 여자, 도대체 왜 다를까?

한 남자가 성전환 복제인간으로 여자가 되었다면 남자와 여자 복제인간은 전혀 다른 모습일 것이다. 남자인 자신과 여자인 자신! 유전자는 거의 같아도 XX 염색체냐 XY염색체냐에 따라 활동 유전자나 유전자의 작동방식이 달라져서 몸도 뇌도 행동도 성격도 남녀의 차이가 분명 생기지 않을까?

요컨대 XY 개체는 남성으로, XX 개체는 여성으로 변모해간다.

베어 군 알겠어요! X염색체와 Y염색체 위에 마법사 같은 유전자가 있는 거군요. X염색체의 마법사가 '모두 여자가 되세요!' 하고 다른 유전자들에게 명령을 내리면 몸은 여자가 되고, 반대로 Y염색체의 마법사가 '남자가 되세요!' 하면 남자가 되는 거지요.

생박사 마법사라, 그거 재밌는 표현이네. 그런데 X 마법사와 Y 마법사 가운데 Y가 더 강하니까 XY의 경우 남자가 된다고, 베어 군은 그렇게 생각하나?

베어 군 네, 베어 군은 그렇게 생각합니다.

생박사 아냐, 아냐. 마법 능력은 Y에만 있다고.

남성이 되는 비밀은 Y염색체에 있다

거의 같은 유전자를 갖고 있어도 왜 XX염색체를 가지면 여성이 되고, XY염색체를 갖고 있으면 남성이 될까? 이와 관련해 많은 부분이 과학적으로 규명되었다. 먼저 성별 결정의 중요한 단서가 되는 것은 Y염색체에 있는 SRY유전자(Sex-determining Region Y, Y염색체의 성별 결정 부위)로, 이는 무엇이든 열 수 있는 마스터키처럼 성을 결정짓는 팔방미인 유전자다.

이 SRY유전자가 없을 때는 다양한 유전자가 여성이 되게끔 활동하는데(따라서 인간의 기본형은 여성이다!) 만약 SRY유전자가 있으면 남성화에 필요한 유전자가 활성화되고, 어떤 유전자는 반대로 스위치가 꺼져서 조금씩 남성으로 자리를 잡는다(그림 3-3 ①). 그 결과 생식샘 원기(原基)가 고환으로 분화한다(난소는

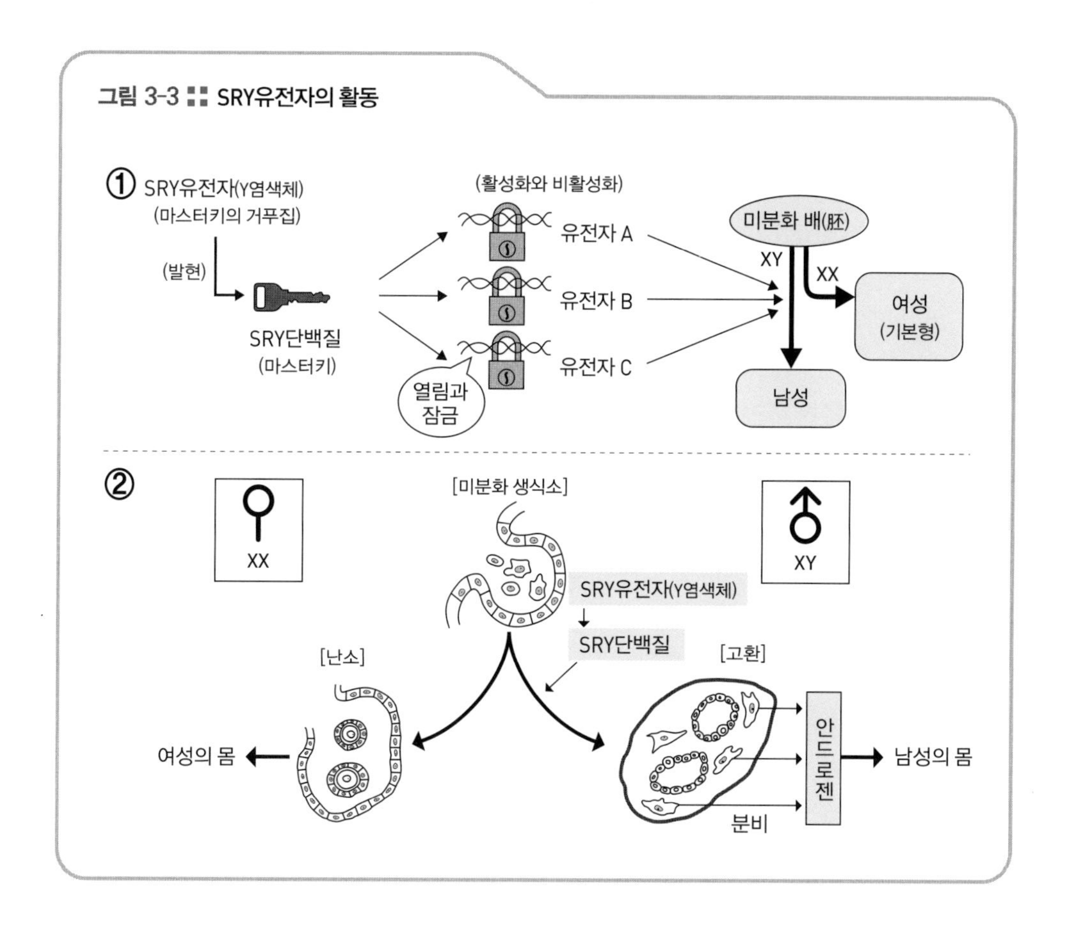

그림 3-4 :: 안드로겐과 외부 생식기의 변화

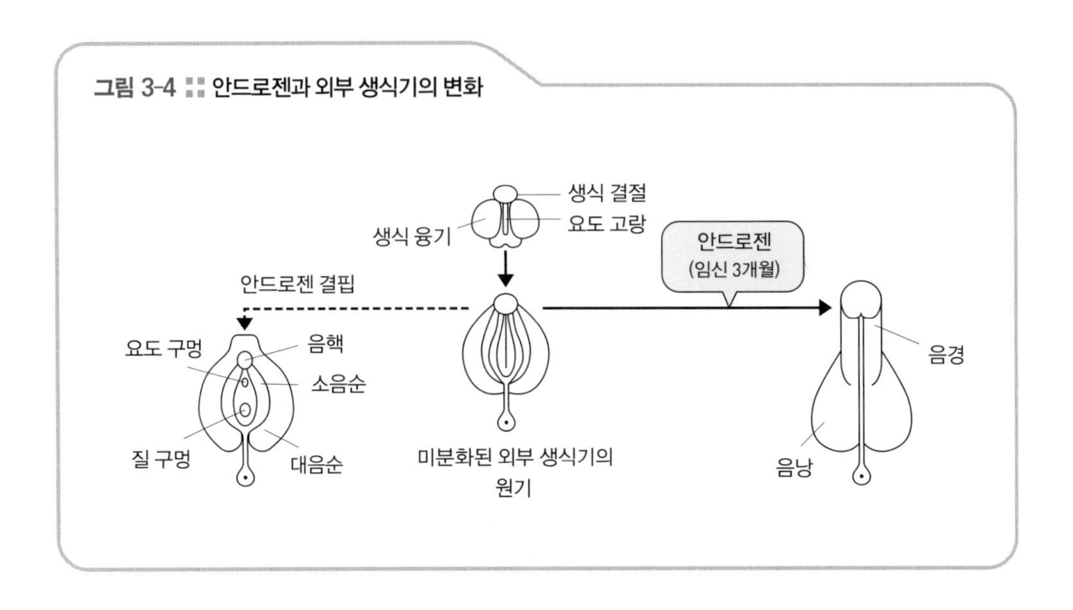

생기지 않는다. 그림 3-3 ②). 고환이 생기면 안드로겐(androgen, 남성호르몬)이 분비되고, 안드로겐의 작용으로 외부 생식기도 남성적으로 변화한다(그림 3-4).

아울러 뇌도 남성의 특징이 도드라지는 남성의 뇌로 변모한다. 더욱이 성장 과정, 특히 사춘기에 성호르몬이 강하게 활동하면서 남녀의 각각 다른 특징(제2차 성징)이 확실하게 나타나는 것이다.

단지 유전자만 남녀 차이를 낳는 것은 아니다

그렇다고 남녀 간의 차이가 오직 유전자에 의해서만 결정되는 것은 아니다. 또한 남녀 차이라고 하더라도 남성도 여성도 어떤 능력이나 특징에서 두드러진 개인차가 있기 마련이다. 타고난 자질에 태내 환경, 출생 후 환경, 사회적·문화적 영향이 더해져서 현실의 능력이나 특징을 형성하기 때문에 남녀 차이는 좀 더 종합적으로 이해해야 한다.

아직 벚꽃이 활짝 피지는 않았지만 공원은 꽃구경을 하러 나온 사람들로 복작

복작했다.

베어 군 우와, 사람들이 진짜 많네요. 꽃구경을 왔는지 사람 구경을 왔는지 구분이 되질 않아요.

생박사 베어 군은 사람 구경을 왔으니 뭐 괜찮겠네.

베어 군 남자끼리 꽃구경을 온 건 박사님이랑 저밖에 없어요. 모두 커플로 왔어요. 역시 남자와 여자가 같이 있을 때 보기 좋은 것 같아요.

생박사 어허, 오늘은 스마트 베어가 아니라 투덜이 베어네. 그럼 이쯤해서 질문 하나 하지. 남자와 여자는 생식기는 물론이고 골격도 호르몬 분비도 다르지. 그 차이는 무엇을 의미할까? 단순히 신의 뜻일까?

베어 군 그건 아마도 아이를 만들기 위해서 그런 거 아닐까요? 남자끼리 혹은 여자끼리는 아이를 만들 수 없잖아요.

생박사 인간이나 곰은 그럴지 모르지만, 남자와 여자가 구분되지 않아도 아이를 만드는 생물은 있거든. 그런 생물은 어떻게 설명할 수 있을까? 그러지 말고 좀 더 시야를 넓혀서 생각해보렴.

베어 군 시야를 넓히라고요? 사람들이 워낙 많아서 앞이 안 보이는걸요.

왜 성이 존재할까?

■ 성의 구별이 없어도 자손을 남길 수 있다

동물의 세계에는 지렁이나 달팽이처럼 자웅동체, 즉 암수한몸이 엄연히 존재한다. 또 성장단계나 환경에 따라 성전환을 하는 생물도 있다. 그런데 인간은 왜 암수한몸이 아니라 암수딴몸일까? 여자와 남자의 구별이 없었다면 성차별이라는 단어도 생기지 않았을 텐데….

지렁이나 달팽이는 비록 암수한몸이라도 알과 정자의 생식세포가 하나 됨으로써 자손을 만드는 유성생식을 한다. 단지 한 개체에 암수 생식기관을 모두 갖추고 있을 따름이다. 하지만 자연계에는 분열이나 출아, 포자를 통한 생식 등 난자와 정자에 의존하지 않는 무성생식이나 진딧물처럼 암컷 혼자서 새로운 개체를 만드는 단성생식도 존재한다. 복제를 통한 생식은 인공 단성생식이라고 말할 수 있다.

그렇다면 인간은 왜 남성과 여성이 하나가 되는 양성의 유성생식을 고집할까?

베어군　잠깐만요. 도대체 무성생식, 단성생식이 무슨 말인지 헛갈려요.

생박사　난세포는 암컷 세포, 정자는 수컷 세포라고 할 수 있지. 이런 성과 관련이 없는 생식을 무성생식이라고 말해. 그리고 단성(單性)이란 양성(兩性)의 반대말로 하나의 성, 즉 암컷 홀로 행하는 생식을 뜻하지.

베어군　왜 하필 암컷만 해요? 그럼 수컷만 하는 생식은 없어요?

생박사　수컷 생식세포인 정자는 너무 작아서 요리조리 헤엄은 잘 치고 돌아다니지만 영양이 전혀 없어서 나 홀로 생식은 불가능해. 물론 세포질을 난세포로부터 받으면 가능할지도 모르지.

■ 붉은 여왕 가설

한편 진화한 생물이 유성생식을 하는 이유가 아직 확실하게 밝혀진 것은 아니지만 '붉은 여왕 가설(The Red Queen's Hypothesis)'이 설득력 있는 주장으로 알려져 있다.

이 가설은 영국의 소설가 루이스 캐럴(Lewis Carroll, 1832~1898)의 대표작인 《이상한 나라의 앨리스》의 속편에 해당하는 《거울 나라의 앨리스》에 등장한 '붉은 여왕'에서 비롯되었다. 끊임없이 뛰고 있는 붉은 여왕에게 주인공 앨리스가 "왜 그렇게 뛰어 다니세요?" 하고 묻자 붉은 여왕은 "같은 곳에 머무르려면 평생 쉬지 않고 달려야 해" 하고 대답한다.

즉 붉은 여왕의 나라에서는 어떤 물체가 움직일 때 주위도 따라 움직이기 때문에 제자리에 머물기 위해서는 부지런히 달려야 한다는 의미다.

이 이야기를 진화에 적응하면, 자신의 DNA를 남기기 위해서는 유성생식으로 다른 개체의 DNA와 혼합해서 조금씩 자손의 형질을 변화시키지 않으면(즉 끊임없이 달리지 않으면) 바이러스나 세균 등이 침입하고 자연선택에 뒤처져서 자손을 남기지 못하게 된다. 무성생식이나 단성생식은 개체수를 단시간에 늘리는 데에는 적합하지만 자손의 유전자를 변화시키지는 못한다. 따라서 유전자가 동일한 단순복제의 경우 일단 바이러스에 감염되면 모든 개체가 절멸당할지도 모른다. 실제 무성생식을 하는 식물인 감자는 바이러스의 침입으로 큰 피해를 입기도 했다.

성, 즉 암컷과 수컷의 관계는 같은 유전자를 갖춘 개체끼리 교배하지 않기 위해 먼저 생식세포(배우자) 단계에서 성의 기원이 생겨났다고 추측할 수 있다. 유전적인 형태가 다른 세포와 접합하는 일부터 시작되었으며, 분명 처음에는 몇 가지 다른 유형이 있었는데 이것이 암컷과 수컷 두 갈래로 간추려졌을 것이다.

그리고 암컷의 세포(난세포)를 만드는 개체(암컷 개체)와 수컷의 세포(정자)를 만드는 개체(수컷 개체)가 구별되면서 자신의 유전자를 남기려고, 자세히 말하면 더 훌륭한 유전자를 갖춘 이성 개체를 찾아서 훌륭한 유전자의 조합을 갖춘 자손을 많이 만들려고 행동함으로써 바이러스의 공격에 속수무책으로 당하지 않고 다음 세대로 무사히 유전자를 물려줄 수 있게 되었다는 추론도 충분히 가능하다.

포장마차 주인 한잔 하시고 가세요. 어묵 안주도 맛나요. 여기 곰 청년도 있는데.

생 박사 아니, 베어 군. 거기서 뭐 하나? 술만 마시고 지금 내 이야기는 하나도 안 들었단 말이야?

베어 군 어묵 진짜 맛있어요. 허허허, 인간 문화를 공부하고 있지요. 리얼 체험! 박사님도 이리로 오셔서 한잔 하세요. 헤헤헤.

생박사 그럼 그럴까? 나도 딱 한 잔만!

베어 군 그런데 DNA를 섞는다고 반드시 좋아지는 것은 아닐 텐데요. 개나 고양이는 혈통이 보증되는 순혈이 최고라고 들었는데.

포장마차 주인 그렇지. 확실히 이 술 저 술 섞어 마시면 머리만 띵 해요.

생박사 하지만 무엇을 섞느냐가 중요하지요. 스카치위스키에 순수한 싱글 몰트도 있지만, 대부분은 몇 가지를 섞어서 유명한 스카치를 만들어내거든요. 그 혼합 방식이 생명이지요.

베어 군 그럼 유성생식은 블렌디드 위스키네요. 짜장면과 짬뽕을 함께 먹는 짬짜면처럼요!

DNA는 선호하는 이성이 따로 있다

세계적인 과학자이자 저술가로 꼽히는 리처드 도킨스(Richard Dawkins, 1941~)는 저서 《이기적 유전자》에서 진화론의 새로운 패러다임을 제시했다. 여기에서는 이기적인 유전자설에 기초해 DNA의 전략을 생각해보자.

자신의 DNA를 영원히 남기고 싶다

생물 개체는 DNA에 새겨진 정보를 바탕으로 만들어진다. 만일 개체의 유전 정보를 지닌 DNA가 스스로 영원히 살아남고 싶다고 생각하면* 어떤 일이 벌어질까?

우선 DNA는 자신을 담고 있는 그릇인 몸을 경쟁력이 높은 개체로 만들고, 자손을 많이 늘리려고 할 것이다. 그런데 생식을 위해서는 다른 몸의 DNA와 혼합해야 한다. 이때 개체 하나를 만들면 자신의 DNA는 반밖에 전할 수 없으니까 가능한 많은 자손을 만들려고 할 것이다. 결과적으로 배우자는 자신의 DNA를 계승한 자손을 확실하게 키울 능력이 있는 개체, 그 자손에게도 경쟁력이 높은 DNA를 물려줄 수 있는 개체를 선택해야 하는 셈이다.

* 물론 '생각하다'는 것은 비유적인 표현으로 'DNA가 갖춘 정보에 따라 DNA의 존속이 좌우된다'는 의미

수컷과 암컷은 DNA의 전략이 다르다

포유류에서 생각한다면, 수컷 입장에서는 어떤 암컷을 선택할까? 건강하고 생식 능력이 뛰어나고 자손을 보호하며 잘 키울 것 같은 암컷을 고를 것이다. 반대로 암컷은 다른 수컷보다 힘이 세고, 먹이를 사냥하는 능력이 탁월하고, 암컷 자신과 새끼를 적으로부터 보호해줄 만한 수컷을 선택할 것이다.

실제로 수컷의 수는 암컷의 수보다 적어도 괜찮으니까(여러 암컷과 교미하면 될 테니까) 수컷끼리 암컷을 차지하기 위해 치열한 경쟁을 일삼는다. 결과적으로 앞서 소개한 특징을 나타내는 유전자 DNA를 갖춘 수컷이 최종 선택되고 또 암컷과 교배하여 자손을 남기기 때문에 수컷은 암컷보다 몸집이 크고 공격적이며 움직임이 날쌔고 먹이를 찾는 능력이 뛰어나며, 교미 전에는(!) 암컷에게 잘 보이려고 애정공세를 펼치게 된다. 한편 암컷은 양육 능력이 앞선다는 점을 최대한 과시하고, 수컷이 호감을 느낄 만한 매력을 갖추려고 한다.

베어 군　저는 엉덩이가 펑퍼짐한 여학생이 좋은데, 그것도 DNA의 전략일까요? 딸꾹!

생박사　그렇겠지. 아마도 순산 가능성이 높을 테니까.

베어 군　그럼 박사님도 DNA의 전략에 따라 사모님과 결혼해서 인생 양이 태어난 거네요.

생박사　으음. 내가 의식해서 그렇게 행동한 것은 아닐 테지만. 무의식적으로 그렇게 했겠지 아마도. 그런데 인간사회는 DNA의 전략을 거슬리는 일을 결정할 때도 많으니까, 좀 복잡해. 단편적으로 생각할 수 없겠지.

베어 군　아저씨, 여기 술 더 주세요, 딸꾹!

생박사　안 돼! 아직 남은 이야기가 얼마나 많은데. 술도 깰 겸 걸으면서 이야기할까?

인간도 DNA의 전략에 따라 행동한다?

인간의 남성이 여성보다 대체로 키가 크고 근육질이고 스포츠에 강한 관심을 갖고 공간을 인지하는 능력이 뛰어난 것도 DNA의 전략으로 볼 수 있다.

앞에서 '포유류의 암컷은 다른 수컷보다 힘이 세고, 먹이를 사냥하는 능력이 탁월하고, 암컷 자신과 새끼를 적으로부터 보호해줄 만한 수컷을 선택한다'고 소개했는데, 인간 여성이 남성을 선택하는 기준도 이와 비슷하지 않을까?

반대로 육체가 풍만한 여성에게 남성이 매력을 느끼는 이유도 글래머가 여성의 성 성숙도와 생식 능력을 나타낸다고 보기 때문이다. 같은 맥락에서 미녀가 인기가 많은 것도 얼굴이나 몸매의 아름다움은 건강하다는(유전적으로도) 증거가 되고, 앞으로 태어날 아기 역시 미인으로 인기를 얻게 되어 자신의 DNA를 오래오래 남길 수 있다고 예측한다.

마찬가지로 여성이 잘생긴 남성을 좋아하는 이유도 앞으로 태어날 2세 역시 미남으로 여성에게 인기를 끌어서 자신의 DNA를 더 많이 남길 수 있다고 생각하는지도 모른다. 아니 DNA가 그렇게 시키는 것인지도 모른다.

남자의 바람기가 DNA 탓이라고?

커플 남녀가 다정하게 손을 맞잡고 거니는 장면에서 남성이 다른 여성을 힐끔힐끔 쳐다보다가 커플 여성에게 발각되어 핑크빛 만남이 티격태격 싸움으로 돌변하는 상황을 가끔 목격할 때가 있다.

아무도 못 말리는 남자의 바람기와 이를 절대 용납하지 못하는 여자를 생물학적인 관점에서 생각해본다면 어떨까? 하나라도 많은 DNA를 남기려는 남성과, 그런 남성을 여성 자신을 위해 봉사하게끔 만들어 확실하게 자신의 DNA를 가진 자식을 키우고자 하는 여성의 전략 차이에서 비롯된 것이라고 말할 수 있다.

여기까지 읽은 독자들 가운데는 "뭐야? 필자 자신이 남자라고 남자 편을 드는 거야?! 남자들의 바람기가 정당하다고?" 하며 볼멘소리를 하는 여성 독자들도 분명 많겠지만, 자연선택을 통해 존속해온 DNA에 그런 전략이 전혀 없다고 확신하기는 좀 어렵지 않을까 싶다.

다만, 인간은 대뇌새겉질(대뇌신피질)이 발달하여 사회적·문화적 제약을 중시하고 유전자 지배, 즉 본능적인 욕구를 억제하거나 회피할 수도 있다. 결국 인간은 매순간 원초적인 본능과 도덕이나 윤리, 법률에 따르는 이성 사이에서 갈등하고 또 고민하면서 살아가는 것이다.

SRY유전자가 남자와 여자를 결정한다

SRY유전자 → 고환 → 안드로젠

인간은 암수딴몸으로, 난소와 고환을 모두 갖춘 암수한몸과 다르다고 소개했다. 하지만 인간의 발생 과정에서 임신 6주 정도까지는 남녀 구별 없이 생식기의 바탕이 되는 생식샘 원기가 난소도 고환도 될 수 있는 상태다.

생식샘 원기의 바깥층(겉질)이 발달하면 난소, 안층(속질)이 발달하면 고환이 된다(71쪽의 그림 3-3). 그리고 난소와 고환의 열쇠를 쥐고 있는 것이 Y염색체의 SRY유전자다. 그럼 여기에서는 인간의 성 분화를 좀 더 자세히 알아보자.

그동안의 실험에서는 실험쥐의 XX 수정란에 Sry유전자(인간 이외에는 'ry'처럼 소문자로 표시)를 주입하면 XX이지만 고환과 음경을 갖춘 수컷이 된다는 사실을 알아내고 Sry유전자가 수컷화를 이끄는 유전자임을 밝혔다. 반대로 Sry유전자가 활동하지 않으면 난소가 발달한다. 또한 고환이 생기면 고환 세포가 안드로젠(남성호르몬)의 분비를 개시한다.

XY 개체에도 자궁관이나 자궁이 될 부분이 있고, XX 개체에도 정관이 될 부분이 존재한다. 하지만 발생 과정에서 XY 개체는 안드로젠의 분비로 정관이 발달하는 대신 자궁관이나 자궁이 될 부분은 퇴화한다. 한편 XX 개체에는 안드로젠이 분비되지 않기 때문에 정관이 될 부분은 퇴화하고 자궁관과 자궁이 발달한다.

외부 생식기도 임신 8주째까지는 XX 개체와 XY 개체의 차이가 드러나지 않지만 임신 8주 이후 XY 개체에 안드로젠이 활동하면서 질이 형성되지 않는다. XX 개체에서는 음핵이 될 부위가 비대해져 음경이 되고, 소음순이나 대음순이 될 부위는 닫혀서 음낭이 되어간다(72쪽의 그림 3-4).

안드로젠이 비정상적으로 활동하면?

외부 생식기가 모호한 중간 형태를 띠는 이상 증상(반음양)이 있다. 선천성 부신과다형성, 즉 선천성 부신증식증(Congenital Adrenal Hyperplasia: CAH)에 걸리면 비정상적으로 커진 부신에서 안드로젠이 과다하게 생성되어서 본래 XX 개체인 여자 태아의 외부 생식기가 남성화되어 나타난다.

여성의 성주기는 어떤 의미가 있을까?

임신이 가능한 가임기 여성은 대략 4주를 주기로 하는 성주기를 겪는다. 그 과정은 이러하다.

① 사이뇌 시상하부에서 생식샘자극호르몬 방출호르몬이 나와서 뇌하수체 앞엽에서 난포자극호르몬의 분비가 늘어나면 난소에서 난포가 발달하고 에스트로겐(estrogen, 난포호르몬)의 분비가 늘어난다.
② 에스트로겐이 증가하면 그 정보가 뇌하수체 앞엽으로 피드백되어 다시 앞엽에서 황체형성호르몬이 분비된다. 그러면 난포에서 배란이 촉진되고 황체가 생긴다(난자는 자궁관으로 이동해서 수정을 기다린다).

③ 황체는 앞엽에서의 황체자극호르몬의 자극에 따라 프로게스테론(progesterone, 황체호르몬)을 분비함으로써 자궁 속막이 두꺼워지고 난자의 착상을 준비한다. 한편 황체호르몬은 피드백 작용으로 생식샘자극호르몬(난포자극 호르몬과 황체형성호르몬)의 분비를 억제하고 다음 배란을 억제한다.

④ 수정란이 자궁에 착상하면 황체는 기능을 유지하지만(태반에서도 생식샘자극호르몬이 나온다) 난자가 수정, 착상하지 않으면 황체는 퇴화하고 시상하부와 앞엽에 대한 억제가 풀린다.

⑤ 이후 자궁 속막이 떨어져 나가 혈액과 함께 질을 통해 배출되는데, 이것이 바로 월경이다.

이와 같이 생식 현상에서 볼 수 있는 주기적인 변화를 성주기라고 한다. 남성의 경우 규칙적인 성주기가 따로 있지 않고 생식샘은 항상 일정하게 활동을 유지한다.

한편 인간의 생식주기는 스트레스 등의 외부적인 영향을 많이 받는다. 인간에게는 정해진 번식기가 없고 1년 내내 임신이 가능하며, 성행위의 욕구와 생식활동이 분리되어 있다. 성행위는 번식을 위해서라기보다 이성과의 교감이라는 점에 더욱 큰 의미를 부여하고 있는 셈이다.

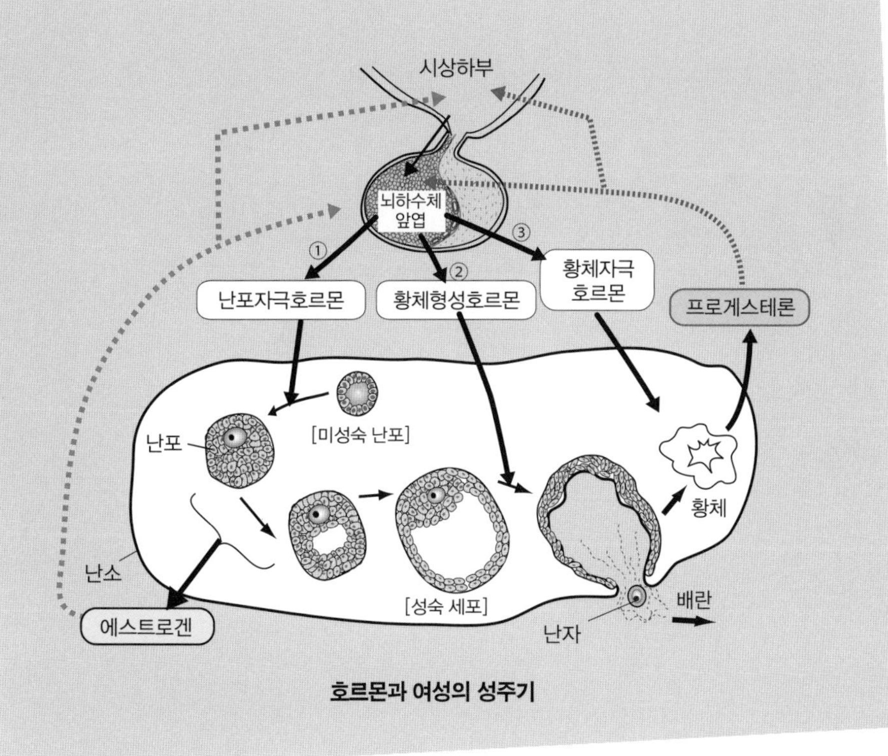

호르몬과 여성의 성주기

베어군 최근 외동아이가 부쩍 늘어난 것 같은데요. 아무래도 가족이 많으면 많을수록 좋지 않을까요?

생박사 둘째를 갖고 싶어도 포기하는 부부가 많다고 들었어. 여성이 직장과 육아를 병행하기 힘들다거나, 경제적으로 여유가 없어서. 또 남성 쪽도 회사일이 바빠서 부부관계가 삐거덕대는 일이 많은 것 같고. 아무튼 여러 가지 복잡한 사정으로 DNA가 시키는 대로 살아가기 힘든 것 같구나.

베어군 앗, 저기 교복 입은 예쁜 여고생이 지나가요. 말이라도 걸어볼까요? 취재 나왔다고 하고요. 그러고 보니 남학생이랑 여학생은 누가 봐도 알 수 있게 교복이 달라요. 치마랑 바지를 구별해서 입으라고 DNA에 새겨져 있나요? 애초 이 문제가 궁금했는데!!!

생박사 그렇구나. 하지만 거듭 말했듯이 이 문제는 단정하기가 참 어려운 부분이란다.

남자와 여자는 뇌도 다를까?

어린 시절에 즐겨 하던 놀이를 보면 대체로 남자아이는 여자아이에 비해 활동적이고 시끌벅적한 놀이나 축구·야구와 같은 실외운동을 즐기고, 자동차·로봇 같은 장난감을 좋아한다. 그림을 그릴 때는 파랑이나 갈색, 검정 등 차분한 색상의 크레용을 많이 사용하고 자동차나 비행기 등의 동적인 대상을 많이 그리는 것 같다.

한편 여자아이는 소꿉놀이나 인형 등의 장난감을 가까이 두고, 그림을 그릴 때는 분홍색이나 빨강, 노랑 등 화려한 색감의 크레용을 사용하며 꽃이나 집을 묘사하는 등 정적인 그림을 즐겨 그리는 듯하다(그림 3-5).

이러한 남녀 차이는 사회적인 양육방식에 따라 후천적으로 길러진다고 주장하는 페미니스트도 있다. 실제 남자아이는 남자답게, 여자아이는 여자답게 키우는 양육방식의 영향을 받을지도 모른다. 하지만 개인적인 경험에 따르면 교육 이전에 남자다움, 여자다움은 어느 정도 정해져 있다는 의견에도 공감할 만한 부분이 있는 것 같다.

그림 3-5 ∷ 남자아이의 놀이, 여자아이의 놀이

여자아이의 뇌에서 안드로젠이 활동한다면?

최근 타고난 남녀 차이가 존재한다는 결론을 뒷받침할 만한 실험관찰 결과가 잇달아 등장하고 있다. 그 일례를 소개하면, 선천성 부신증식증을 앓는 여자아이의 경우 태아 단계에서 남성호르몬인 안드로젠이 부신에서 과다하게 분비되기 때문에 보통 남자 태아와 마찬가지로 안드로젠의 영향을 강하게 받는다.

실제 미국 캘리포니아대학교 연구팀이 3~8세의 선천성 부신증식증을 앓는 여아, 보통 여아, 보통 남아를 놀이방에서 자유롭게 놀게 하면서 어떤 장난감을 갖고 노는지 조사했다. 실험 결과, 선천성 부신증식증 여자아이는 남아용 장난감을 좋아한다는 사실을 알아냈다.

선천성 부신증식증을 앓고 있는 여아의 부모는 양육 과정에서 분명 여아들이 좋아할 만한 인형을 아이의 손에 쥐어주었을 것이다. 그렇다면 이 실험 결과는 출생 전에 안드로젠이 활동함으로써 아이의 장난감 취향이 남자형으로 바뀌었음을 나타낸다고 볼 수 있다. 아울러 선천성 부신증식증에 걸린 여자아이의 그림을 살펴보았을 때 남자아이가 흔히 그리는 동적인 그림을 주로 그린다는 사실도 관찰되었다.

남녀의 근본적인 차이라고 하면 여성의 성주기를 꼽을 수 있는데, 성주기 역시 안드로젠의 작용과 밀접한 관련을 맺고 있다. 래트(rat)를 이용한 동물 실험에서 생후 1주일 이내에 안드로젠을 투여한 암컷에서는 성주기가 나타나지 않았다. 한편 고환을 제거한 수컷에 난소를 이식하면 성주기가 새로 생긴다는 사실을 관찰할 수 있었다. 요컨대 뇌가 안드로젠의 영향을 받으면 성주기가 사라지는, 탈(脫) 암컷화가 밝혀진 셈이다.

베어 군　그럼 태어날 때부터 남자와 여자의 뇌가 다르다는 말씀이지요? 후천적인 교육에 따라서 구분되기보다는요.

생박사　안드로젠이라는 호르몬이 그 열쇠가 되지.

베어 군　남자 뇌, 여자 뇌로 구분된다는 것은 뇌 형태에 차이가 있다는 뜻인가요? 아니면 그 기능에 차이가 있다는 의미인가요?

생박사　아니, 무슨 곰이 그렇게 똑똑한 질문을 하지?! 진짜 천재 곰 맞네!

베어 군　허허허, 모두 술의 힘이지요. 조금 전에 모르는 아저씨하고 또 한잔 했거든요. 주시는 술은 절대 거절하지 않아요. 제 DNA의 전략이지요. 곰돌이 푸잉푸잉! ♬ ♪

남과 여, 뇌의 형태적인 차이

남녀 뇌에 형태적인 차이가 과연 있을까? 구조적으로는 남녀 모두 거의 동일하다. 하지만 몇몇 부위에서 크기의 차이를 볼 수 있다.

■ 성적 관심을 관장하는 부위 : 앞시상하부 사이질핵(성적 이형 핵)

조사 결과, 사이뇌 시상하부 앞쪽에 있는 앞시상하부 사이질핵(성적 이형 핵)이라고 부르는 신경세포 다발은 그 크기가 여성보다 남성이 더 크다고 밝혀졌다. 그리고 동성애자 남성의 경우 사이질핵 부위가 보통 이성애자 남성보다 작다고 한다. 이를 종합하면 앞쪽 시상하부에 성적 호기심이나 충동을 관장하는 부위가 자리 잡고 있는 듯하다. 동성애는 선천적이냐 후천적이냐의 논란이 있지만, 태어날 때부터 안드로젠의 차이가 뇌에 영향을 끼치는 것으로 추측된다.

■ 뇌들보

좌우 대뇌 반구를 연결하는 교량 같은 부위를 뇌들보(뇌량)라고 하는데, 뇌들보의 경우 여성이 더 크다고 알려져 있다. 여성은 대화를 나눌 때 좌우 뇌가 동시에 움직이는 데 비해 남성은 좌뇌만 활동하는 경우가 많다. 이와 같이 좌우 뇌가 서로 연락하면서 언어중추를 작동시킬 수 있는 것도 여성의 뇌들보 굵기와 밀접한 관련을 맺고 있으리라 여겨진다(그림 3-6).

■ 좌뇌와 우뇌

다양한 실험을 해보면 공간인지 능력은 남성이 높고 언어구사 능력은 여성이 뛰어나다는 결과를 얻을 수 있다. 이는 여성의 경우 좌뇌의 기능이 더 앞서고, 남성의 경우 우뇌의 기능이 더 앞선다는 사실을 뒷받침해주는 증거다.

다만 남녀에 따라 달라지는 뇌의 기능 차이는 평균적인 차이에 불과할 뿐 개개인의 개성이 곁들여지면 남녀 차이가 역전될 수 있음을 알아두어야 한다.

그림 3-6 :: 언어구사 능력은 여성의 특권?

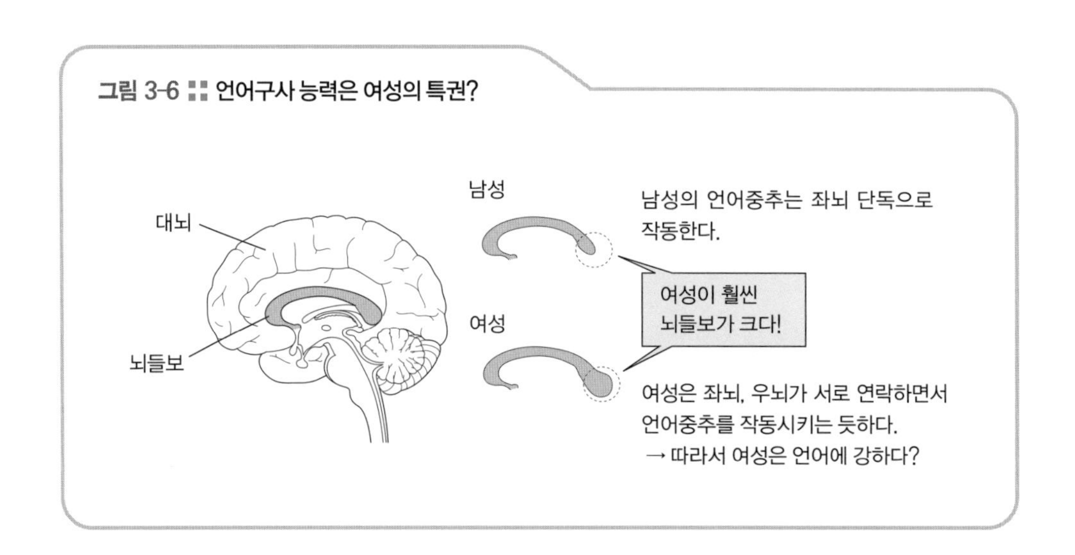

몸의 성, 그리고 마음의 성

지금까지 살펴본 바와 같이 성의 구별은 수정 순간에 결정되는 것이 아니다. Y염색체의 SRY유전자가 활동하느냐에 따라 성의 방향성이 정해지고, 그 결과 난소와 고환의 구체적인 형태가 형성되며, 고환이 생기면 고환에서 안드로젠(남성호르몬)이 분비되고, 이 남성호르몬의 활성에 따라 몸의 성이 결정된다. 이후 뇌의 발달 과정에서 안드로젠의 활동 유무에 따라 뇌의 성 분화가 생겨나고 마음의 성이 자리를 잡아가는 것이다.

성염색체와 몸의 성이 일치하지 않을 때

간혹 성 분화 과정에서 이상 반응이 생기는 경우가 있다. 예를 들면 Y염색체의 SRY유전자가 작동해도 안드로젠수용체 세포에 이상이 있으면 고환의 발생으로 안드로젠이 분비되지만 그 활동이 미비해서 외부 생식기가 여성형을 나타내고 여성의 몸으로 성장한다(고환성 여성화증). 그리고 마음의 성도 여성화한다.

예전에 여성 스포츠 선수가 성별을 확인한 결과 XY형으로 남성 판정을 받아서 메달을 박탈당하는 일이 있었다. 이 선수처럼 성염색체와 몸의 성이 일치하지 않을 때 단순히 성염색체로 단정 짓지 말고 몸과 마음을 나타내는 성, 즉 여성으로 인정해주어야 한다는 주장도 목소리를 높이고 있다.

마음의 성과 몸의 성이 일치하지 않을 때

선천성 부신증식증을 앓으면 성염색체나 유전자의 성은 분명 여성이기 때문에 몸의 성은 여성형으로 표현되지만, 뇌가 안드로젠의 영향을 받아서 마음의 성은 남성에 가깝다.

아주 오래 전에 미국에서 남자 신생아가 음경에 손상을 입고 이후 여자아이로 키워졌지만, 사춘기에 접어들자 결국 그 남자아이는 남성의 성을 선택했다고 한다. 이는 마음의 성을 억지로 바꿀 수 없음을 나타내는 단적인 사례다.

최근에는 마음의 성과 몸의 성이 일치하지 않는(성정체성장애) 사람에게 마음의 성에 맞게 몸의 성을 바꿔주는 수술을 해야 한다는 주장이 지배적이고, 실제 몇몇 병원에서 수술을 진행하기도 한다. 성전환과 연동해서 바꾸어야 할 사회문제도 있겠지만, 마음의 성을 중시하는 경향에는 개인적으로 찬성한다.

성정체성장애나 동성애는 생물학적으로 보면 일반적인 경우가 아닐 수도 있지만 어디까지나 그 원인은 본인 탓도 부모의 양육방식 때문도 아니다. 원인은 발생 과정과 성장 과정에서의 생물학적인 불균형에 있다. 그래서 더더욱 당사자가 차별이나 거부감 없이 사회구성원으로 당당하게 살아갈 수 있게 사회 차원에서 배려해주는 것이 바람직하지 않을까 싶다.

베어군 박사님, 이제 집에 가서 좀 쉬고 싶어요. 피곤하기도 하고, 역시 남자는 괴로워요.

생박사 그래 그러자꾸나. 근데 베어 군은 확실하게 남자, 아니 수컷 맞아?

베어군 당연하죠. 베어 양이 아니라 베어 군이잖아요.

생박사 그러게. 하지만 요즘 이름을 보면 남학생인지 여학생인지 구분이 잘되지 않는 중성적인 이름이 많은 것 같아.

베어 군　맞아요. 여자 이름인 줄 알고 보면 남자고, 남자 이름인 줄 알고 실제로 만나보면 여자이고요. 이참에 저도 좀 더 멋진 이름으로 바꿀까 봐요. 르포작가 미스터 베어스키!

생 박사　하하하, 스키라… 러시아 곰인가? 그러지 말고 '귀여운 테디 베어'는 어때?

베어 군은 나를 째려보며 수많은 사람들 속으로 사라져갔다.

4월 **중간고사**

인간의 발생과 복제인간

입학식이 엊그제였던 것 같은데 벌써 중간고사가 코앞이다. 르포작가 베어 군도 열심히 취재거리를 찾아서 매일 도서관을 들락날락하는데, 과연 무엇을 조사하고 있을까?

베어 군 오늘 전철에서 배가 남산처럼 부른 임산부에게 자리를 양보했어요. 정말 잘했죠?

생박사 전철 타고 갔어? 걸어가도 되는 거리인데.

베어 군 그 여자분, 굉장히 좋아했어요. 뱃속에서 아기가 자라고 있겠죠? 인간은 인공적인 걸 워낙 좋아하니까, 아기도 플라스틱 용기의 배양액 속에서 만들어내는 줄 알았거든요. 지금은 아닌 줄 알지만요. 그러고 보면 인간은 의외로 자연스러움을 추구하는 것 같기도 해요.

생박사 당연하지. 그런데 어떻게 아기가 생기는지 혹시 아니?

베어 군 당연히 모르죠. 들은 적이 없는걸요. 다리 밑에서 주워 오나요?

생박사 껄껄껄. 다리 밑에서 주워 오는 거 아닌 줄 다 알면서….

기적의 여정, 수정

이번에는 인간의 유래를 살펴보자.

인간의 몸은 약 200종, 약 60조 개 세포의 집합체다. 세포는 세포분열을 통해 수를 늘려가는데, 최초의 세포로 거슬러 올라가면 단 하나의 수정란에 도달한다. 말하자면 인간은 하나의 세포에서 시작된 것이다.

과연 수정란은 어디에서 탄생했을까?

'수정'이라는 극적인 사건은 어머니의 자궁관(그림 4-1)에서 발생한다. 자궁관에는 난소에서 배란을 거쳐 빠져나온 지름 약 0.13mm의 난자가 정자를 기다리고 있다. 여기에 성교를 통해 질에서 자궁, 자궁관의 기나긴 여정을 필사적으로 헤엄쳐 달려온 정자가 도착하고, 그 정자들 가운데 하나가 난자와 결합한다(수정). 정자는 아버지의 게놈 반을 갖고, 난자는 어머니의 게놈 절반을 갖고 있다.

최초의 정자 하나가 난막을 녹이며 난자 안으로 진입하면 난세포막에서 신경세포와 흡사한 흥분 상태(전위의 역전)가 생겨나고, 이것이 전체로 퍼지면서 다른 정자들을 거부한다.

그림 4-1 ∷ 배란에서 수정, 착상에 이르기까지

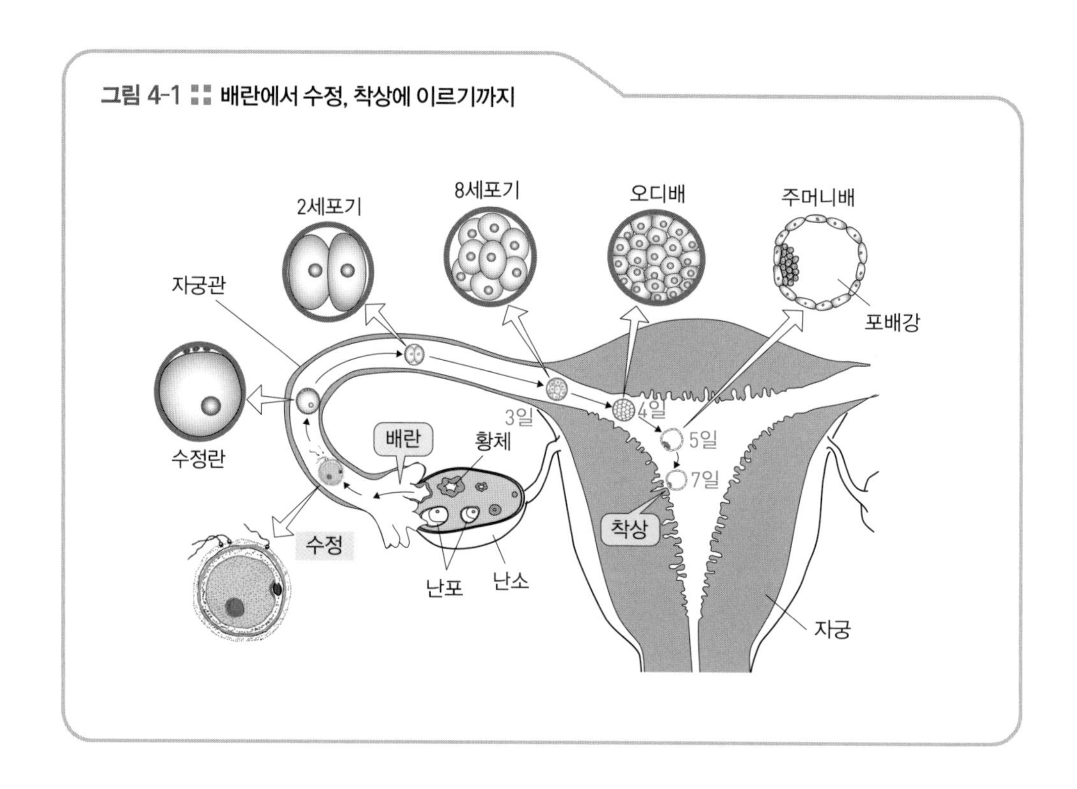

자궁관 안에서 난자와 정자의 랑데부

한 번의 사정으로 약 3억 개의 정자가 배출된다. 한편 난모세포(난자의 바탕이 되는 세포로, 난소에 있다)는 태아 때 약 200만 개 정도 생겨나고, 그 가운데 평생 배란되는 난자는 약 500개에 이른다. 또 배란은 좌우 난소에서 한 달에 하나씩, 보통 생리주기 14일째에 이루어진다.

정자의 총 이동거리는 20cm쯤 되지만 꼬리를 포함한 정자의 길이가 약 0.06mm(60㎛)밖에 되지 않으므로 인간의 키에 비유하자면 헤엄치는 거리는 약 6km, 상당히 머나먼 거리가 된다. 질로 들어온 수많은 정자는 여성이 분비한 산성 점액에 상처를 입고 단 200여 개의 정자만 살아남아서 자궁관으로 들어간다. 말 그대로 아주 살벌한 서바이벌 게임이다.

갓 방출된 정자는 수정 능력이 미흡하지만 자궁 및 자궁관 안에서 몇 시간을 지내는 동안 수정 능력을 획득하고, 이는 약 이틀 동안 유지된다.

난자는 배란 후 수정 능력이 조금씩 떨어져서 약 20시간이 지나면 능력을 거의 상실한다. 따라서 정자와 난자의 생존 시기가 적절하게 맞아떨어져야 수정이 될 수 있다. 그러니 임신을 원하지 않을 때는 난자와 정자의 랑데부 적기를 피할 수 있게끔 주의해야 한다.

베어 군　정자가 난자를 만났을 때는 이미 녹초가 되어 있겠어요. 6km나 되는 먼 거리를 헤엄쳐 왔으니까요. 배를 타고 갈 수 있으면 좋으련만. 역시 남자는 괴로워요.

생 박사　그렇지. 남자는 어느 시대나 괴로워. 그런데 앞으로 여자가 될 정자도 있단다.

베어 군　정말이요? 그럼 남자가 될 난자도 있는 거네요. 수정란 그다음 이야기도 빨리 들려주세요. 난자와 정자의 공동작업이 기대돼요.

수정에서 탄생까지

■ 자궁벽을 향해!

혹독한 시련을 거치고 최종적으로 살아남은 단 하나의 정자만이 난자를 만나서 드디어 수정란이 되는 순간, 인간을 향한 기나긴 여정이 시작된다*.

먼저, 부풀어오른 자궁관에서 수정한 수정란은 난할을 거듭하면서 자궁관을 조금씩 이동해 내려가고(수정란 자체가 운동하는 것이 아니라 자궁관 벽의 상피세포 섬모를 매개로 이동한다), 수정 후 3~5일째 16~64세포기(오디배)를 지나면서 자궁에 도착한다. 세포분열이 거듭 진행됨에 따라 오디배(상실배) 중심에 빈 공간(포배강)이 생기고, 바깥층 영양막과 내부 세포뭉치로 이루어진 주머니배(포배)가 되면서 이것이 자궁벽에 착상하고 태반을 형성한다(그림 4-1).

* 수정란의 유전자나 염색체 구성에 결함이 있으면 착상하기 어렵고, 착상하더라도 도중에 발생이 원활하게 진행되지 않아서 자연유산되는 경우도 있다. 또한 자궁관에 장애가 있을 때도 착상이 되지 않는다. 이때 내시경으로 살피면서 난소에서 난자를 체외로 끄집어내서 시험관 안에서 정자와 수정시키고, 몇십 세포기의 난할이 거듭될 때까지 배양한 후 자궁에 다시 이식하는 것을 체외수정이라고 한다.

임신이 됐는지는 어떻게 알아낼까?

수정란이 자궁에 착상하면 태반이 형성되고, 아울러 태반의 융모세포에서 '인간융모성 생식샘자극호르몬(human Chorionic Gonadotropin; hCG)'이 분비된다. 이 호르몬은 모체의 콩팥을 거쳐 체외로 배출되기도 한다.

임신 진단 검사는 검사용 소변에 인간융모성 생식샘자극호르몬에 대한 항체 용액을 첨가해서 혼합한다. 또한 이 혼합액에 인간융모성 생식샘자극호르몬을 표면에 부착시킨 적혈구의 서스펜션(suspension, 현탁액)을 추가한다.

비임신 소변에서는 항체가 적혈구 표면의 호르몬과 반응하여 적혈구가 응집되지만, 임신했을 경우 소변에 인간융모성 생식샘자극호르몬이 배출되기 때문에 항체는 소변에 포함된 호르몬과 반응하는 대신 적혈구 서스펜션과는 반응하지 않는다. 결과적으로 소변의 호르몬과 반응한 항체는 자유롭게 떠다니다가 마침내 시험관 밑바닥에 침전해서 선명한 테두리를 생성하는 것이다.

이처럼 임신 초기에 많이 분비되는 인간융모성 생식샘자극호르몬을 이용하여 임신 여부를 진단하는 방법이 널리 쓰이고 있다.

■ 자궁벽의 부드러운 침대 위에서 몸을 만든다

태반은 산모의 영양소와 산소를 공급하면서 태아의 노폐물을 교환하는 장소다. 양막에 담긴 태아는 양수에 둥둥 떠서 성장해나간다(그림 4-2).

이후의 태아 발달 과정은 그림 4-3과 같다. 11주째에는 몸길이 4~5cm, 몸무게 10~15g으로 인체의 꼴을 갖추고 38주째에는 몸길이 약 50cm, 몸무게 약 3000g으로 출생의 순간을 기다린다.

베어군 단지 수정란이 분열을 되풀이할 뿐인데 어떻게 팔다리가 생기는 걸까요? 그 차례가 정해져 있나요? 수정란은 아무리 분열해도 그저 알에 머무를 것 같은데요. 작은 수정란 속에 더 작은 요정이 들어 있어서 영

그림 4-2 ∷ 배에서 태아로

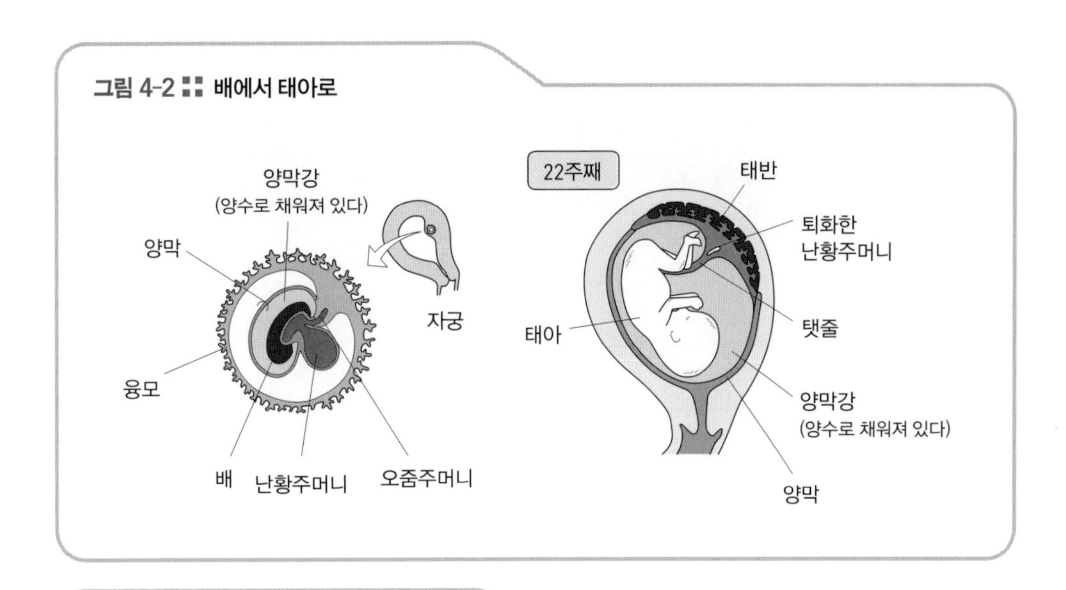

그림 4-3 ∷ 태아의 발달과 기관 형성

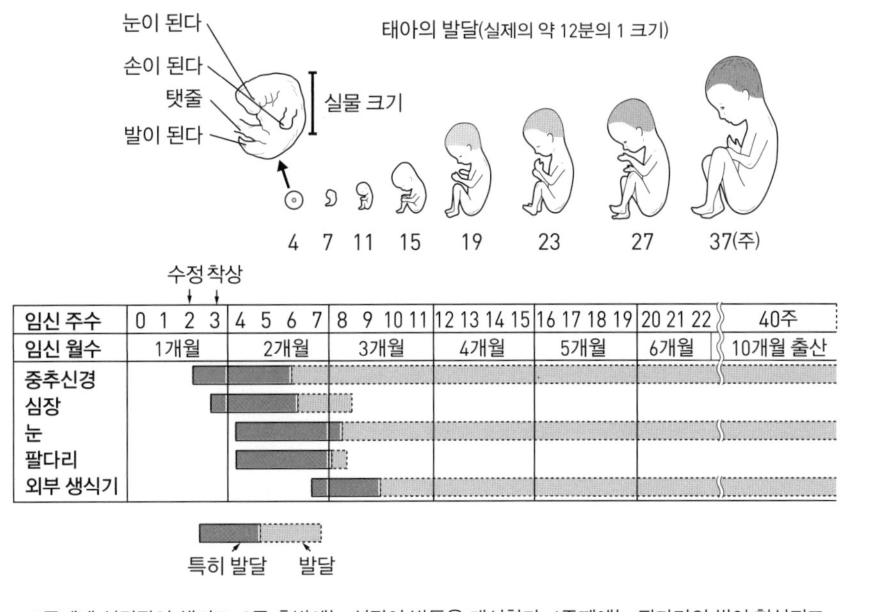

- 3주째에 신경관이 생기고, 3주 후반에는 심장이 박동을 개시한다. 4주째에는 팔다리의 싹이 형성되고, 6주째에는 팔다리의 관절이, 7~8주째에는 손가락과 발가락이 형성된다. 또한 5~6주째에 생식샘 원기가 생기기 전까지는 남녀 차이가 없지만 6주가 지나면 남자의 고환, 8주에는 여자의 난소가 생긴다. 이후 고환에서 분비되는 남성호르몬인 안드로젠의 영향을 받으면서 남성화가 두드러지기 시작한다.
- 임신 주수는 마지막 생리 시작일을 기준으로 날짜를 헤아려간다. 예를 들면 생리 시작일부터 6일까지는 임신 0주, 7~13일까지는 임신 1주, 임신 0~3주는 임신 1개월이 된다.

차영차 열심히 움직이는 걸까요? 아무튼 저에게는 영원히 풀리지 않는 수수께끼처럼 다가와요.

생박사 그것은 DNA 정보에 따라 움직이는 거지. 수정란 DNA에는 인간이라면 인간이 되기 위한 레시피가 새겨져 있어. 앞에서 이야기했는데 벌써 잊었나? 그 레시피에 따라 특정 유전자가 잇달아 움직이고, 단백질이 만들어지고, 반응이 생겨나서 팔다리가 생기는 거란다.

베어군 아하, 생각났어요. 그래도 저는 역시 귀요미 요정이 인간을 만들어냈다고 믿고 싶어요. 참 순진한 곰돌이죠!!!

호메오유전자가 인간의 형태를 만든다

'개체 발생은 계통 발생을 반복한다'는 발생반복설*을 들어본 적이 있는가? 이는 19세기 후반 독일의 생물학자인 헤켈(Haeckel, 1834~1919)이 주장한 생물 발생 법칙으로, 개체가 발생할 때는 그 조상이 지나온 진화 과정을 되풀이한다는 학설이다. 실제 인간의 발생 과정을 관찰하면 발생 초기에는 꼬리가 있고 아가미구멍에 해당하는 구조를 볼 수 있다. 짙은 체모도 발생반복설을 뒷받침해 준다.

* 개체 발생을 조사함으로써 생물 계통을 복원할 수 있다는 관점에서 19세기 후기의 발생학적 연구를 자극했으나 현재는 많은 비판을 받고 있다. – 편집자주

발생 과정에서는 특정 유전자군이 잇달아 활동하는데, 흥미롭게도 인간의 발생 과정에서 인체를 만들기 위해 활동하는 유전자는 쥐 등의 다른 동물 유전자와 매우 흡사하고(같은 구조에서 유래) 활동 차례도 동일하다는 사실이 최근 밝혀졌다. 생쥐뿐만 아니라 초파리와도 공통된 유전자가 작용한다는 놀라운 사실이 알려졌다.

동물의 형태 형성을 지배하는 유전자를 호메오유전자(homeotic gene)라고 한다. 이 유전자는 여러 개의 유전자군을 조절하는 마스터키와 같은 유전자로, 회사 직급에 비유하자면 팀장 혹은 과장의 역할을 수행하는 중간관리직 유전자다. 즉 자신이 맡은 팀의 팀원들에게 명령을 내리고 프로젝트를 수행하는 것이다. 만약 호메오유전자가 돌연변이를 일으키면 엄청난 변이를 야기한다. 예

를 들면 초파리의 더듬이가 자라는 부위에 다리가 생기는 식의 기형을 유발한다.

호메오유전자는 초파리에서 처음으로 발견되었고, 더욱이 눈의 형성을 명령하는 호메오유전자, 다리의 형성을 명령하는 호메오유전자 등 호메오유전자끼리 공통된 DNA의 염기서열이 발견되어 이를 호메오박스(homeobox)라고 부르게 되었다. 이후 호메오박스와 거의 비슷한 염기서열을 개구리와 인간에서도 찾아냈다.

요컨대 동물의 형태를 형성해나가는 원리는 척추동물의 경우 유전자 단계에서 공통점을 볼 수 있으며, 이 공통분모가 조금씩 돌연변이 과정을 거쳐 진화했다고 말할 수 있다. 따라서 발생 단계에서 진화와 흡사한 과정을 거친다는 발생반복설도 충분히 이해되는 이론이다.

베어군 박사님, 질문 있어요. 수정란이 분열을 되풀이하는 동안 눈이나 손이 될 세포로 나뉘는 것은 유전자 DNA의 레시피에 따른다고 말씀하셨는데요. 그럼 그것은 지역 밀착형인가요, 아님 전국구 방식인가요?

생박사 그게 무슨 말인가?

베어군 그러니까요, 피부가 될 세포는 장소가 미리 정해져 있나요? 아니면 장소와는 상관없이 전체 부위에서 고르는 건가요?

생박사 아무래도 장소의 영향을 많이 받지. 눈 등의 복잡한 구조를 만들 때는 열쇠가 되는 세포가 있어서 그 세포가 다른 세포에 영향을 주고, 영향을 받은 세포가 또 다른 세포에 영향을 끼치는 식으로 점차 확대되어 가는 거야.

베어군 그 부분을 조금만 더 자세히 설명해주시면 안 될까요? 왠지 탐정 같은 호기심이 모락모락 생겨나네요.

유도와 유도 인자

배를 형성하는 세포는 발생의 일정한 단계가 되면 미분화 상태에서 벗어나 특정한 조직이나 기관을 구성하는 세포로 전문화한다. 이를 '분화'라고 한다. 이 과정은 배의 일부분이 또 다른 일부분을 만나서 유도와 응답이 연쇄반응처럼 이어지는 것이라고 말할 수 있다.

이를테면 도롱뇽과 사촌인 도마뱀의 경우 ①식물극(주축에 의하여 생기는 두 개의 극 가운데 난황이 치우쳐 있는 쪽의 극)의 세포에서 유도물질이 분비되어 동물극(난황이 적고 세포질이 많은 부분)의 인접 부위를 중배엽으로 유도하고 ②중배엽이 될 부분의 원구상순부가 외배엽을 신경판으로 유도하고 ③신경판은 양끝이 융합해서 신경관이 되고 ④신경관에서 생긴 뇌 돌기의 안배가 표피를 수정체로 유도하는 식이다. 유도를 일으키는 부분을 '형성체'라고 하는데, 유도는 형성체의 일방적인 작용이 아니라 받는 쪽도 응답 능력을 갖추고 있어야 한다. 말하자면 안배세포는 신경관 쪽의 표피세포에 작용해서 수정체를 유도하지만, 몸통부의 표피에는 영향력을 끼치지 않는다는 것이다.

또한 다양한 유도물질이 특정되어 이들 농도가 중요한 위치 정보로 작용한다는 사실도 밝혀졌다. 유도란 응답하는 세포가 갖춘 게놈의 특정 유전자를 활성화함으로써 유도가 성립된다는 사실은 이미 알려진 바와 같다.

발생 과정에서 세포 자살(세포가 유전자의 제어를 받아 스스로 죽는 현상), 즉 아포토시스(apoptosis)가 종종 일어난다는 점도 알아두자. 예를 들면 손과 손가락이 형성될 때 처음에 둥그런 덩어리로 부푼 다음 손가락이 될 부분의 사이사이에 있는 세포가 자살하면서 마침내 다섯 손가락의 손이 완성되는 것이다.

임신중절은 불법일까, 합법일까?

나라에 따라서 개인에 따라서 의견이 크게 달라지는 것이 바로 임신중절, 즉 낙태 문제다. 이미 착상한 수정란이나 태아를 죽음에 이르게 하는 것이 중절 수술이므로 문제가 되는 것은 마땅하지만, 원하지 않는 상황에서 임신이 되는 경우도 분명 있다. 경제적으로 육아를 감당하기 어려운 경우, 아직 부모가 될 준비가 전혀 되어 있지 않은 청소년들, 성폭행에 의한 임신 등 다양한 상황을 생각해볼 수 있다.

가톨릭 종주국에서는 수정된 순간부터 이미 인간이라고 간주하기 때문에 낙태는 어떤 경우에도 허용되지 않는다. 하지만 이는 아이를 낳을 권리, 혹은 낳지 않을 여성의 권리를 경시하는 것인지도 모른다.

일본의 모체보호법에 따르면, 임신중절의 허용범위로 '임신의 유지가 신체적 또는 경제적인 이유로 모체의 건강을 해칠 우려가 있는 경우'와 '성폭행으로 인해 임신한 경우', 두 가지 조건을 꼽고 있다. 이때도 낙태를 허용하는 시기는 '임신 22주 이내'로 한정하고 있다. 이 시기를 넘으면 모체 밖에서 생명을 유지할 가능성이 있기 때문이라고 한다.

최근에는 출생 전 진단이 다양하게 이루어지고 있어서 태아가 심각한 장애를 갖고 있다고 판단한 경우에도 임신중절을 선택하는 사람이 늘고 있다. 하지만 이 문제와 관련해서는 여전히 찬반 논쟁이 뜨겁다.

복제를 향한 인간의 꿈과 기술

발생 과정에서 특정 유전자군이 잇달아 활동한다고 소개했는데, 분화 이후에 쓸모가 없어진 유전자의 앞날은 과연 어떻게 될까?

분화 이후에 불필요해진 유전자는 버려질까?

수정란이 분열을 되풀이해서 배가 되었기 때문에 분열한 각 세포에는 수정란과 똑같은 유전자가 들어 있다. 하지만 근육이 될 세포에 소화효소의 유전자는 무용지물일 테고, 신경세포라면 결합조직의 주성분인 콜라겐(collagen)을 만드는 유전자는 필요하지 않을 것이다. 그렇다면 불필요한 유전자는 그대로 폐기처분되어도 괜찮지 않을까?

분화가 끝난 세포에서 완전한 개체를 다시 만들 수 있을까?

이 물음에 대한 해답은 어떻게 알아낼 수 있을까?

가장 확실한 방법은 분화를 마친 체세포에서 하나의 완전한 개체를 만들 수 있느냐를 알아보면 된다. 만약 완전한 개체가 발생한다면 분화가 끝난 세포에서도 게놈 일체가 유지된다고 단정할 수 있을 것이다.

히드라나 플라나리아 등 생물체의 구조가 단순한 동물은 재생 능력이 강하여 잘라낸 조각에서 또 하나의 개체가 재생하므로 분화 이후의 세포에도 게놈이 그대로 유지된다. 그렇다면 좀 더 복잡한 구조의 척추동물은 어떨까?

1963년 영국의 생물학자인 존 거든(John Gurdon, 1933~)이 개구리의 작은창자 상피세포에서 떼어낸 핵을 미수정란에서 핵을 제거한 제핵란에 주입함으로써 정상적인 올챙이(클론*개구리 또는 복제개구리)를 발생시키는 데 성공했다(그림 4-4). 이 실험의 성공으로 양서류에서 복제 개체가 생긴다면 포유류에서도 가능하리라 예상했지만, 실험이 더 이상 순조롭게 진행되지 않은 탓에 한동안 회의적인 시각이 지배적이었다.

* **클론(clone)** 무성 증식으로 생긴, 유전적으로 동일한 개체 또는 세포

그런데 1996년, 영국의 로슬린 연구소의 이언 윌머트(Ian Wilmut, 1944~) 박

그림 4-4 :: 복제개구리를 만들다

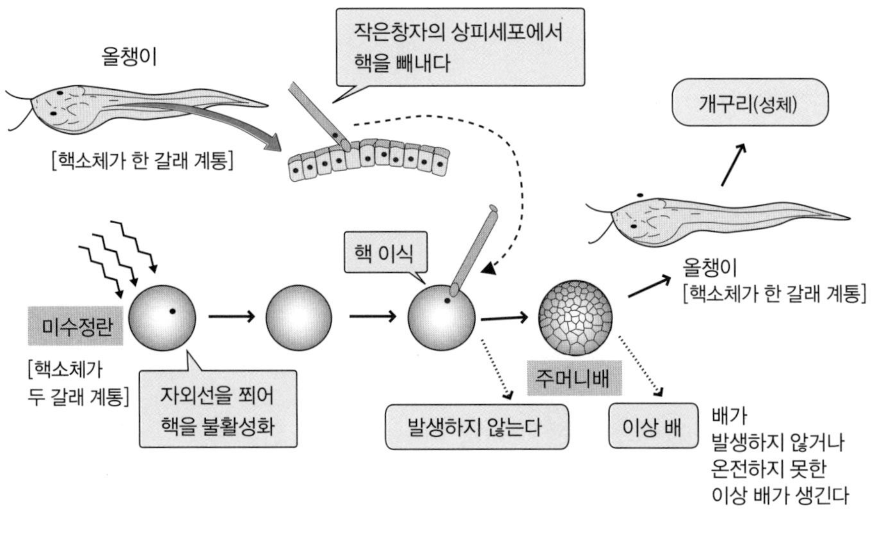

사 연구팀이 체세포 복제양 '돌리(Dolly)'를 성공시켰다. 이에 따라 포유류의 체세포에도 완전한 게놈이 갖춰져 있다는 이론이 확립되었다. 요컨대 세포 분화는 활동하는 유전자가 변모함으로써 일어난다. 마치 같은 피아노라도 어떤 건반을 치느냐에 따라 다양한 곡이 연주되는 것처럼 말이다.

베어 군 알아요, 복제양 돌리!

생박사 오호, 베어 군도 그 정도는 알고 있구나!

베어 군 그럼요, 이름이랑 얼굴 정도는 알고 있지요. 하지만 어떻게 복제양이 만들어지는지 그 원리는 잘 몰라요. 저처럼 복제 원리를 모르는 사람, 아니 곰은 많지 않을까요?

복제동물을 만드는 방법

포유류의 복제동물을 만드는 방법에는 수정 직후의 배세포에서 복제하는 방법(수정란 복제법)과 체세포에서 복제하는 방법(체세포 복제법)이 있다.

■ 수정란 복제

수정란 복제란 체외수정으로 수정란을 발생시켜서 다세포가 된 배세포를 조각낸 다음 각각 세포의 핵을 미수정란(제핵란)에 이식하여 이를 대리모의 자궁에 넣고 키우는 방법으로, 1980년대부터 시행되었다.

처음에는 핵 이식을 하지 않고 발생 초기인 2세포기와 4세포기의 각 세포(할구)를 직접 자궁에 주입하는 방법이 이용되었는데, 2세포기에서는 성공했지만 4세포기에서는 실패했다. 이후 핵 이식을 통해 발생이 상당 부분 진행된 단계(30~50세포기)의 배세포에서도 성공할 수 있었다.

수정란 복제는 어떤 특징을 가진 어른(성체)이 될지 전혀 모른다는 점이 체세포 복제와 크게 다른 점이다. 따라서 이용 가치는 체세포 복제보다 훨씬 떨어진다.

■ 체세포 복제

복제양 돌리는 체세포 복제로 태어났다. 이는 젖샘세포의 핵을 다른 암컷 개체에서 얻은 미수정란의 핵을 제거한 제핵란에 이식해서 발생을 시작한 배(주머니배)를 대리모의 자궁에 넣고 키운다. 핵을 이식하기 위해서는 세포막을 갖춘 살아 있는 세포가 필요하고, 전기 자극을 통해 제핵란과 융합시켜야 한다. 전기 자극은 보통 정자가 진입할 때 부여되는 난할 개시의 자극을 대신하는 것이다. 복제에 성공하기 위해서는 젖샘세포를 저영양 배양액에서 배양하고 정지 상태(G_0기)로 만들 필요가 있다(그림 4-5).

일단 돌리가 성공하자 이후 포유류의 체세포 복제는 소, 돼지, 쥐, 고양이 등 다양한 동물에서 성공을 거두었다. 그렇다면 인간도 체세포 복제에 성공할 가능성이 크지 않을까 싶다. 몸의 모든 체세포에는 같은 게놈이 있으므로, 바탕이 되는 세포는 피부세포나 근육세포라도 상관없다.

그림 4-5 :: 체세포 복제를 통한 돌리의 탄생 과정

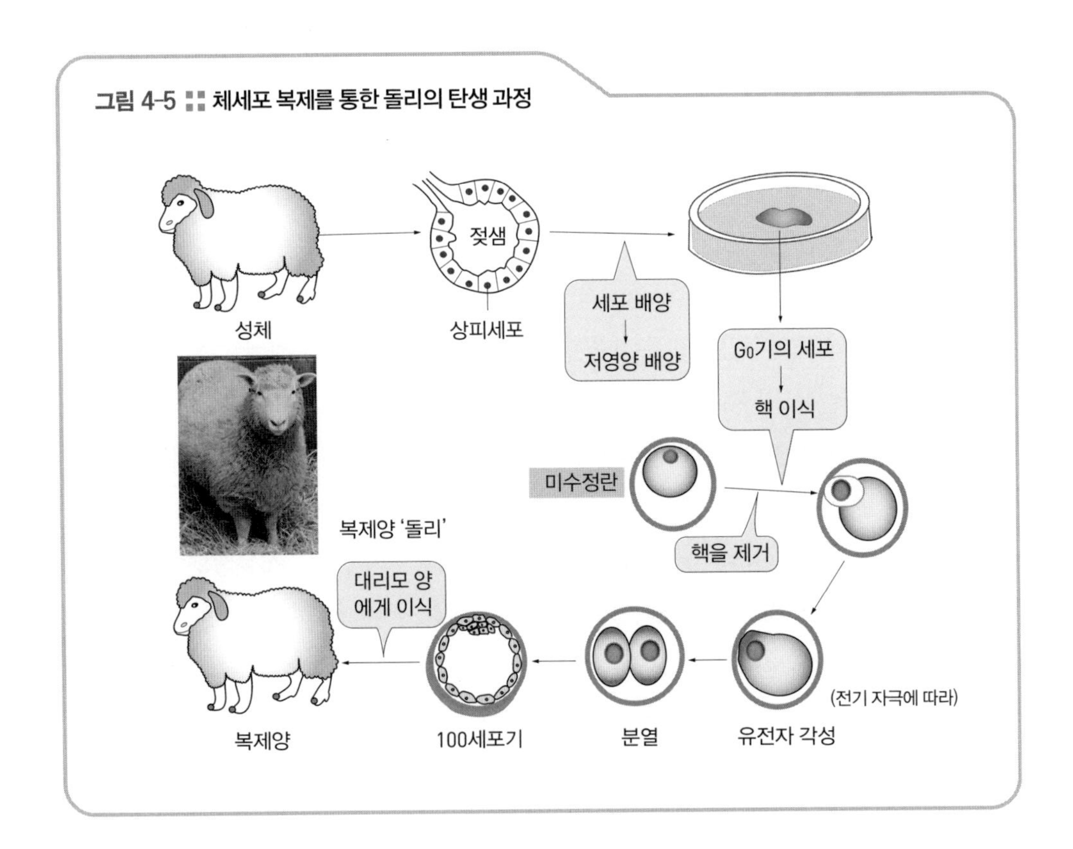

한편 로슬린 연구소에서는 돌리에 이어, 1997년에 인간의 혈액응고인자 유전자를 갖춘 복제양 '폴리(Polly)'를 탄생시키기도 했다. 이와 같이 유전자를 재편성한 복제동물도 만들 수 있다. 더욱이 동물의 제핵란에 인간의 체세포 핵을 이식해서 발생시키는 일이 충분히 가능할지도 모른다.

베어군 뭔가 찜찜한 느낌도 들지만, 아무튼 인간은 정말 대단해요. 곰나라에서는 상상도 못 할 일이에요. 저는 그냥 핑크색 떡이나 먹을래요.

생박사 아니, 옆집에서 돌린 축하 떡을 어느새 알고….

베어군 냠냠, 정말 맛있네요. 인간은 이렇게 맛나고 예쁜 떡도 잘 만들고, 복제동물도 잘 만들고. 대단한 존재인 것 같긴 해요.

복제 기술의 문제점

복제양 돌리가 성공한 이후 여러 복제동물이 태어났지만 여전히 복제와 관련된 수많은 문제가 남아 있다. 실제 돌리의 경우에도 실패를 거듭하다가 277번째 수정란이 착상에 성공한 것으로, 성공 확률은 0~4%에 불과하다. 또 소를 복제했을 때는 과체중 송아지가 태어나거나, 태반이 제대로 발육하지 않거나, 탯줄이 이상하거나, 갑상샘이 결여되는 식으로 다양한 결함을 가진 개체가 많이 생겨났다.

이들 원인은 게놈의 각인(imprinting)과 연관이 있는 듯하다. 일반적인 생식(유성생식)에서는 정자와 난자가 생길 때 각각 다른 유전자가 불활성화 처리되어서(이를 게놈의 '각인'이라고 한다) 수정 이후의 발생 과정에서 정자·난자 유래의 염색체 유전자가 다른 활동을 하게 되는데, 체세포 유래의 염색체에서는 이 각인이 평범한 수정을 거치는 경우와 다르기 때문에 유전자의 과부족 활성이 생겨나는 것으로 여겨진다.

한편 체세포의 경우 세포분열 횟수에 제한이 있다고 밝혀졌다. 이는 염색체

말단의 '텔로미어(telomere)'라는 반복 염기서열이 분열할 때마다 짧아져서 일정 길이가 되면 더 이상 분열을 할 수 없기 때문이다(282쪽 참고).

생식세포가 형성될 때는 텔로미어를 합성하는 효소인 텔로머라아제(telomerase)가 작동해서 원래 길이로 돌아가지만, 체세포 복제에서는 텔로미어가 복원되지 않을 가능성이 높다. 복제양 돌리가 나이 든 양에서 나타나는 관절염을 앓고 젊은 나이에 세상을 떠난 것도 어쩌면 이 때문인지도 모른다.

이처럼 체세포 복제에는 아직 풀지 못한 숙제가 산더미처럼 쌓여 있다.

인간 복제, 무엇이 문제일까?

체세포 복제 기술을 통해 어쩌면 인간 복제가 가능할지도 모른다.

2002년 12월, '라엘리언 무브먼트(Raelian movement)'라는 종교집단에서는 인류 최초의 복제인간이 태어났다고 발표해서 세상을 떠들썩하게 만들었다. 2003년 1월에는 일본인 복제인간도 탄생했다고 주장했다. 하지만 복제인간의 탄생을 입증할 만한 증거를 내놓지 못해 더 이상 사람들의 주목을 끌지는 못했다. 다만 주장의 진위와는 상관없이, 발표 이후 많은 사람들이 인간 복제 문제에 관심을 갖게 된 것은 사실이다.

일본에서는 2001년 6월 '인간 복제 규제법'이 시행되어 복제인간의 탄생을 금지하고 있다. 독일이나 프랑스에서도 법률로 인간 복제를 금지하고 있으며, 국제연합에서도 인간복제금지조약안을 협의했다. 하지만 뒤에서 소개할 치료와 연구 목적의 줄기세포 제작과 관련해서는 제한적으로 허용하자는 쪽으로 의견이 모아지고 있다.

그렇다면 왜 인간 복제를 허용해서는 안 될까? 원예식물에서는 조직 배양으로 품종의 복제가 활발하게 이루어지고 다양한 복제동물이 탄생했다는 소식이 심심찮게 전해지는 오늘날, 인간 복제만큼은 금지하는 이유가 무엇일까?

외계인이 인간 복제를 통해 인류를 창조했다고 믿는 라엘리언 무브먼트에서는 인간 복제를 통하여 영생을 누릴 수 있다고 주장하지만, 아무리 복제인간이 거듭 태어나더라도 저마다 인격이 다른 개체이므로 똑같은 인간 개체가 영생을 누리는 것은 물론 아니다.

한편 '생식활동에서 인공적인 제작은 인간의 존엄을 경시한다'는 주장도 있다. 이는 직감적으로 이해할 수 있을 테지만 체외 수정, 인공 수정, 대리모 출산, 정자와 난자의 동결 보존 등 점점 인위적인 조작이 생식 과정에서 가해지고 있다. 그렇다면 이 모든 시술도 부정해야 할까?

개인적으로 인간 복제는 반대한다. 이유인즉, 개인이나 집단이 자신(들)의 이익을 위해 인간을 자원화(물자화)한다고 생각하기 때문이다. 어떤 특정한 재능이나 성격을 갖춘 인간을 많이 만들어서 개인 혹은 집단을 위해 움직이도록 조종하는 상황이라면, 이는 개인의 인권을 무시하고 노예를 만들어내는 일과 다름없으니 절대 허용해서는 안 된다.

'백혈병을 앓는 아들에게 골수 이식이 꼭 필요하다. 하지만 조직 접합성이 일치하지 않으면 거부반응이 일어난다. 따라서 아들을 복제해서 그 복제인간의 골수를 진짜 아들에게 이식하고 싶다'는 안타까운 사례도 있을 수 있겠지만, 이는 복제인간의 인격을 전혀 무시하는 처사다.

그럼 다음과 같은 경우는 어떻게 될까?

'눈에 넣어도 아프지 않을 것 같은 딸이 교통사고를 당해 현재 뇌사 상태다. 아무래도 살아날 가망성은 희박하다. 그래서 부모는 딸의 체세포를 떼내어 딸의 복제인간을 만들려고 한다. 복제를 해서라도 딸을 곁에 두고 싶으니까.'

이때 딸을 잃은 부모의 절절한 마음은 충분히 이해가 된다. 하지만 역시 위험한 생각이 아닐까 싶다. 새로 태어난 아이가 죽은 딸과 조금이라도 다른 부분이 있으면 딸보다 부족하다고 생각하지 않을까?

"넌 왜 내 딸과 똑같은 유전자인데 그 모양 그 꼴이니?!"

이런 이야기를 들으면 새로 태어난 아이는 깊은 상처를 입을 것이다.

'나는 언니의 복제품으로 자라나야 하는구나. 가능한 언니와 똑같이 행동해야 해' 하며 엄청난 부담감과 짐을 지고 살아가야 할지도 모른다. 이런 사례는 인간을 자원화하는 것은 아니지만, 역시 복제인간을 완전한 인격체로 인정한다고 보기는 어려운 경우다.

기술의 유용성

과학자들은 도대체 무엇을 위해 복제동물을 탄생시키려고 할까?

■ 축산 분야에서 활용하다

먼저 축산 분야에서 복제동물을 이용할 수 있다. 털이 곱고, 육질이 좋고, 우유를 많이 짜낼 수 있는 능력이 증명된 가축을 더 많이 늘릴 수 있기 때문이다. 마찬가지로 경주마나 애완동물의 증식에도 활용할 수 있다. 원예식물이나 재배식물과 비슷한 종자 개량으로 인식하는 것이다.

■ 멸종 위기에 처한 생물을 보호한다

멸종 위기에 처한 종이나 희귀동물을 체세포 복제 기술을 이용해서 증식시킬 수 있다는 점을 두 번째 유용성으로 꼽을 수 있다.

영화 〈쥬라기 공원(Jurassic Park)〉에서는 고대 도마뱀의 피를 흡인한 뒤 호박 화석에 갇힌 모기의 체내에서 공룡의 DNA를 추출하여 공룡을 복원했다는 이야기가 나오는데, 현실에서도 매머드를 복원하는 연구가 논의되고 있다. 얼음 속에 갇힌 매머드의 사체가 지금도 종종 발견되고 있어서 손상되지 않은 체세포를 얻을 가능성이 있기 때문이다. 이 체세포를 현존하는 인도코끼리의 제핵란에 이식한 다음 인도코끼리의 자궁에 주입해서 매머드를 탄생시키려는 계획이다. 만약 성공하면 역사적인 사건으로 세상이 떠들썩할 것이다.

다만 최초의 복제매머드는 친구가 없기 때문에 홀로 지내야 한다. 그리고 몇 마리가 탄생하더라도 유전자의 다양성이 부족해서 자연으로 돌려보내도 이후의 개체 번식은 어려울 것이라고 여겨진다.

■ 의약품의 개발

유전자를 재편한 복제동물을 이용하면 유용한 의약품으로 쓰이는 단백질을 얻을 수 있다고 한다. 복제양 폴리는 인간의 혈액응고인자의 유전자를 갖추

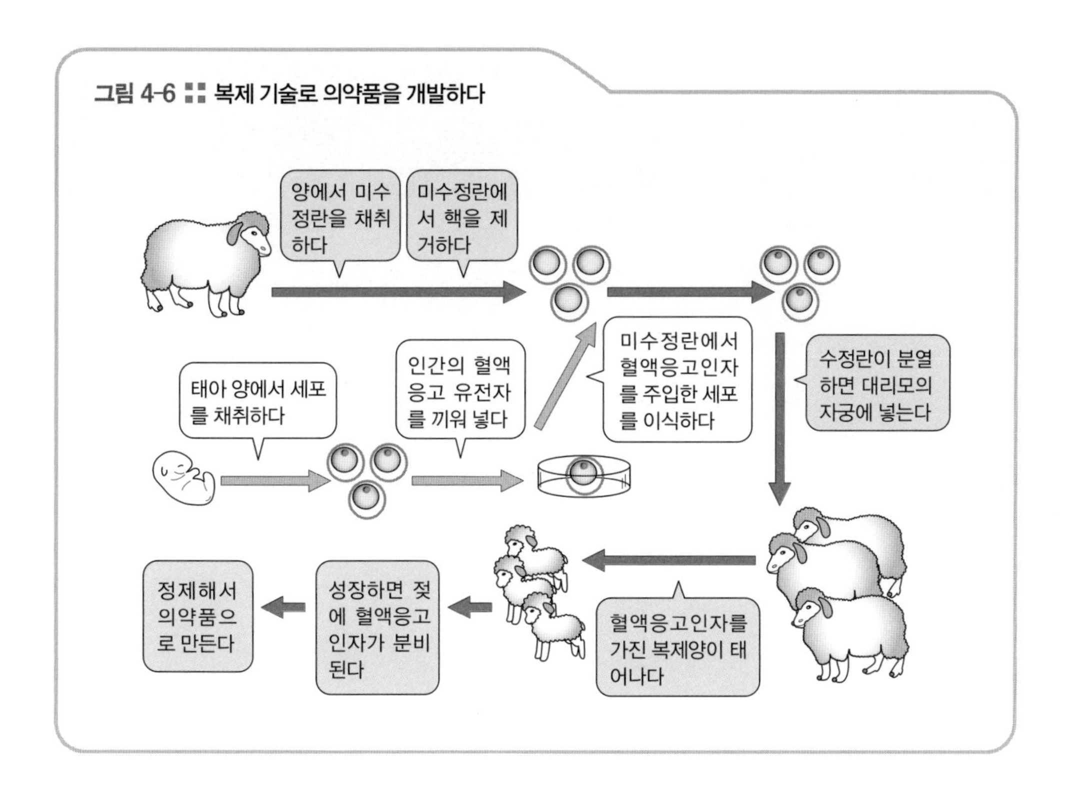

그림 4-6 ∷ 복제 기술로 의약품을 개발하다

고 있었는데, 이처럼 인간의 혈액응고인자나 호르몬을 생산해 젖을 통해 대량 분비하는 가축을 많이 사육해서 동물 제약 공장을 만들 수 있다는 것이다(그림 4-6).

인간의 세포를 단백질 배양(실험용 유리병이 아닌 대형 탱크에서의 배양)으로 의약품을 생산하는 일도 가능하지만 엄청난 비용과 높은 위험성 때문에 복제 기술을 이용하는 것이 좀 더 효율적이라고 말할 수 있다.

■ 장기 이식

유전자를 변형한 복제돼지를 만들어서 인간의 장기 이식에 이용할 수도 있다. 복제미니돼지의 장기는 크기나 기능 면에서 인간과 흡사해 이식용 장기로 기대하고 있다.

다만 이종(異種) 장기 이식의 경우, 인간의 항체가 돼지 장기의 세포 표면에 있는 항원과 반응해서 이식 후 몇 분 내에 심한 거부반응을 일으킨다. 따라서 항원 유전자를 제거한 핵을 제핵란에 이식하고 이식용 복제돼지를 만드는 방법이 시도되어 이미 성공 단계에 이르렀다. 이는 장기 제공자를 구하기 어려운 현실적인 문제를 해소하는 데 크게 기여할지도 모른다.

베어 군　정말 인간의 기술력은 무한하네요. 하지만 복제동물이 가엾기도 해요. 아무튼 저는 산책이나 갈래요. 공원에 가서 마저 이야기해주세요.

생박사　그럴까?

베어 군　꺄아악, 벽에 이상한 녀석이 붙어 있어요.

생박사　아하, 그건 도마뱀붙이야. 아니 곰이 어째서 도마뱀붙이를 몰라?

베어 군　에헤? 도마뱀붙이요? 도롱뇽이 아니고요?

생박사　그렇지, 둘이 비슷하긴 하지. 하지만 도마뱀붙이는 파충류, 도롱뇽은 양서류야. 도롱뇽은 물 속 혹은 물가에서 살지.

베어 군　아하, 그렇군요. 산책하면서 복제 이야기를 계속 들려주세요.

재생·이식 의료와 복제 기술

■ 인간의 재생 능력은?

예전에 시골에서 흔히 보이던 도롱뇽은 앞다리, 뒷다리 혹은 꼬리를 잘라내도 다리나 꼬리가 새로 생겨난다. 좀 더 하등한 플라나리아(편형동물)는 머리를 도려내도 재생한다. 인간은 물론 그렇지 못하다. 일단 손발이 잘려나가면 다시 생기지 않는다. 하지만 다른 사람의 손발을 이식하는 일은 가능해서(거부반응의 문제는 있지만) 감각도 되찾을 수 있다고 한다.

인간의 경우, 팔다리는 재생이 어렵지만 피부나 소화관 내벽은 상처가 생겨도 재생하고, 간은 일부를 잘라내도 다시 자란다. 따라서 부모가 자녀에게 혹은 자녀가 부모에게 간의 일부를 떼어주는 생체 간 이식이 시술되고 있다. 제공한 사람의 간은 세포분열을 거듭해 증식하고 다시 원래 크기로 복원된다.

■ 장기 이식과 거부반응

≫ **개인을 식별하는 조직 적합성 항원** : 심장이나 간, 피부 등의 장기를 이식할 때 거부반응이 일어나는 이유는 무엇일까? 바로 개개인을 식별해주는 증표를 세포 표면에 갖추고 있기 때문인데, 이를 '인간조직적합항원(HLA; Human Leukocyte Antigen)'이라고 한다. 이 항원은 여러 유전자의 지배를 받고 있으며 수만 종류의 유형이 있다. 형제자매는 항원이 일치할 확률이 꽤 높지만, 혈연관계가 전혀 없는 경우 일치할 확률은 몇만분의 1에 불과하다.

인간조직적합항원이 다른 조직이 체내에 들어오면 면역세포는 당장 이를 찾아내서 세포독성T세포(킬러 T세포)를 이용해 파괴한다(198쪽 참고). 이렇게 해서 이식한 장기가 괴사, 탈락하는 것을 거부반응이라고 한다. 거부반응을 줄이기 위해 사이클로스포린(cyclosporine)이라는 면역억제제(세포독성 T세포의 증식을 억제)를 사용하는데, 대체로 면역억제제를 복용하면 감염증에 걸리기 쉽고 약물 부작용에 장기간 노출될 우려가 있다.

≫ **각막 이식** : 이미 고인이 된 사람의 각막을 이식받는 이야기를 들어본 적이 있을 것이다. 각막은 타인의 각막이라도 쉽게 안착한다. 따라서 각막을 보존하는 각막은행을 통해 이식이 이루어지고 있다. 이처럼 각막 이식의 성공률이 높은 이유는 인간이 사망해도 각막은 직접 외계에서 산소를 흡수해서 꽤 오랫동안 생존하고, 각막에는 혈관이 분포하지 않고 면역계에서 따로 분리되어 있기 때문이다. 즉 각막은 개체 안의 반독립국과 같은 존재다. 따라서 다른 개체의 각막으로 교환해도 거의 문제가 생기지 않는다.

≫ **뇌 신경세포** : 마찬가지로 뇌 신경세포도 혈액뇌관문을 매개로 면역계와 분리되어 있어서 거부반응이 잘 생기지 않는다. 파킨슨병은 중간뇌의 특정 부위(흑색질)의 신경세포가 사멸해서 동작이 어눌해지는 질병인데, 뇌의 소실 부위에 태아의 뇌 신경세포(도파민 분비 세포)를 이식함으로써 개선할 수 있다. 하지만 태아의 뇌를 이식용으로 제공받기 어렵고 윤리적으로도 문제가 된다. 그렇다면 다른 방법이 없을까?

이식이나 재생 의료에서 거부반응 문제나 제공 장기의 부족 문제, 윤리적인 문제 등을 줄여줄 것으로 예상하는 기대주가 바로 배양 후 다양하게 분화할 수 있는 줄기세포다.

이식 의료에 줄기세포를 이용하다

줄기세포는 미분화 단계의 세포를 말하는데, 크게 배아 줄기세포(embryonic stem cell; ES세포)와 성체 줄기세포(adult stem cell; AS세포)로 나눌 수 있다.

■ 배아 줄기세포(ES세포)

배아 줄기세포는 발생 초기의 배(수정 후 5~7일의 착상 직전 배)인 주머니배(포배)의 내부 세포 덩어리를 추출해서 특수 배양액에서 배양하여 만든다(그림 4-7). 1981년 실험쥐의 줄기세포가 최초로 성공했고, 1998년에는 마침내 인간의 배아 줄기세포 제작도 가능해졌다.

배아 줄기세포는 보통의 체세포와 달리 무한히 증식할 수 있고 다양한 증식 인자를 덧붙이면 각종 장기나 조직의 세포로 분화할 수도 있다. 따라서 '만능 세포'라고 부르기도 한다. 이 만능 세포를 이용하여 도파민(dopamine) 생산 세포를 만들어서 태아의 뇌 세포 대신 파킨슨병 환자의 뇌에 이식할 수도 있다. 또한 여러 종류의 인간조직적합항원 세포를 장기은행에 저장해두면 거부반응이 적은 배아 줄기세포를 선택해서 필요한 기관의 세포로 분화시킨 다음 이식할 수도 있다.

■ 배아 줄기세포를 제작할 때 생각해야 할 문제

배아 줄기세포를 제작할 때 누구의 배 혹은 난자와 정자를 이용할 것인가가 심각한 문제로 대두된다. 체외 수정용으로 보존하는 동결 난자, 동결 정자를 이용할 것인지, 자원봉사자에게 부탁할 것인지, 어느 쪽이든 배는 자궁에 넣어 착상하면 인간이 될 수 있기 때문에 가볍게 생각할 수 있는 문제가 아니다.

그림 4-7 :: 복제배와 배아 줄기세포를 이용한 이식용 장기 제작

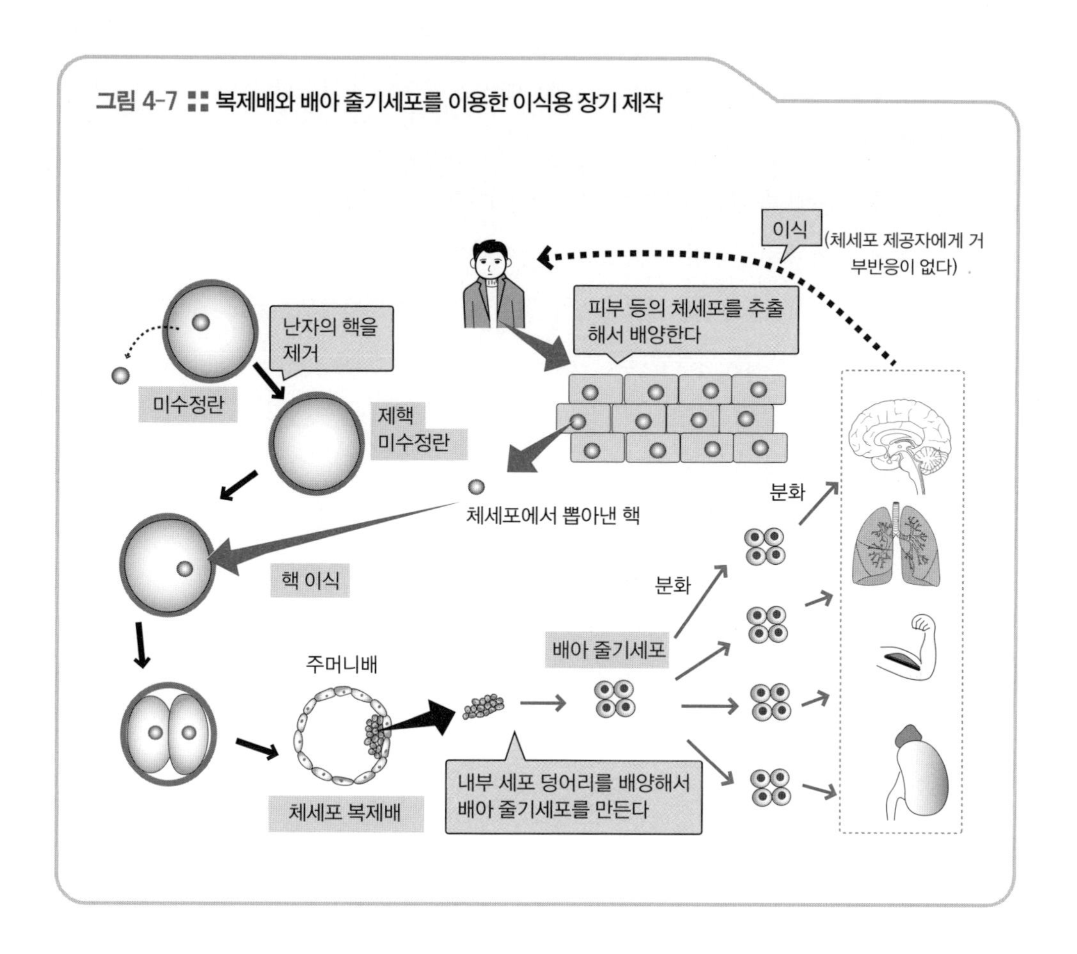

한편 환자 본인의 '복제배'를 만들어서* 이 복제배를 통해 얻은 배아 줄기세포를 필요한 조직으로 분화시켜 이식하면 거부반응의 우려는 사라진다. 이 시술이 가능해지면 장기 부족 문제가 상당 부분 해소될지도 모른다.

* 여성이 제공한 난자의 핵을 제거시킨 제핵란에 환자의 체세포 핵을 이식해서 체외에서 발생시켜 복제배로 키운다

하지만 인간의 복제배를 만드는 것은 복제인간을 만드는 초기의 조작과 동일하다. 다른 점은 배를 자궁에 넣느냐 넣지 않느냐의 차이일 뿐이다. 따라서 복제인간과 마찬가지로 허용해서는 안 된다는 주장이 속출하고 있다. 미국이나 스페인 등 가톨릭 신자가 많은 나라에서 특히 반대 여론이 거세다.

■ 주목을 끌고 있는 성체 줄기세포(AS세포)

성체 줄기세포란 완전한 인간의 몸에 존재하는 줄기세포를 말한다. 다양한

조직 속에서 미분화 상태로, 필요할 때마다 필요한 조직으로 분화시킬 수 있는 줄기세포를 찾고 있다.

예를 들면 실험쥐의 뇌에서 신경 줄기세포를 추출한 다음 그 줄기세포를 배양해서 증식시키고 골수가 손상된 실험쥐에 이식하면 이식한 줄기세포는 신경세포로 분화해서 다른 신경세포와 결합하여 신경회로를 만들고, 그 결과 실험쥐는 운동 능력을 회복했다고 한다. 또한 환자 자신의 골수에서 줄기세포를 증식시켜 연골 조직을 만들고 이를 변형성 관절염을 앓는 환자의 치료에 이용했다는 소식도 들려온다.

여러 부위에 존재하는 성체 줄기세포가 수정란에서 유래하는 배아 줄기세포만큼 다양한 분화 능력을 갖추고 있는지는 아직 확신할 수 없지만, 성체 줄기세포를 널리 이용할 수 있다면 거부반응 문제를 해결하는 데 크게 기여할 것으로 기대된다.

따스한 봄바람이 기분 좋게 불어왔다. 강물에 비친 햇살이 눈부신 평온한 봄날 오후의 풍경이었다. 베어 군은 공원 벤치에 누워 쿨쿨 자고 있다. 내 이야기가 재미없어서 낮잠에 빠진 곰돌이를 어찌 탓하랴!

베어군 앗, 큰일 났다!

생박사 왜 그래? 갑자기!

베어군 점심밥 먹는 걸 깜박 한 거 있지요.

생박사 쯧쯧.

베어군 동물의 기본은 먹고 자는 일이랍니다. 이를 실천하지 않으면 '짐승의 도'를 거스르는 것이지요. 햄버거라도 사 먹어야겠어요. 여기 근처에 맥도날도가 있을까요?

베어 군은 햄버거 가게를 향해 걸음아 날 살려라 하면서 뛰었다.

5월 **봄 소풍**

마음을 만드는 뇌

따사로운 봄바람이 불어오고 새들은 경쾌하게 지저귄다. 파릇파릇한 5월의 휴일, 모처럼 가벼운 옷차림으로 봄 소풍을 가는데….
하지만 앞에도 옆에도 자동차뿐이다. 꼬리에 꼬리를 문 차량 행렬이 도로를 점령하고 있다.

베어 군 아하, 이것이 말로만 듣던 황금연휴 정체군요. 걸어가는 게 더 빠르겠어요.

생박사 그래? 그럼 베어 군은 걸어서 오도록 하지. 안 그래도 차가 좁아서 답답하던 차에 잘됐구먼.

베어 군 아닙니다, 아닙니다요. 교통체증도 귀한 체험이니까 차에 얌전히 있을게요. 그런데 연휴가 되니 다들 산이나 바다를 찾아 떠나네요. 인간은 원래 인공적인 건물에서 지내는 걸 더 좋아하는 것 아니었나요?

생박사 아냐, 뭐니 뭐니 해도 자연이 좋지. 공기도 좋고, 무엇보다 마음이 깨끗해지잖아.

베어 군 인간의 마음이 깨끗해진다고요? 그럼 세탁기에 빨래를 돌리듯이 마음을 빨면 깨끗해지나요?

생박사 허허허, 갈수록 베어 군의 질문 수준이 높아지네.

베어 군 그렇죠? 제가 좀 예리한 베어 군이거든요.

생박사 허허허! 그럼, 아직 갈 길이 머니까 이번에는 차 안에서 신바람 강의를 해볼까.

마음이란?

마음이란 무엇인지 정의를 내리기는 참으로 어려운 문제다. 사전을 찾아보면 '사람이 다른 사람이나 사물에 대하여 느끼는 감정이나 의지, 생각 등 모든 정신작용의 바탕이 되는 것'으로 뜻풀이가 되어 있다. 그 밖에도 마음은 비유적인 표현으로 자주 쓰이고, 간혹 심장을 의미할 때도 있다.

마음의 사전적인 의미를 좀 더 세분화해보면 이러하다.

① 몸과 대비되는 개념으로 생각, 감정, 의지, 의식의 총칭
② 성격이나 품성
③ 기분, 심정
④ 호의나 관심
⑤ 정취를 머금은 감성
⑥ 원망, 바람
⑦ 어떤 일에 대하여 품고 있는 특별한 생각

동물도 마음을 가지고 있을까?

인간 이외의 동물에게도 마음이 있을까? 어릴 적 읽은 동화에 등장하는 동물들은 울거나 웃거나 생각하는 등 인간과 같은 마음이 있는데, 현실의 세계가 아닌 동화의 세계라서 그런지 전혀 어색하게 느껴지지 않았다.

미국의 조지아주립대학교 언어연구센터의 실험연구에 따르면 보노보(bonobo)라는 피그미침팬지 가운데 가장 탁월한 언어 능력을 보여준 '칸지(Kanzi)'는 누군가 자신의 동생을 괴롭히면 그 사이를 비집고 들어갔다고 한다. 이런 행동을 보면 보노보는 '불쌍하다', '도와주고 싶다'는 감정을 느꼈음이 확실하다. 더욱이 칸지는 자신이 갖고 싶은 것이나 다른 사람에게 주고 싶은 것을 기호와 손짓으로 전달했다. 자신의 의지, 즉 마음을 지니고 있기 때문이다. 강아지나 고양이도 마음이 있으니까 인간과 교감할 수 있는 것이다.

그렇다면 파충류와 조류는 어떨까?

개인적으로 파충류와 조류를 모두 길러보았지만 마음을 나눈다는 느낌은 들지 않았다. 다만 파충류와 조류의 경우 감정은 갖고 있는 것 같다. 더욱이 곤충은 마음을 나누기는 어렵지만 적과 싸우거나 먹잇감을 쫓는 모습을 보고 있으면 자기 자신에 대한 의식은 확실히 존재하다고 여겨진다.

요컨대 제각기 수준은 다르지만 동물에게도 마음이 존재하고 그 마음은 포유류, 영장류, 인간으로 점차 진화한 것으로 추측된다.

베어군 파리도 감정이 있다고 하잖아요. 지금 타고 있는 차에도 마음이 있을 거라고 믿어요. 분명 이렇게 가다 서다를 반복하니까 자동차는 잔뜩 화가 나 있겠지요?

생박사 그렇지. 엔진에 부담을 주는 건 확실하지. 하지만 내 눈에는 자동차의 마음이 보이지 않아.

베어군 난 보이는데···. 근데 이 터널 진짜 기네요. 어두컴컴한 것이 귀신이라도 나올 것 같아요.

생박사 괜스레 무섭구먼.

베어군 귀신이 무서우세요? 귀신은 죽은 사람의 육체에서 떨어져 나온 그저 영혼일 뿐이라고 생각해요. 으음 영혼의 세계라, 너무 비과학적인가요?

마음과 몸은 떨어질 수 있을까, 없을까?

■ 죽은 육체는 단순히 물질일까?

마음과 몸은 어떤 관계를 맺고 있을까?

17세기 데카르트(Descartes, 1596~1650)는 심신이원론을 주장했다. 심신이원론이란 마음과 몸은 별개의 존재로 마음과 몸이 하나가 되었을 때 살아 있는 것이고 마음이 몸에서 떨어져 나가는 것이 죽음이라고 보는 이론이다. 그리고 죽은 뒤의 육체는 그저 물질에 지나지 않는다는 사고법이다.

이와 같이 마음과 몸을 따로 구별해서 별개의 존재로 여기는 사고법은 특히 서양인들 사이에서 흔히 볼 수 있는데, 서양에서 장기 이식이 발달한 것도 한 맥락에서 생각해볼 수 있다.

반면에 동양적인 사고법은 산에도 나무에도 마음이 깃들어 있다는 토속신앙이 지배적이다. 따라서 세상을 떠난 고인의 머리카락이나 손톱에도, 고인이 사랑한 책상이나 연필에도 마음이 남아 있다고 생각한다. 대체로 동양인들이 유골에 집착하는 이유도 이런 세계관에서 비롯되었을 것이다.

■ 마음은 뇌의 작용일까?

그렇다면 오늘날의 생물학에서는 마음을 어떻게 포착하고 있을까?

마음은 '뇌의 작용'이라고 생각하는 것이 지배적이다. 따라서 뇌의 영향력에서 벗어난 마음은 생각할 수 없다. 죽는다는 것은 결국 뇌가 상처를 입고 활동을 정지하는 것으로, 마음만 영혼의 형태로 남겨지는 것은 불가능하다고 여긴다.

한때 미국의 한 회사는 사람이 죽은 직후에 뇌를 냉동해서 영하 70℃의 액체 질소 속에 보존해두었다가 장차 과학이 더 발달했을 때 냉동 뇌를 이식하면(도대체 누구에게?) 다시 부활할 수 있다는 광고로 세간의 이목을 집중시켰다. 만약 냉동한 뇌를 이식했더니 죽었던 사람이 다시 부활했다면 그 사람의 마음이 정말로 되살아날까? 이식된 몸을 보는 순간 "뭐야, 이건 내 몸이 아니잖아. 얼굴도 전혀 다르고. 내 몸을 돌려줘!"라고 울부짖지 않을까? 뇌를 교환해서 이식하는 경우에도 이와 유사한 문제가 생기지 않을까?

마음과 뇌의 작용

오늘날 마음, 즉 정신활동은 뇌의 작용이라고 많은 사람들이 믿고 있다. 또한 정신작용은 뇌의 신경세포(뉴런)가 만드는 회로망의 정보 전달 유형과 관련이 있다는 가설이 유력시되고 있다.

먼저 뇌의 기본구조를 살펴보자.

뇌의 위치와 구분

뇌는 마치 두부처럼 부드럽고 말랑말랑하며, 머리뼈(두개골) 속에서 세 겹의 막에 둘러싸여 있다. 먼저 머리뼈 아래에 콜라겐섬유로 가득한 질긴 경막이 있고, 경막 아래에는 거미집 모양의 돌기를 갖춘 거미막(지주막)이 있고, 거미막 아래에는 부드러운 연막이 있어서 뇌 표면을 에워싸고 있다.

거미막과 연막 사이에는 거미막밑 공간이 있는데 이 얇은 틈에 뇌척수액이 순환하고 수많은 혈관이 이어져 있다. 두부처럼 부드러운 뇌는 뇌척수액 속에 둥둥 떠 있기 때문에 외부로부터의 충격을 효율적으로 막아낼 수 있다.

뇌는 대뇌와 소뇌, 뇌줄기(뇌간)로 이루어져 있다(그림 5-1). 더욱이 대뇌는 오

그림 5-1 ∷ 인간의 뇌

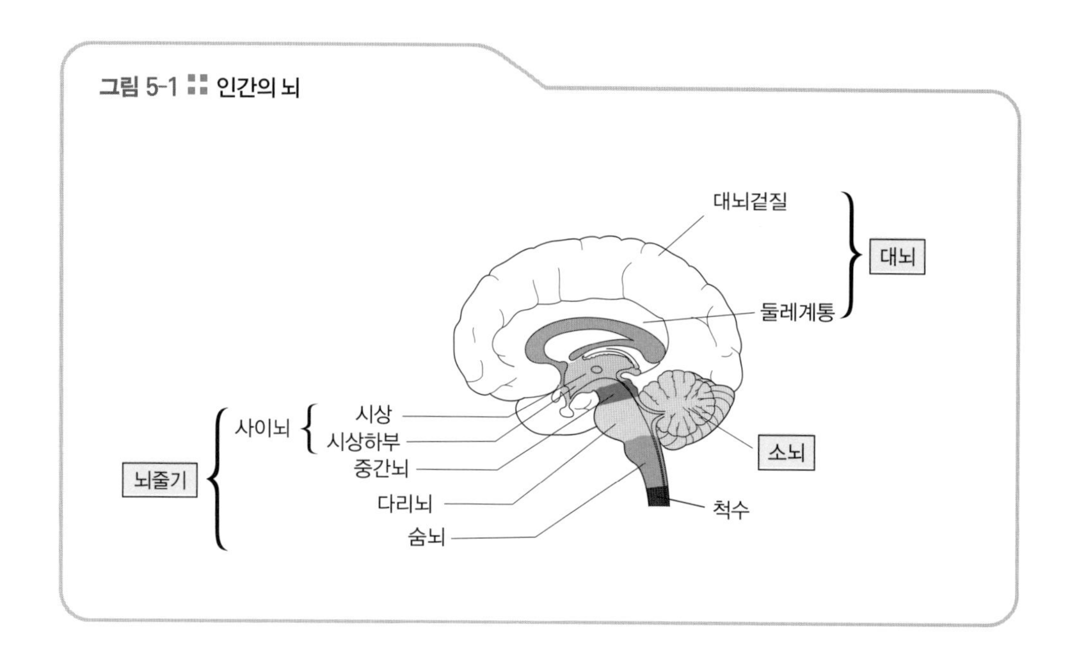

큰쪽과 왼쪽의 반구로 나뉘어 각각 우뇌, 좌뇌라고 불린다. 뇌줄기(사이뇌, 중간뇌, 다리뇌, 숨뇌로 구성)는 버섯의 기둥, 대뇌는 버섯의 갓에 해당하며 갓 부위가 크게 좌우로 구분되어 있다고 말할 수 있다.

신경세포의 집합체인 뇌

■ 140억 개의 신경세포

대뇌의 무게는 성인의 경우 1400g 정도인데, 그 속에 약 140억 개(뇌 전체의 신경세포는 약 1000억 개)의 신경세포가 존재한다고 알려져 있다.

하나의 신경세포는 신경세포체와 하나의 축삭과 다수의 가지돌기(수상돌기)로 이루어지고, 축삭의 끝부분이 다른 신경세포의 가지돌기나 세포체와 접속한다(그림 5-2). 접속이라고 해도 서로 이어져 있는 것이 아니다. 신경세포와 다른 신경세포 사이에는 미세한 틈이 있으며 이 접합 부위를 시냅스(연접)라 하고, 하나의 신경세포에는 1만~10만 개의 시냅스가 있다. 뇌 신경세포는 복잡한 그물망

그림 5-2 ∷ 신경세포의 구조

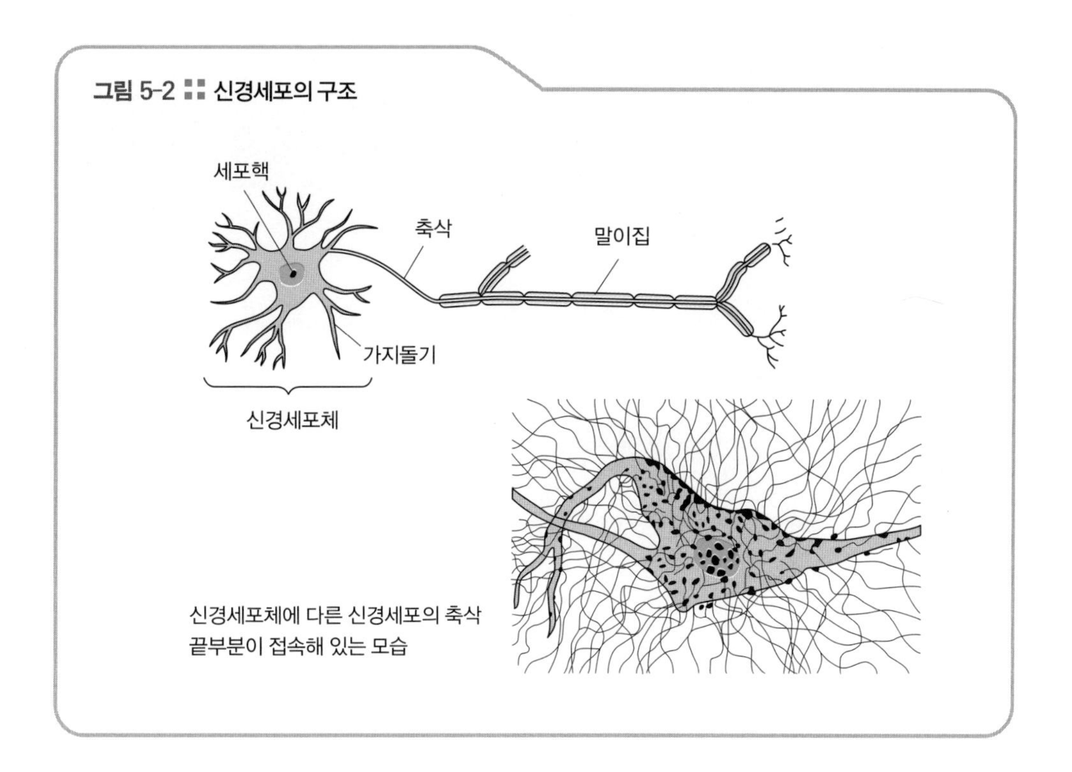

구조로 모여 있는데 신경세포와 신경세포의 연결 방식은 유전자가 결정한다. 다만 결합의 세기는 후천적인 조건, 즉 자주 사용하는가 사용하지 않는가에 따라 달라진다.

■ 신경세포의 활동 : 전도

신경세포, 감각세포, 근육세포 등은 적당한 자극을 받으면 흥분한다. 흥분은 세포막에서 발생하는 전기적인 변화로 생겨난다. 신경세포 안에서는 전기적인 변화, 즉 활동전위(임펄스impulse, 신경신호)를 일으키는 부위가 도미노처럼 연쇄 이동함으로써 흥분이 전해지는데, 이를 '전도'라고 부른다. 개별 활동전위는 발생하느냐 발생하지 않느냐에 따라 항상 일정한 상태를 유지한다. 흥분의 전도 속도(신경신호가 전해지는 속도)는 둘러싼 껍질이 없는 '민말이집 신경섬유(무수신경)'에서 초속 몇m이고, '말이집 신경섬유(유수신경)'에서 초속 약 120m(0.01초에 1.2m 진행)로 말이집(수초)이 신경신호의 전도 속도를 향상시킨다(그림 5-3).

그림 5-3 ∷ 전도와 전달

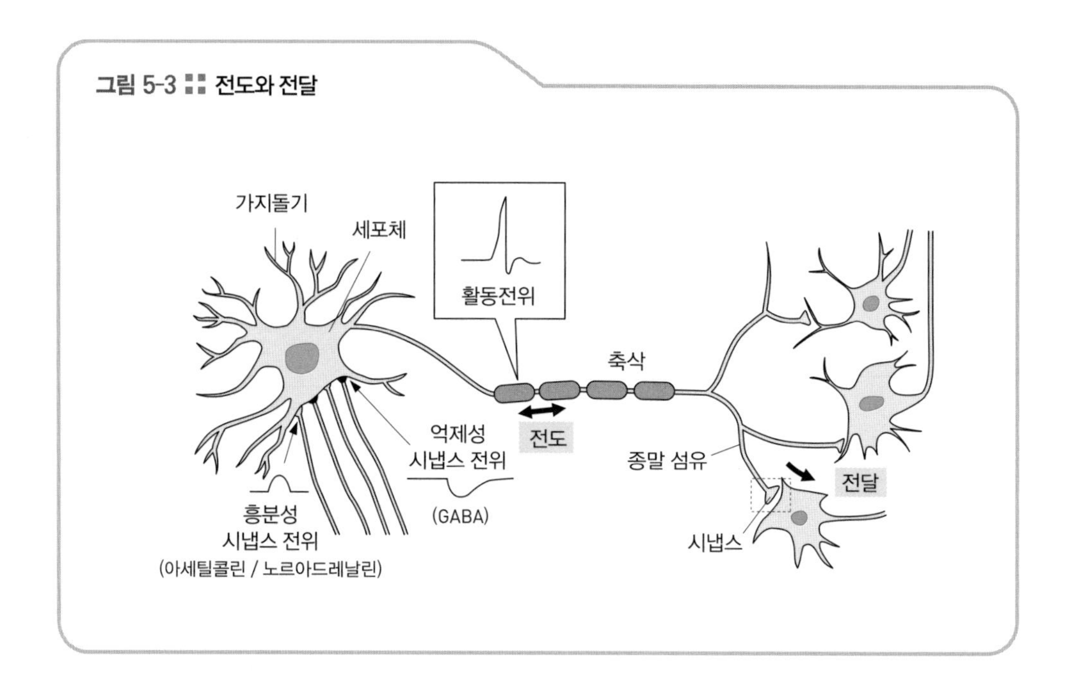

■ 시냅스의 활동 : 전달

신경세포와 다른 신경세포의 연결 부위인 시냅스에서는 축삭 끝부분에서 방출된 신경전달물질이 시냅스 틈새를 통해 다음 신경세포 가지돌기의 수용체(receptor)와 결합함으로써 신호(정보)가 전달된다. 이를 흥분의 '전달'이라고 말한다(그림 5-3, 그림 5-4). 전도와 전달은 서로 다른 개념이므로 혼동하지 않도록 주의하자.

시냅스에는 흥분성 물질과 흥분을 억제하는 억제성 물질이 있다. 흥분성 신경 자극의 신경전달물질로는 아세틸콜린(acetylcholine)이나 노르아드레날린(noradrenalin)이 있고, 억제성 신경 자극의 신경전달물질로는 가바(GABA; Gamma Amino Butyric Acid)가 있다. 뒤에서 소개하겠지만, 이 외에도 새로운 신경전달물질이 속속 발견되고 있다.

그림 5-4에 시냅스의 전달 구조를 정리해두었다. 방출된 신경전달물질은 분해효소로 분해됨과 동시에 그 일부는 수송체(transporter)를 통해 신경 종말로 다시 흡수된다(재흡수).

그림 5-4 ▪▪ 시냅스에서의 전달

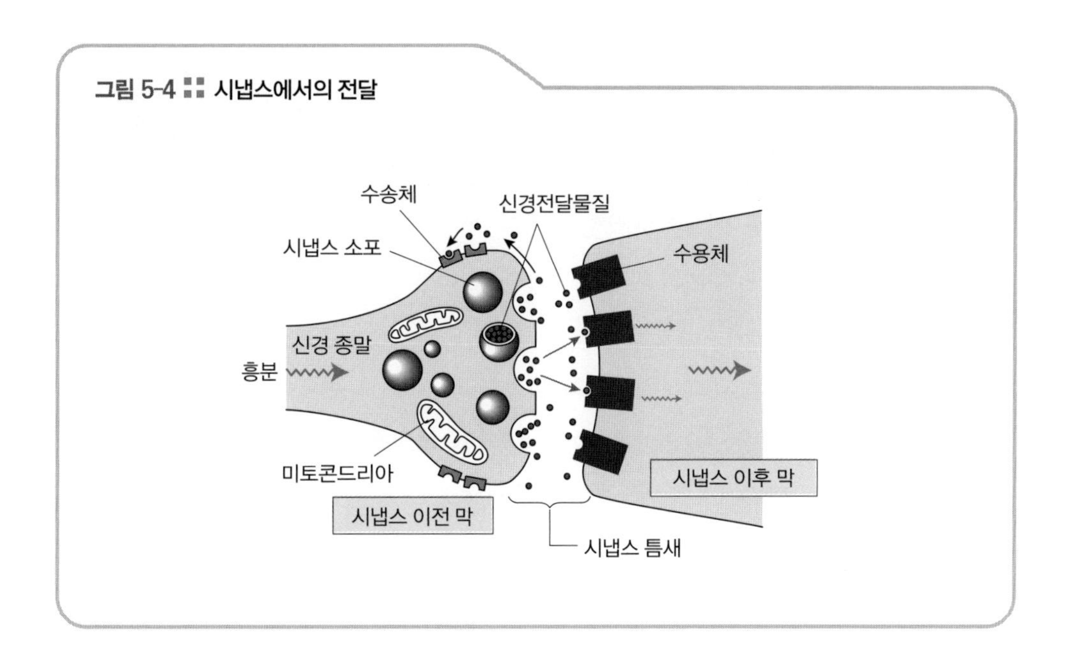

베어 군 오잉? 가바(GABA)는 많이 들어본 것 같은데요. 아, 맞다. 불안한 마음을 진정시키고 혈압을 낮추는 작용이 있다고 건강기능식품 광고에서 본 것 같아요. 맞지요?

생 박사 맞아. 하지만 건강기능식품에 들어 있는 GABA는 뇌에 직접 영향을 끼치지는 못할 거야. 뇌에는 혈액뇌관문이라는 검문소가 있거든. 그 검문소를 통과할 수 있는 물질이 있고 통과할 수 없는 물질이 있어. GABA는 통과하지 못하니까 식품으로 섭취해도 뇌 안으로는 진입할 수가 없어. GABA는 뇌 신경세포가 스스로 만들어내는 물질이야. 그리고 GABA수용체에 이상이 생기면 불안(강박) 증상이 심해지지. 알코올이나 항불안제는 혈액뇌관문을 무사히 통과해서 GABA수용체에 바로 영향을 끼치고 신경 억제를 강화시키니까 불안을 잠재울 수 있는 거지.

베어 군 어려워요. 아무튼 GABA는 혈액뇌관문을 통과할 수 없다는 거죠?

생 박사 으음, 그렇지.

■ 신경아교세포

뇌에는 신경세포 이외에도 신경세포를 지지하고 돌보며 영양을 공급하는 신경아교세포가 있어서, 신경세포와 신경아교세포가 서로 도와주면서 뇌의 형태를 갖추게 된다. 이처럼 뇌에는 결합조직이 따로 없고 신경아교세포가 사이를 메우고 신경세포 주변의 환경을 정비하는 것이다.

■ 신경세포체는 대뇌겉질에 모여 있다

대뇌의 표피층(대뇌겉질, 대뇌피질)은 약간 회색을 띠기 때문에 회백질이라고 부르며, 이 부위에 신경세포체가 집중적으로 모여 있다. 대뇌겉질의 두께는 약 2mm로, 칼럼(column)이라는 기둥 모양의 신경세포 모임이 단위가 되고, 각 칼럼은 6개의 층으로 구분된 층상 구조를 띤다. 각각의 층에 특징적인 신경세포가 모여 있다. 또한 대뇌겉질에만 14×10^{13}개 이상의 시냅스가 존재한다. 대뇌겉질에는 복잡한 주름이 있는데, 이 주름을 펼치면 신문지 양면을 펼쳤을 때와 같은 넓이가 된다.

앞으로 소개하겠지만 대뇌겉질은 사고나 운동, 감각의 중추가 되는 부분이다. 고작 신문지 한 장에 인체의 주요 기능이 담겨 있다는 점에서 가히 기적이라고 말할 수 있다.

두근두근 호기심 칼럼

인간의 뇌와 다른 동물의 뇌를 비교하면?

척추동물의 뇌 발달을 살펴보면 진화 역사상 오래된 부위는 공통점이 많고, 시간이 지날수록 오래된 부위에 새로운 부위가 덧붙여진다는 사실을 알 수 있다(그림).

진화 발달에서 특히 오래된 부위는 뇌줄기와 소뇌로 이 부위를 '파충류의 뇌'라고도 부른다. 뇌줄기 위로 편도체나 해마 등의 원피질, 고피질(둘레계통)이 덧붙여지는데 이것을 '포유류 뇌'라고 부른다.

인간의 뇌와 다른 동물의 뇌에서 크게 다른 점은, 인간의 경우 대뇌새겉질(대뇌신피질)이 특히 발달해 있다는 점이다. 그리고 새겉질의 대부분을 차지하는 것은 대뇌 앞부분의 이마엽(전두엽)이다.

그렇다면 뇌의 크기(무게)와 기능은 비례할까?

먼저 동물 뇌의 무게는 몸집의 크기에 거의 비례하는데, 예를 들면 코끼리의 뇌는 4000g, 소는 약 450g, 개는 약 100g, 토끼는 약 50g이다. 그러나 인간 남성의 뇌 무게는 약 1400g으로 코끼리보다 작지만 지능은 높으니 단순히 뇌의 크기와 지능이 비례한다고 말할 수는 없을 것 같다.

몸에서 뇌가 차지하는 비율을 무게로 비교해보면, 뇌의 무게 1에 대해 몸의 무게가 말은 400, 개는 257, 고릴라는 100, 인간은 38로 상대적으로 뇌가 무거운 쪽이 머리가 좋다고 볼 수 있다. 하지만 참새는 34, 긴팔원숭이는 28, 흰쥐는 28로 반드시 뇌가 무거운 쪽이 머리가 좋다고 단정 짓기는 힘들다.

결국 지능은 뇌 전체에서 차지하는 이마엽(전두엽)의 비율과 가장 밀접한 관련을 맺고 있다고 추측되는데, 이마엽의 비율이 인간은 30%, 침팬지는 17%, 개는 7%, 토끼는 2%라고 한다.

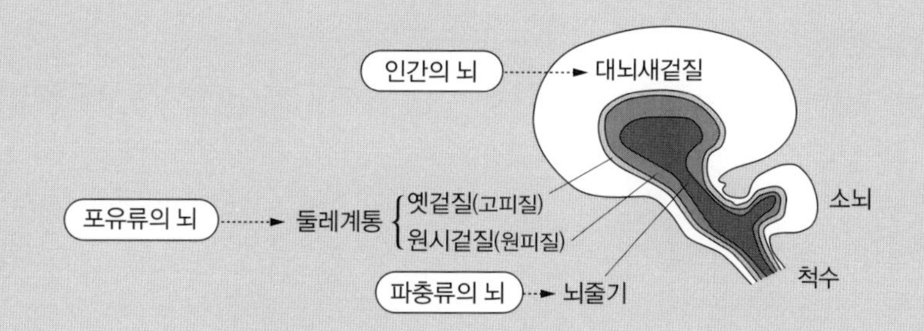

오래된 뇌에 새로운 뇌가 덧붙여져서 인간의 뇌가 되었다

베어 군 '마음이란 무엇인가?'가 오늘 강의의 주제 아닌가요? 그런데 어찌 신경세포와 뇌 이야기만 잔뜩 하시네요. 이를테면 강물에 손을 넣었다가 차가운 느낌이 드는 순간 손을 잽싸게 빼는 것은 신경과 관련이 있다는 것은 알겠어요. 하지만 이것이 바로 마음이라는 건가요? 마음이란 무엇인지 좀 더 손에 잡히게 이야기해주셨으면 해요.

생박사 하나하나 신경세포의 활동이 통합되면서 마음을 이룬단다.

베어군 으음, 알 것 같기도 하고, 모를 것 같기도 하고.

생박사 옛날 사람들도 마음이란 무엇인지 고민을 많이 했던 것 같구나.

옛날 사람들은 뇌와 마음을 어떻게 생각했을까?

마음, 즉 정신활동이 뇌에 있다고 생각한 것은 그리스 시대로 거슬러 올라간다. 하지만 같은 시대에 살았던 아리스토텔레스(Aristoteles, B.C.384~B.C.322)는 심장이 정신활동의 중심이라고 믿었다. 이후 긴장하거나 흥분할 때는 심장이 두근두근 뛰는 사실에서 사람들은 마음이 심장에 있다고 생각했다.

한편 고대 그리스의 의학자인 갈레노스(Galenos, ?129~?199)는 '기억의 장소가 뇌에 있다'고 말했다. 갈레노스의 가설에 따르면 뇌에는 뇌실이 있고, 여기에 영험한 기운이 쌓여서 이것이 정신활동을 담당한다는 것이다.

17세기의 데카르트는 뇌와 전혀 별개로 인간의 마음이 존재한다고 생각했다.

18세기가 되자 독일의 의학자 갈(Gall, 1758~1828)은 '뇌에는 기능이 일정한 부위에 국한되어 있어서 특히 발달한 부분은 뇌가 부풀어오른다'는 대뇌 기능의 국재설(局在說)을 주창했다. 또한 갈은 뇌 발달에 따른 뼈의 돌출이 얼굴이나 외모에 나타난다고 생각해서 '골상학'을 발전시키고, 이 이론은 상류 계급에서 크게 붐을 일으켰다. 그는 눈이 튀어나온 사람은 기억력이 좋다거나, 이마가 넓은 사람은 결단력이 있다고 강조했다. 더욱이 얼굴 생김새만으로 부자인지 거지인지 구분할 수 있다는 허무맹랑한 주장도 일삼았다.

오늘날에는 갈의 골상학이 근거 없는 이론으로 밝혀졌지만, 대뇌의 일정한 부위에 특정 기능이 국한되어 나타난다는 주장은 현재의 뇌과학에서 보편적으로 받아들이고 있는 가설이다. 그런 의미에서 심각한 오류는 분명 있지만, 갈은 뇌 해부학의 근대적 개념을 확립한 인물이라는 평가를 받고 있다.

마음은 어디에서 만들어질까?

지금까지 뇌의 기능에 대해 이야기했는데, 그렇다면 뇌와 마음은 어떻게 연결되어 있을까?

사전의 설명에도 나와 있듯이 마음을 크게 나누면 지각(知), 감정(情), 의지(意)로 구분할 수 있는데, 인간의 뇌는 대략적으로 이들 기능을 분담하고 있는 듯하다(그림 5-5).

그림 5-5 ▪▪ 감정, 의지, 지각이 이루어지는 장소

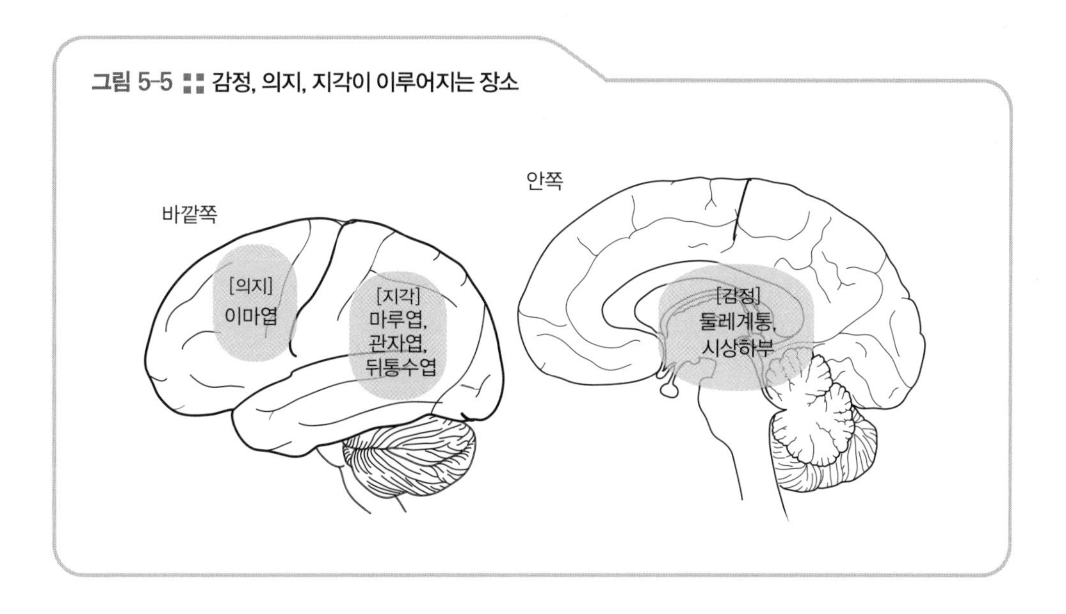

‘감정’은 둘레계통과 뇌줄기의 꼭대기에 해당하는 시상하부의 활동과 밀접한 관련을 맺고 있다. ‘의지’는 대뇌 앞부분인 이마엽(전두엽)에서 관장하고 있다. ‘지각’은 대뇌 중앙과 뒷부분의 마루엽(두정엽), 관자엽(측두엽), 뒤통수엽(후두엽)에서 주로 담당한다. 이 부위에서는 감각 자극의 정보가 유입되고, 이 정보를 통합해서 지각을 형성한다. 우선 ‘감정’부터 알아보자.

감정과 둘레계통

■ 감정이란?

인간의 감정은 주관적인 요소가 많이 개입되기 때문에 객관적인 자료를 취합하기가 곤란하다. 그러므로 동물의 표정이나 혈압, 발한 등으로 드러나는 변화를 포착해서 이를 객관적으로 조사한다. 동물의 경우 일시적으로 급격히 일어나는 감정이라는 의미에서 ‘정동’이라는 표현을 주로 쓴다. 정동(감정)은 ‘유쾌 정동’, ‘불쾌 정동’으로 크게 나눌 수 있고 유쾌 정동은 접근 행동을, 불쾌 정동은 도피 행동을 일으킨다. 이처럼 정동은 행동을 지배하는 가치 판단의 표출이라고 말할 수 있겠다.

■ 감정의 중추

감정의 중추는 어디에 있을까? 사람의 시상하부를 전극으로 자극하면 분노나 공포를 드러내며 도망치려고 한다. 대뇌를 모두 제거해도 시상하부 이하가 남아 있다면 굉장히 화가 난 표정이나 동작을 표현할 수 있는데, 이것도 시상하부가 감정의 중추이기 때문에 가능하다.

■ 둘레계통

시상하부를 에워싸는 대뇌의 깊숙한 부분을 둘레계통이라고 부르고, 이는 진화 역사상 오래된 뇌의 부위에 해당한다(그림 5-6).

둘레계통의 편도체라는 부분을 파괴하면 감정 반응은 일어나지만 가치 판단을 잘못하기 쉽다. 이를테면 고양이가 과학자의 흰 가운에 성적 행동을 나타내는 식이다. 이와 같은 사실에서 편도체는 감정 행동을 위한 가치 판단을 수행하는 부위라고 여겨진다(그림 5-7).

또한 둘레계통의 해마라는 부위는 과거의 기억을 저장하는 중요한 역할을

그림 5-6 ∷ 둘레계통

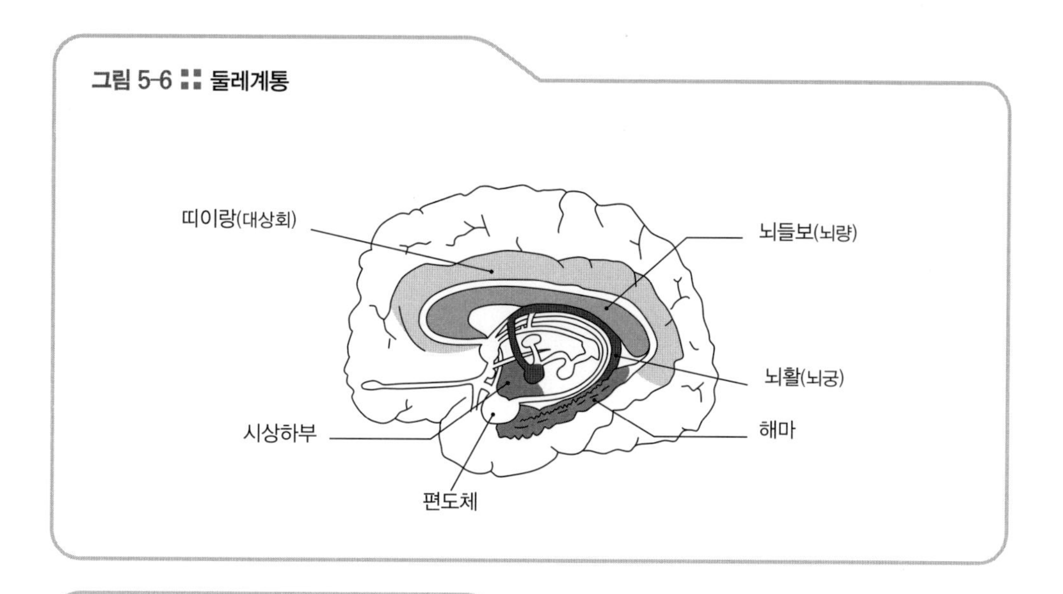

그림 5-7 ∷ 뇌의 의사결정

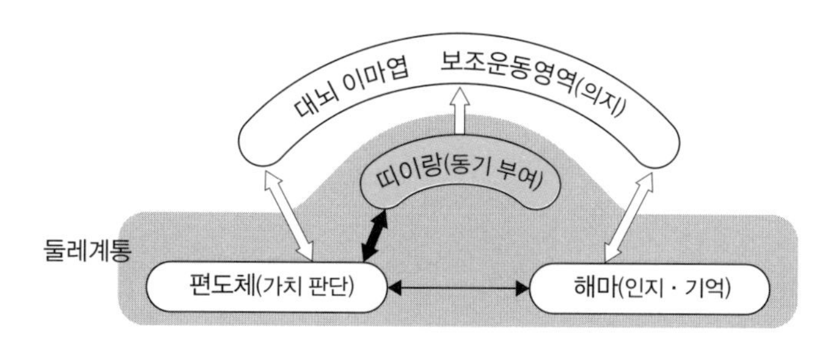

보조운동영역 부위가 손상되면 자발적으로 아무것도 하지 못하고 하루 종일 멍하니 앉아 있기만 한다. 또 손가락을 실제로 움직이지 않아도 단지 마음속으로 손가락을 움직이는 상상을 거듭하면 보조운동영역이 활성화된다.
보조운동영역의 활동을 고취시키는(보조운동영역에 신호를 보내는) 부분은 둘레계통의 일부인 띠이랑이다. 띠이랑이 손상되면 역시 자발적인 운동을 하지 못한다. 요컨대 띠이랑은 동기 부여의 중추인 셈이다.

담당하는데, 시상하부는 해마와 서로 주거니 받거니 하면서 과거의 경험을 대조하고 확인하는 것 같다.

요컨대, 인간의 뇌는 정보를 대뇌겉질이 분석한 다음 편도체로 이동하여 편도체에서 가치 판단을 내리고 해마를 이용해서 경험과 대조하고 최종적으로 시상하부에 보내서 감정을 만들어낸다고 말할 수 있다. 결과적으로 마음에 드는 것을 보면 '딱 내 취향이야!' 하고 환호성을 지를 수 있는 것이다.

의지와 관련된 뇌의 부위

■ 의지 이전에 동기 부여가 있다

다음으로 이성적인 의지에 대해 살펴보자.

다리를 움직이는 행동을 떠올려보면 대뇌 이마엽에는 운동영역이라는 운동중추가 있으며, 이 운동영역에서 다리를 움직이라는 명령을 발신한다. 그런데 다리를 움직이라는 명령이 내려지려면 반사운동을 제외하고 우선은 다리를 움직이고 싶다는 의지가 뇌에서 먼저 생겨나기 마련이며, 더욱이 다리를 움직이고 싶다는 의지가 생기기에 앞서 동기 부여가 뇌에서 샘솟는다.

동기 부여의 중추는 둘레계통의 일부인 띠이랑이다. 띠이랑의 활동이 활성화되면 이마엽의 보조운동영역 부위가 자극을 받아서 운동의 의지를 나타내는 신호가 만들어진다. 이 신호를 운동영역이 받아들이면 운동영역에서 다리를 움직이라는 명령이 내려지는 것이다(그림 5-7).

■ 이마연합영역에 자아의 중추가 있다

한편 대뇌 이마엽의 운동영역보다 앞부분에 위치한 이마연합영역(전두연합영역)을 절제하면 어떻게 될까?

1950년경까지는 정신질환을 치료하기 위해 이마엽의 일부를 잘라내는 '로보토미(Lobotomie)' 수술이 자행되었다. 이마엽 절개 수술을 한 환자들은 직접적인 장애 없이 기억이 유지되거나 폭력성이 줄어들어 차분해지고 순종적으로 변모하는 듯했다. 하지만 적극성이 사라지고 주위의 일에 무관심해지고 감정의 기복이 없어지는 등 인간다움이 소실되어 마치 로봇처럼 변해버렸다. 이와 같은 사실에서 로보토미는 비인간적 행위로 인식되어 오늘날에는 수술이 전면 금지되었다.

결론적으로 이마연합영역에는 인간다움을 관장하는 중추, 즉 자아의 중추가 있는 것으로 추측된다.

베어 군　어려운 단어가 너무 많이 나와서 도통 모르겠어요. 그냥 쉬운 단어로 말씀해주시면 안 되나요?

생 박사　전문 용어가 아무래도 어렵지. 그렇지만 전문 용어를 쓰지 않고 뇌 앞쪽 중간 부분, 이쪽, 저쪽이라고 하면 더 헛갈리지 않을까?

베어 군　그렇겠네요. 아무튼 뇌에는 다양한 역할이 장소에 따라 이루어지고 있다는 말씀이지요? 1번지에는 밭, 2번지에는 채소 가게, 3번지에는 슈퍼, 4번지에는 목욕탕, 5번지에는 아파트 단지가 있어서 1번지의 밭이 망가지면 채소 가게에 채소가 도착하지 않고 결국 아파트 단지 주민들이 불편해지는 것처럼요.

생 박사　그렇지, 그렇지. 바로 그런 이치지. 역시 똑똑하군!

보고 인식한다는 것은 어떤 의미일까?

이번에는 지각, 즉 감각 인식에 대해 자세히 알아보자. 연구가 한창 진행되고 있는 분야가 바로 시각을 통한 인식이다.

■ 눈으로 보는 것이 아니라 뇌로 본다

우리가 사물을 보면 먼저 눈의 수정체를 통과해 망막에 상이 맺힌다. 그리고 망막에서 들어온 정보는 시각신경(시신경)을 통해 뒤통수엽의 시각영역으로 전달되어 온전한 상으로 식별된다. 여기에서 비로소 사물이 보이는 것이다. 요컨대 눈으로 보는 것이 아니라 뇌로 보는 것이다. 간혹 머리 뒷부분을 심하게 부딪히면 뇌진탕을 일으켜 시야가 캄캄해질 때가 있는데, 이는 뇌 뒤통수엽에 있는 시각영역이 타격을 받았기 때문이다.

재미난 사실은 오른쪽 시야의 정보는 왼쪽 뇌의 시각영역에, 왼쪽 시야의 정보는 오른쪽 뇌의 시각영역에 전달된다는 점이다(149쪽의 그림 5-12). 좌우 눈으로 들어온 정보의 차이는 거리 분석에 이용되어 입체적으로 사물을 파악할 수 있게 한다. 또한 망막에 맺힌 상은 상하좌우가 반대로 보이는 도립상인데, 시각영역에서 정립상으로 바르게 자리가 잡힌다.

■ 시각 정보는 머리 정수리와 측면으로 나뉜다

뒤통수엽의 시각영역에 들어온 정보는 먼저 사물의 특징을 추출한 다음 마루연합영역과 관자연합영역으로 보내진다(그림 5-8).

마루연합영역에 장애가 생기면 눈으로 본 사물의 공간적인 관계를 파악하지

그림 5-8 ∷ 시각 정보는 뇌에 어떻게 전해질까?

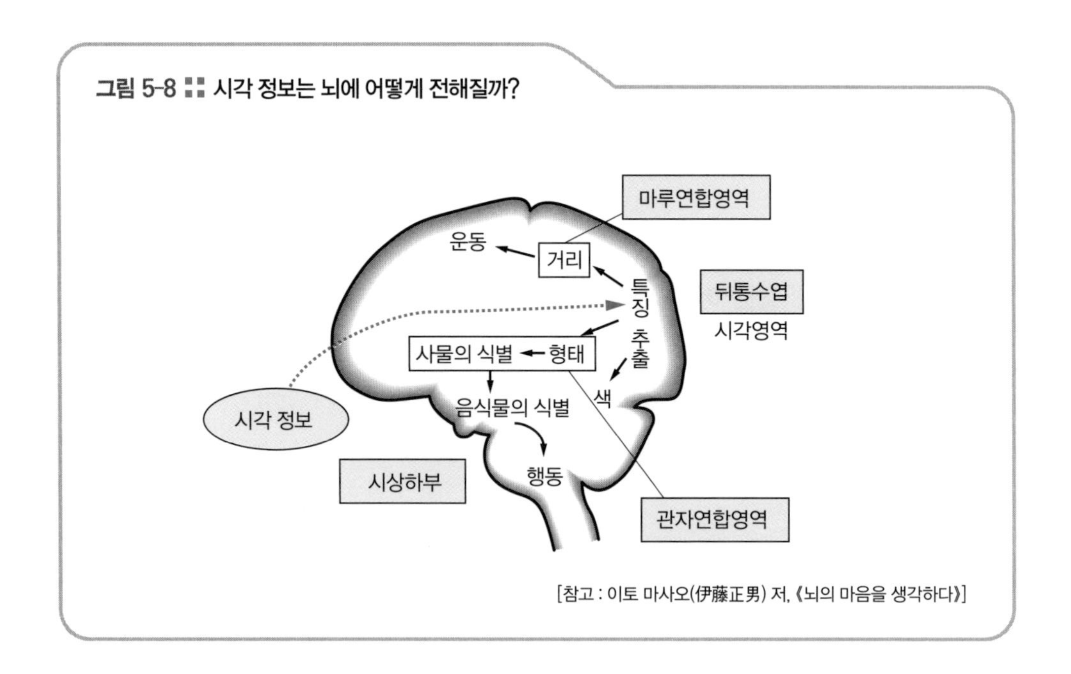

[참고 : 이토 마사오(伊藤正男) 저, 《뇌의 마음을 생각하다》]

못하게 된다. 예를 들어 승용차가 움직이면서 가까이 다가오고 있다는 사실을 인지하지 못하는 식이다. 약 2초마다 순간 영상은 포착되지만 움직임의 유무를 판단하기는 어렵다.

관자연합영역에서는 사물의 형태에 관한 정보를 처리하는데, 이 부분이 손상되면 사람의 얼굴을 알아보지 못하거나 유사한 문자를 구별하는 일이 불가능해진다. 또 모양이나 색상으로 먹을 수 있는 음식물인지 아닌지를 구분하는 작업도 힘들어진다.

■ 병렬 처리한 정보를 조합해서 인식

우리는 눈으로 보이는 것을 모양, 색, 크기, 움직임 등으로 쪼개서 각각의 뇌 부위에서 식별한 다음 정보를 하나로 연결하여 최종적으로 사물을 인식한다. 그렇다면 마루연합영역과 관자연합영역으로 보내진 시각 정보는 이후 어떻게 처리될까?

빨간 자동차가 다가오는 장면을 예로 들면, 뇌에서 빨간색은 생생한 감각 자극으로 뒤통수엽의 시각영역에서 처리하고, 자동차라는 형태 인식은 관자연합영역에서, 가까이 다가오는 움직임은 마루연합영역에서 처리한다. 그리고 이들 분할 처리된 정보를 서로 연결해서 최종적으로 눈앞의 사물을 이해하는 것이다. 요컨대 빨간 자동차가 가까이 왔다는 사실을 순식간에 감지하게 된다.

이와 같이 정보를 쪼개서 처리하는 이유는 아직 정확하게 알려져 있지 않다. 하지만 같은 부위에서 처리하면 시간이 더 많이 필요하지 않을까? 따라서 눈 깜짝할 사이에 인지할 수 있게 정보를 분할 처리하고 있는 것으로 여겨진다.

베어 군 박사님, 입체교차로로 내려가고 있어요. 열심히 강의 중이신 건 알지만, 운전에 좀 더 신경 써주세요.

생 박사 맞아. 운전할 때는 정말 조심해야 해. 휴대폰은 특히 조심해야지. 게다가 곰 씨와의 대화는 위험천만이라고.

베어 군 아니, 무슨 그런 섭섭한 말씀을! 아무튼 인간의 뇌는 한꺼번에 몇 가지

일을 동시에 처리하는 것 같아요. 정말 대단해요. 그런데 동시에 몇 가지를 처리하면 착오나 오류가 생기지 않나요?

생박사 그렇지. 바로 그 이야기를 지금부터 해주려고 해.

안면인식장애는 왜 생길까?

우리는 사람의 얼굴을 신기하리만큼 잘 구별해낸다. 화성의 사막이 비치는 영상 속에서 사람의 얼굴을 찾아내기도 한다. 심령사진도 비슷한 맥락에서 생각해볼 수 있다.

얼굴은 눈으로 접한 순간 우리 뇌의 다양한 부위에서 동시다발적으로 정보를 처리해서 누구의 얼굴인지, 예전에 만난 적이 있는지를 순식간에 판단을 내린다.

그런데 관자연합영역에는 얼굴세포, 즉 얼굴을 식별하는 전문 세포가 모여 있는데 이 부위가 손상되면 물체의 경우 정확하게 구별해서 사물의 이름은 대답하지만 사람 얼굴은 아는 사람이라도 이름을 대답하지 못하게 된다. 이처럼 얼굴을 인식하지 못하는 증상이나 장애를 '안면인식장애'라고 한다.

상상하기 어려운 일이지만, 안면인식장애가 있는 사람은 눈의 특징이나 코의 특징 등 세세한 것은 식별할 수 있지만 전체적으로 특정인의 얼굴을 인식하지 못한다. 따라서 거울에 비친 자신의 얼굴을 보더라도 이것이 자신의 얼굴인지 알지 못한다. 아무리 쳐다봐도 모르는 누군가의 얼굴인 것이다.

착각하는 뇌

뇌는 보이는 모든 것을 포착하는 것이 아니라 어떤 것에는 주의를 기울이고, 또 다른 것에는 주의를 기울이지 않는 식으로 필요에 따라 지각 대상을 선별한다. 같은 맥락에서 우리가 마술에 쉽게 속는 이유도 전체가 보인다고 착각하게 한 다음 사람들의 주의를 피해서 슬쩍 무엇인가를 하기 때문이다. 특히 뇌는 잘 속는다. 이는 다양한 착각(착시)의 예를 살펴보면 확실하게 알 수 있다.

'카니자의 삼각형(Kanizsa triangle)'이라고 부르는 그림이 있다(그림 5-9). 삼각형이 그려져 있지 않지만 삼각형이 보인다. 이는 뇌가 스스로 추측하기 때문이

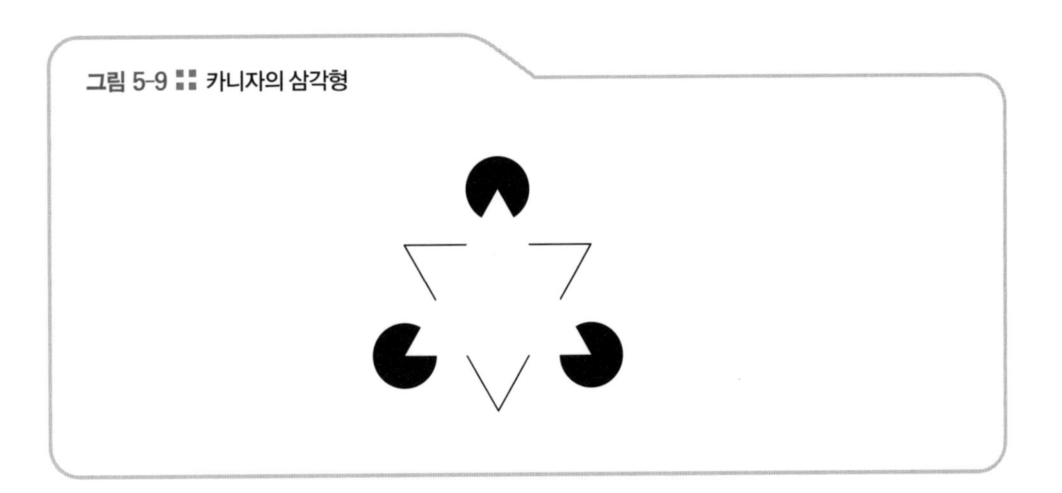

그림 5-9 ∷ 카니자의 삼각형

다. 이처럼 뇌는 있는 그대로의 모습을 비추는 것이 아니라 뇌 스스로 여러 가지 정보를 보충하거나 수식해서 상을 만들어낸다. 조금 과장되게 말하면, 우리는 항상 뇌라는 캔버스에 그림을 그리고 있는 화가인지도 모른다.

베어군 휴우, 드디어 도착했네요. 차는 여기에 세워두고 산속으로 걸어 들어가요. 이제부터는 제가 길 안내를 할게요. 도토리 동굴도 있고, 맛있는 약수물이 어디에 있는지도 잘 알아요.

생박사 오호, 고마워라.

베어군 앗, 그런데 길을 잃은 것 같아요*.

생박사 곰이 산길에서 미아가 되다니, 말도 안돼!

* 현재 위치에서 연결한 하나의 선이 실제는 아래 네모 박스의 좌측에서 두 번째인 '좌(左)'를 지칭하고 있지만, 얼핏 보기에는 좌측 가장자리의 '우(右)'를 가리키고 있는 것처럼 보인다. 이런 현상을 '포겐도르프 착시(Poggen-dorff illusion)'라고 부른다.

베어군 그러게요. 지도를 찾아봐야겠어요. 그러지 말고 도시락이라도 까먹으면서 조금 쉬었다 가요. 걱정 마세요. 설마 곰이 길을 잃겠어요? 참, 지도 하니까 생각났는데, 뇌 기능에 대해 지도 같은 것을 만들지 않았나요? 인간은 뭐든지 조사하는 걸 좋아하잖아요.

생박사 공부를 열심히 하는 것도 좋지만, 어서 길 좀 찾아봐.

대뇌겉질의 기능 분담

지금까지 마음과 뇌의 관계를 이야기했는데, 특히 대뇌겉질에는 사물을 판단하고 지각하거나 사고하고, 운동하고, 감각을 느끼는 중추가 분포되어 있다. 이렇듯 대뇌겉질의 기능은 한 갈래가 아니라 각 부위별로 특정 역할을 분담하고 있으며 기능 측면에서 운동영역, 감각영역, 연합영역으로 나뉜다(그림 5-11).

운동영역

운동영역은 중심고랑의 이마엽 부분을 중심으로 하는 대뇌겉질이다. 의지에 따라 맘대로운동(수의운동)을 할 때는 운동영역에서 척수까지 축삭을 뻗친 신경세포가 작동하게 된다.

또한 운동영역은 부위별로 다른 신체부위에 지시를 내리는데, 가장 아래쪽에서 위쪽을 향해 머리, 목, 팔, 몸통, 다리 식으로 마치 물구나무서기를 한 것처럼 개별 부위(좌우 반대쪽)의 운동을 담당한다. 이 인체 모형도를 '뇌 난쟁이(homunculus)'라고 부른다(그림 5-10).

특히 얼굴 부분이 큼지막한데, 이는 표정이 풍부한 의사소통을 나누는 인간

그림 5-10 ∷ 뇌 난쟁이

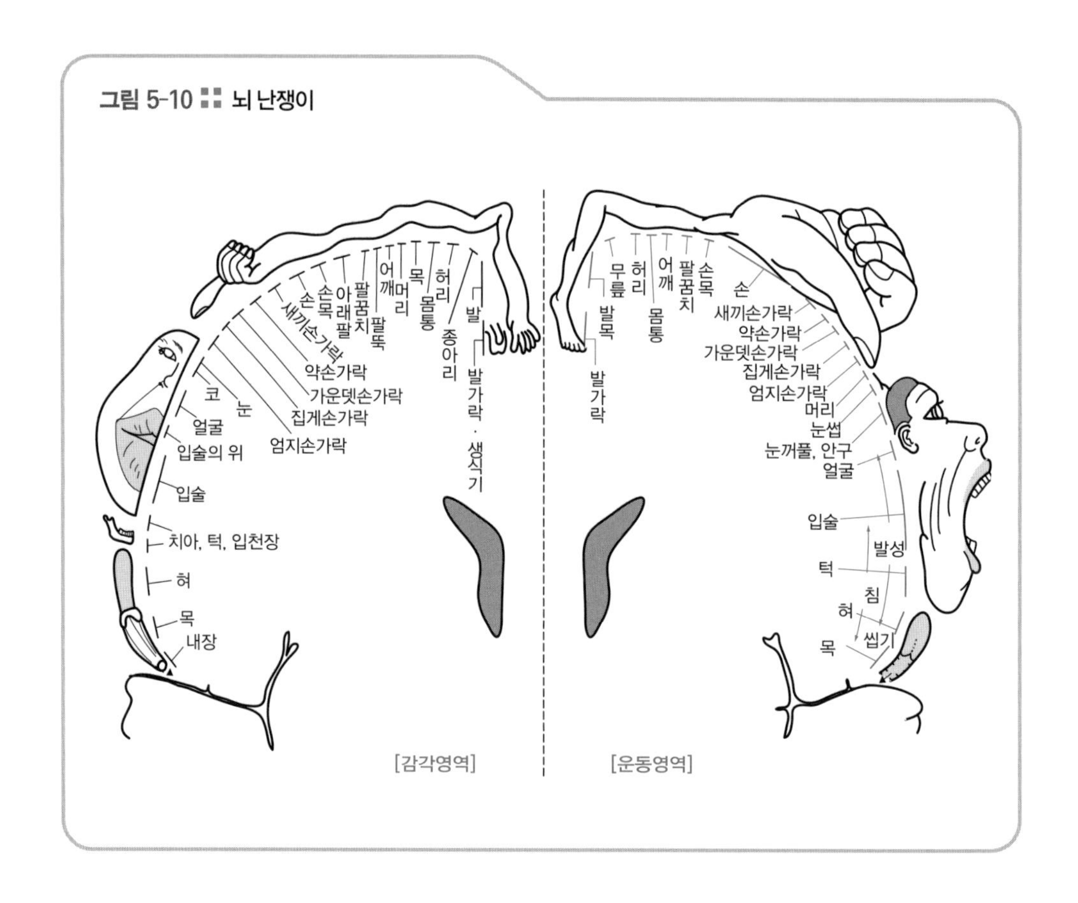

의 특징을 나타낸 것이라고 말할 수 있다(얼굴에는 표정근이라는 표정을 만들어내는 근육이 있다).

감각영역

■ 몸감각영역

감각영역 가운데 몸감각영역은 중심고랑의 마루엽 쪽에 있으며 촉각, 압각, 통각, 온도 감지 등의 감각을 관장하고 신체 좌우 반대쪽의 감각 자극을 받아들인다. 또한 몸감각영역도 '뇌 난쟁이'의 모형을 그릴 수 있는데, 우리가 민감하게 느끼는 부위일수록(입술이나 손) 면적이 넓게 퍼져 있음을 알 수 있다(그림

그림 5-11 :: 언어의 중추

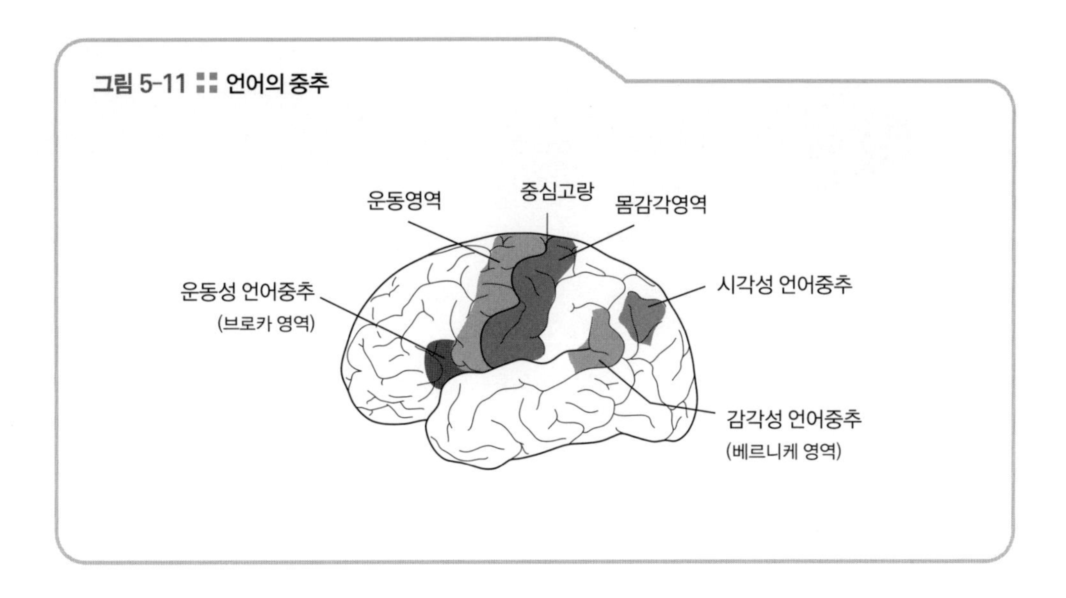

5-10). 따라서 키스나 애무를 하는 이유는 이와 밀접한 관련이 있지 않을까 싶다.

■ 청각영역과 시각영역

청각영역은 몸감각영역에 인접한 관자엽 부위에 위치하고, 시각영역은 꽤 멀리 떨어진 뒤통수엽에 그 중추가 있다.

연합영역

운동영역과 감각영역을 제외한 부분을 '연합영역'이라고 부른다. 연합영역은 고차원적인 정신활동을 통제하는 부위로, 외부로부터 들어온 감각 정보를 과거의 정보 자료와 대조해서 의미를 이해하거나, 이에 대처하여 적절한 판단을 내리는 뇌의 영역이다.

관자연합영역 부위가 손상되면 가까운 지인의 얼굴을 보더라도 누구인지 몰라보는 사례를 앞에서 들었는데, 이처럼 연합영역에 오류가 생기면 과거의 정보 자료와 대조하거나 의미를 부여하는 것이 불가능해진다.

우리는 어떻게 기억을 할까?

기억에는 20~30초 동안 기억하는 '단기기억'과 꽤 오랫동안 잊지 않는 '장기기억'이 있다. 예를 들면 친구와 레스토랑에 갔을 때 친구에게 먹고 싶은 요리를 물은 다음 이를 점원에게 주문하는 일은 단기기억(짧은 시간 동안 친구가 먹고 싶어 하는 요리를 기억)에 속한다. 한편 초등학교 1학년 때의 담임선생님의 이름을 기억하는 것은 장기기억이다.

다만 단기기억은 장기기억으로 전환될 수 있는데, 처음 만난 사람을 일주일 뒤에 또 만났을 때도 기억해내는 것은 단기기억이 장기기억으로 이행되었기 때문이다. 또 전화번호를 보면서 전화를 걸었다가 어느새 번호 없이도 전화를 걸게 되는 것도 단기기억이 장기기억으로 옮겨졌기 때문이다.

둘레계통의 해마가 손상되면 단기기억은 가능하지만, 장기기억으로의 이행이 불가능해진다. 기억한 다음 바로 잊어버리는 것이다. 따라서 해마는 장기기억의 저장과 밀접한 관련이 있다고 여겨지는데, 해마가 손상된 환자라도 손상 이전의 옛 추억은 기억하고 있다. 그런 의미에서 해마는 단기기억을 장기기억으로 이행시키는 부위로 추측된다.

해마의 신경세포에 짧은 자극을 빈번하게 주면 점점 시냅스의 전달 효율이 높아지고 그 상태가 몇 주 동안 이어진다는 사실이 밝혀졌다. 이처럼 쓰면 쓸수록 향상되는 시냅스 성능(시냅스의 가소성)이 기억의 기초과정이라고 여겨진다. 여기에는 신경전달물질의 방출량 증가와 수용체 수의 증가 등이 관여하고 있다고 알려져 있다.

장기기억은 대뇌겉질의 마루연합영역과 관자연합영역 곳곳에 보존된다. 기억은 수많은 신경세포가 전달하는 정보 교환의 회로 형성에 따라 성립된다. 정보의 연결 유형이 거듭 반복됨으로써 기억은 유지되는 것이다.

나이가 들면 건망증이 심해지는 이유는 기억 회로를 담당하는 신경세포가 산소 부족 등으로 사멸하거나, 가지돌기가 감소해서 기억의 자동흥분 회로가 중단된 탓이다. 간혹 고령의 치매 환자를 보면 식사를 한 지 30분도 채 지나지 않아서 밥을 주지 않는다고 호통칠 때가 있다. 반면에 어린 시절의 추억은 또렷이 기억한다. 이런 증상도 해마의 기능과 관련이 있지 않을까 싶다.

베어군 우와~ 저기 저 커플, 금방 뽀뽀뽀 했어요.

생박사 하하하, 뽀뽀뽀가 아니라 키스겠지. 아기들도 아니고.

베어군 이래 봬도 저는 문장력 있는 르포작가라고요. 귀엽게 뽀뽀뽀라고 에둘러서 말한 건데 진지하게 들으시다니…. 근데 마음은 뇌에 있으니까 재능도 뇌에 있는 건가요? 문장력은 뇌 어느 부위에 있죠?

생박사 뇌 왼쪽 부위인 것 같은데.

베어군 아하, 그럼 여기인데. 좀 튀어나온 것 같지 않아요?

생박사 하하하, 무슨 말씀을. 그건 혹이잖아, 혹!

언어중추는 어디에 있을까?

언어 능력은 대뇌겉질의 연합영역과 관련이 있는데, 대체로 언어중추는 왼쪽 대뇌반구에 자리 잡고 있다. 오른손잡이의 90% 이상이, 왼손잡이의 약 70%가 좌반구라고 한다.

언어중추의 하나인 브로카 영역(Broca's area)은 운동성 언어중추로(그림 5-11), 머리에 떠오른 단어를 음성 언어로 만드는 기능을 담당한다. 따라서 브로카 영역이 손상되면 타인이 말하는 단어를 이해할 수는 있지만 언어가 머릿속에 떠올라도 실제 자신이 입으로 단어를 내뱉지 못한다. 이 중추는 혀나 턱, 목의 운동을 관장하는 운동영역과 인접해 있다.

청각영역의 인접 부위에서 그 뒤쪽 부분이 손상되면 타인이 말하는 언어의 의미를 파악할 수 없다. 이 영역은 음성으로 청각영역에 들어온 감각 자극을 언어로 그 의미를 이해하는 중추로, 베르니케 영역(Wernicke's area) 혹은 감각성 언어중추라고 부른다. 글자를 보고 언어의 의미를 이해하는 중추(시각성 언어중추)는 베르니케 영역 뒤쪽에 위치한다(그림 5-11).

그러나 언어를 이해하고 스스로 언어를 말할 때 뇌의 어느 부위가 활동하는지는 알려졌지만, 언어 이해와 언어 형성이 어떤 구조로 되는지는 아직 구체적으로 밝혀지지 않았다.

베어 군 대뇌의 오른쪽과 왼쪽은 기능이 서로 다른가 보네요. 그러고 보니 저는 뭔가를 골똘히 생각할 때 왼쪽 이빨을 질근질근 씹는 버릇이 있어요. 무의식적으로 좌뇌를 자극하는 거겠죠. 우와, 정말 난 천재 같아요.

생박사 치열이 고르지 않아서 그런 건 아니고? 왼쪽 이를 깨물면 자극은 우뇌에 전달되거든. 설마 직접 뇌를 질근질근 씹고 있는 건 아니겠지?!

베어 군 그런가요? 어느 쪽인지 잘 모르겠어요. 그리고 이것 보세요. 제 이빨이 얼마나 가지런한지. 흥!

생박사 무서워, 무서워. 근데 베어 군, 자네 충치 같은데? 아무래도 치과에 가 보는 게 좋을 것 같아.

베어 군 아니에요. 이제 안 씹을 거예요. 그럼 우뇌는 어떤 기능을 담당해요?

좌뇌와 우뇌

■ 좌뇌와 우뇌의 담당 분야

개인적인 이야기인데, 집사람의 아버지, 그러니까 장인어른이 며칠 전 뇌경색으로 쓰러지셨다. 좌반신에 마비가 와서 왼손과 왼발을 전혀 움직이지 못하는 상태다. 다만 대화를 나누거나 언어를 이해하는 언어활동에는 전혀 지장이 없다고 하니 우뇌 일부에 손상이 온 것으로 여겨진다. 한편 장인어른은 '2+5는? 이 물건의 이름은?' 식의 뇌 검사를 위한 질문에는 척척 대답할 수 있는 상황으로, 오히려 "머리가 이상해졌는지 알아보려면 좀 더 어려운 질문을 내주셔야지요" 하며 간호사에게 부탁을 했다고 한다.

장인어른에게는 좌뇌용 질문보다 대사가 없는, 재미있는 애니메이션을 보여주고 재미있는지 없는지를 알아보는 쪽이 더 나을지도 모른다. 활자가 아닌 영상 애니메이션의 재미를 파악하는 통합적, 직감적, 아날로그적인 정보 처리(음악, 도형, 공간 지각 등 이미지적인 지적 활동)는 보통 우뇌에서 이루어지기 때문이다. 반면에 좌뇌는 언어나 문자의 디지털 정보 처리(언어의 의미 이해, 논리적 사고, 계산 등)를 담당하고 있다.

■ 좌뇌와 우뇌의 연결고리가 사라지면

좌뇌와 우뇌는 뇌들보로 연결되어 서로 정보를 교환하는데, 예전에는 뇌들보를 외과적인 수술로 절단하는 일이 있었다. 이처럼 좌뇌와 우뇌가 단절된 환자를 분리뇌 환자라고 부르는데, 분리뇌 환자는 좌우로 독립된 의식을 갖고 있다고 볼 수 있다(그림 5-12). 따라서 오른손으로 삼각형, 왼손으로 사각형을 동시에 그리게 하면 오른손, 왼손을 각각 자유자재로 구사하면서 정확하게 그린다는 것이다. 독자 여러분도 직접 스케치북에 그려보면 생각보다 어렵다는 것을

그림 5-12 ∷ 좌뇌와 우뇌가 분리되면

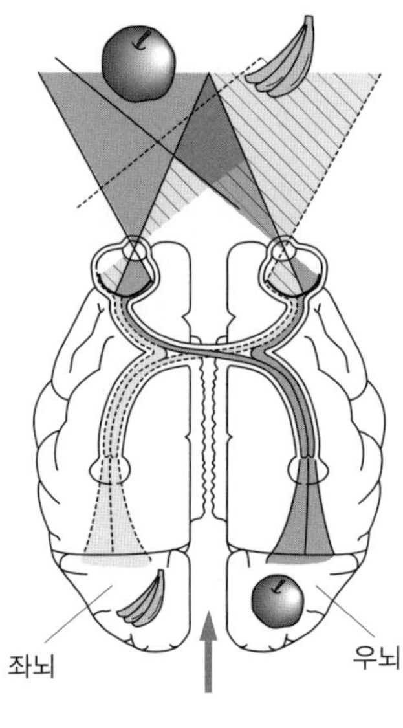

좌뇌와 우뇌가 서로 단절된 사람에게 무엇이 보이는지 물어본다면?

좌우 시야에 다른 사물(사과, 바나나)을 아주 짧은 시간 동안 보여준다. 왼쪽 시야의 사과는 왼쪽 눈의 코 쪽 망막과 오른쪽 눈의 귀 쪽 망막에서 상이 맺혀서 그 정보가 우뇌의 시각영역에 도달한다(귀 쪽 망막에서의 신경섬유가 교차하지 않고, 같은 쪽의 시각영역으로 들어가기 때문에). 오른쪽 시야의 바나나는 왼쪽 눈의 귀 쪽과 오른쪽 눈의 코 쪽 망막에서 상이 맺혀서 그 정보가 좌뇌의 시각영역에 도달한다.

분리뇌 환자에게 "무엇이 보입니까?"라고 물으면 '바나나'라고 대답하지만, "눈에 보인 것을 그림(사과, 바나나, 귤, 토마토 등이 나열된 그림)에서 골라서 왼손으로 가리켜주세요"라고 주문하면 '사과'를 가리킨다. 이는 좌뇌, 우뇌 모두 상을 인식하지만, 언어중추는 좌뇌에만 있기 때문에 언어로 말할 수 있는 것은 바나나이고, 왼손은 우뇌 운동영역의 지배를 받기 때문에 오른쪽 시각영역에서 보이는 사과를 지칭하는 것이다.

[출처: 로저 스페리Roger Wolcott Sperry, 1974]

확인할 수 있으리라.

■ 서양인과 일본인의 뇌는 다를까?

서양인과 일본인이 같은 소리를 어떤 뇌로 듣는지를 알아보는 실험이 있었다. 바이올린이나 기계음은 일본인과 서양인 모두 우뇌로 들었지만, 새소리나 곤충의 울음소리의 경우 일본인은 좌뇌로, 서양인은 우뇌로 듣는다는 사실이 밝혀졌다(그림 5-13). 일본인은 새나 곤충의 울음소리를 언어로 듣고 있다는 뜻이다. 한편 어린 시절부터 미국에서 줄곧 자라난 일본인은 서양인과 마찬가지로 새소리를 우뇌에서 파악한다고 한다. 이와 같은 사실에서 뇌가 어떻게 활동하느냐는 문화적인 영향을 강하게 받는다는 사실을 알 수 있다.

특히 크게 소리 내서 책읽기처럼 문장을 낭독하고 암송하며 음미하는 활동은 음악적인 요소가 곁들여져 좌뇌뿐만 아니라 우뇌도 활성화되어 기억을 강화하고 이해를 더욱 공고히 하는 최고의 활동이다.

그림 5-13 :: 서양인과 일본인의 뇌 기능 차이

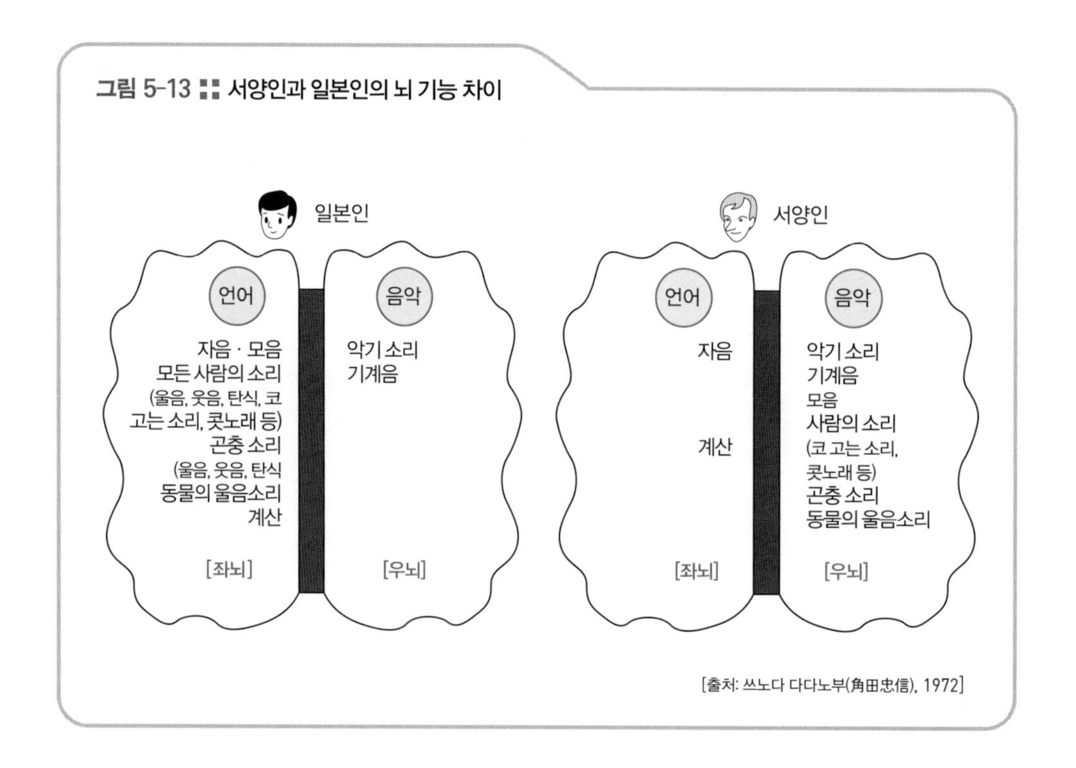

[출처: 쓰노다 다다노부(角田忠信), 1972]

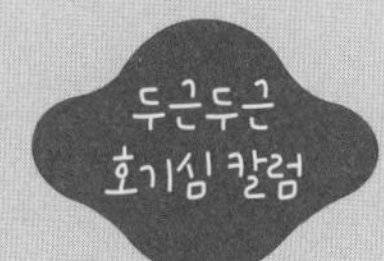

뇌 기능 영상 연구로 밝혀진 것들

최근에는 '양전자 방출 단층촬영술(PET; Positron Emission Tomography)'이나 '기능 자기공명영상(fMRI; functional Magnetic Resonance Imaging)' 장치 등을 이용해서 평상시의 뇌 활동을 영상으로 관찰할 수 있게 되었다. 이는 뇌 활동이 활발한 부위에 혈류량의 공급이 증가한다는 사실에 초점을 맞춘 검사다.

PET 검사는 방사선을 약간 쐬지만, fMRI는 방사능을 사용하지 않고 거대한 자석과 전파력을 이용해 뇌 정보를 단층 사진으로 촬영하는 검사 기법이다.

이처럼 첨단기술을 활용하면 음악을 듣거나 대화를 나누거나 책을 읽을 때 뇌를 절개하지 않고도 뇌의 활동 상태를 외부에서 관찰할 수 있다.

일본 뇌 기능 영상연구의 일인자인 도호쿠대학교 가와시마 류타(川島隆太) 교수의 연구에 따르면 실험 참가자가 단순 덧셈이나 대화, 책을 소리 내서 읽을 때 이마연합영역에서 두드러진 반응을 보였다고 한다. 단순 덧셈은 치매 노인의 재활에도 도움이 된다는 것이다.

앞에서도 소개했지만 이마엽 앞부분인 이마연합영역은 인간다움을 유지하는 부위이므로 활성화시킴으로써 뇌력을 발달, 유지시킬 수 있다고 여겨진다. 결과적으로 소리 내서 책을 읽는 것이 뇌에 좋다는 사실이 입증된 셈이다.

베어 군 으음, 기분 좋은 바람 고마운 바람이네요. 길도 제대로 찾았고, 정말 정말 기분 좋아요. 뇌도 기쁨 모드 같아요. 맘껏 소리 치고 싶네요.

생 박사 안 돼, 소리치는 건 좀…. 사람들이 놀라서 달려올지도 모르잖아.

베어 군 그럼, 박사님이랑 씨름이라도! 한 게임 어때요?

베어 군이 장난치듯 나에게 달려들어서 나도 이에 뒤질세라 베어 군을 힘껏 밀쳐냈더니 아뿔싸, 베어 군이 나자빠졌다. 마침 이 광경을 지나가던 등산객이 찰칵! 덕분에 나는 '곰을 내던진 선생님'으로 하루아침에 유명인이 되었고, 베어 군은 '인간에게 내던진 곰'으로 일생일대의 치욕을 겪고 말았다.

6월 **장마**

뇌 건강을 생각하다

6월, 축축한 장마철이 찾아왔다.

베어 군은 '인간에게 당한 곰'이라는 꼬리표가 자신에게 붙었다며 몹시 우울해했다. 며칠 동안 쥐구멍에라도 숨고 싶다면서 벽장을 들락거리더니, 오늘은 아침부터 비가 내리지 않게 기원하는 맑음이 인형에게 끊임없이 말을 걸고 있다.

생박사 무슨 얘기를 하고 있는 거야?

베어군 내 인생, 아니 곰의 인생에도 쨍하고 해 뜰 날이 오겠냐고 물었더니 당분간은 비가 온다고 대답하네요. 머릿속에 곰팡이가 생기는 것 같아요. [긁적긁적!]

생박사 곰팡이는 머릿속에 살지 않는데…. 게다가 곰 머릿속은 곰팡이도 싫어할 것 같구나. 아무튼 계절이 바뀌는 환절기에는 누구나 몸 상태가 찌뿌드드하기 마련이지. 나도 요즘 머리가 잘 돌아가지 않아서 버벅대는 일이 부쩍 늘어난 것 같아. 뇌가 빠릿빠릿 돌아가지 않는 느낌이라고나 할까. 그럼 오늘은 뇌 건강에 대해서 이야기해줄게.

베어군 으음, 글쎄요. 뇌가 빠릿빠릿 돌아가지 않는 분의 강의를 귀담아 들어도 괜찮을까요?

뇌의 컨디션이 좋을 때와 나쁠 때

밤새 폭음이나 폭식을 한 그다음 날에는 어김없이 머리가 묵직하면서 멍한 상태에 빠지게 된다. 두뇌 회전이 잘되지 않는다는 의미에서 두뇌 컨디션이 바닥났다고 표현할 수 있는 그런 날, 독자 여러분은 어떻게 대처하는가?

개인적으로 필자는 진한 커피를 마시면 순식간에 머리가 맑아진다. 카페인의 영향으로 뇌가 각성 모드로 전환하기 때문인데, 일시적이지만 뇌가 활성화하는 것이다.

그런데 이와 같이 뇌가 반짝 깨어나서 집중할 수 있을 때와 뇌가 멍한 상태의 차이는 어디에서 오는 것일까? 바꿔 말하면, 뇌가 쌩쌩 움직일 때와 움직이지 않을 때의 차이는 어디에서 비롯되는 것일까?

뇌파로 뇌의 상태를 분석하다

■ 뇌파란?

뇌 상태는 뇌파를 통해 알아낼 수 있다. 뇌에서의 정보 전달은 전기적 신호에 따라 이루어진다*. 이런 신경세포의 활동 전류를 '뇌파'라고 부르고, 뇌파를 그

* 신경세포가 서로 연락하는 시냅스에서는 전기신호가 화학물질(신경전달물질)의 주고받음으로 전송된다.

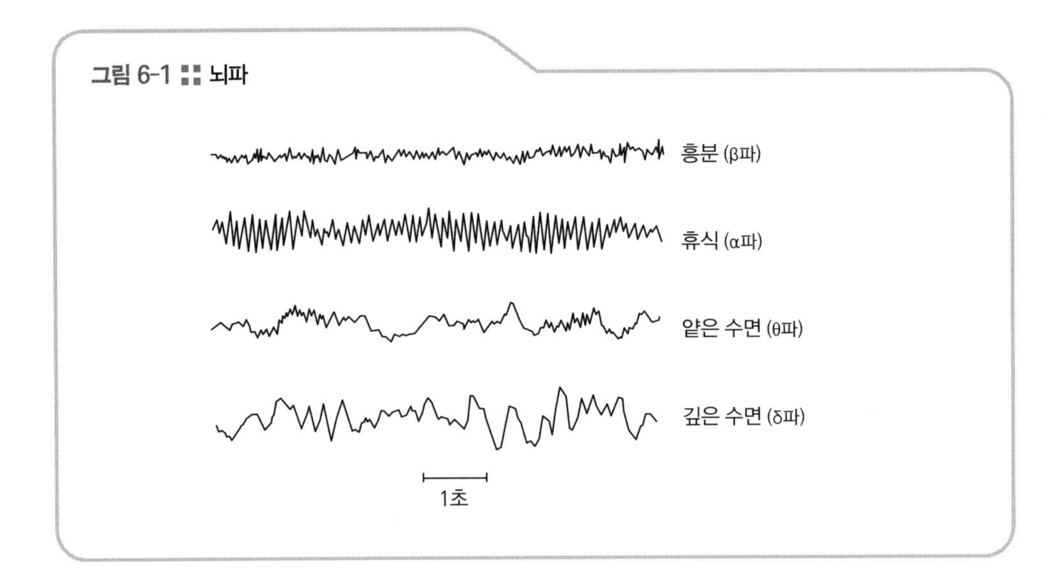

그림 6-1 ■ 뇌파

래프로 기록한 그림을 '뇌전도(EEG; Electro Encephalo Gram)'라고 한다.

뇌파는 뇌의 활동 상황을 나타내는데, 최근에는 뇌파 분석장치의 발달로 생각하는 바를 어림으로나마 유추해낼 수도 있다고 한다.

■ 휴식할 때의 알파파

뇌파는 파동의 진동수에 따라 몇 가지로 분류된다.

인간이 각성, 즉 뇌를 움직일 때는 14~34Hz(헤르츠; 1초 동안의 진동 횟수)의 베타파(β파)가 형성된다. 반면에 안정된 상태로 편하게 쉴 때는 8~13Hz의 알파파(α파)를 얻을 수 있다. 수면 상태에서는 4~7Hz의 세타파(θ파)나 0.5~3Hz의 델타파(δ파)를 관찰할 수 있다고 한다(그림 6-1).

의식이 흐릿하거나 몽롱한 상태에서 의식이 또렷한 흥분 상태로의 변화는 뇌파가 알파파에서 베타파로 변환했음을 의미한다. 이는 뇌줄기의 그물체(망양체) 부위가 활동 상태가 되면서 자극 흥분이 그물체에서 대뇌로 전해지기 때문이다.

베어군 아함~ 졸려요. 빗소리가 자장가로 들리네요.

생박사 열심히 설명하고 있는데 졸면 안 되지.

베어 군 박사님 죄송해요. 저는 분명 깨어 있는데 뇌가 자고 있는 것 같아요. 근데 잠자고 있을 때 뇌도 자는 거죠? 하지만 뇌가 잠자고 있는데 숨은 쉬잖아요, 꿈도 꾸고요. 뭐가 뭔지 하나도 모르겠네요. 아함~ 하품만 쏟아지고….

생박사 베어 군이 졸리다니까 그럼 재미난 잠 이야기를 들려줄게.

수면이란?

■ 잠을 자지 않아도 괜찮을까?

개인차는 있지만, 대체로 하루평균 수면 시간은 7~8시간 정도로 인생의 3분의 1은 잠에 취해 지내는 셈이다. 잠자는 시간이 아까워서 며칠 밤 자지 않고 깨어 있다 보면 머리가 무거워서 아무 일도 할 수 없다. 역시 수면은 뇌의 적극적인 활동 가운데 하나인 것이다. 가끔 먼 나라로 해외여행을 가면 시차에 적응하지 못해 힘들어할 때가 있는데, 잠을 자야 할 시간에 해가 쨍쨍 내리쬐고 활동도 해야 하니 뇌도 몸도 혼란스러운 것이 어찌 보면 당연하지 않을까 싶다.

수면은 식욕과 같은 생리적인 욕구로, 스스로 통제하기는 어렵다. 건너뛰거나 피할 수도 없다. 하지만 잠자고 있을 때도 뇌가 마냥 쉬는 것이 아니라서 수면 시간 동안 뇌의 에너지 소비량에는 거의 변화가 없다.

■ 깨어 있는 수면도 있다?

수면에는 두 가지 유형이 있으며, 이 두 가지 수면이 주기적으로 나타난다. 하나는 렘(REM)수면이고, 또 하나는 논렘(NON-REM)수면이다(그림 6-2).

≫ **렘수면**: REM은 'Rapid Eye Movement(급속 안구 운동)'의 약칭으로, 수면 중에 눈동자가 활발하게 움직이는 현상에서 붙여진 이름이다. 렘수면에서는 심장박동, 호흡, 혈압 등이 불안정하다. 뇌파를 관찰하면 각성 상태와

그림 6-2 ▪▪ 수면의 유형

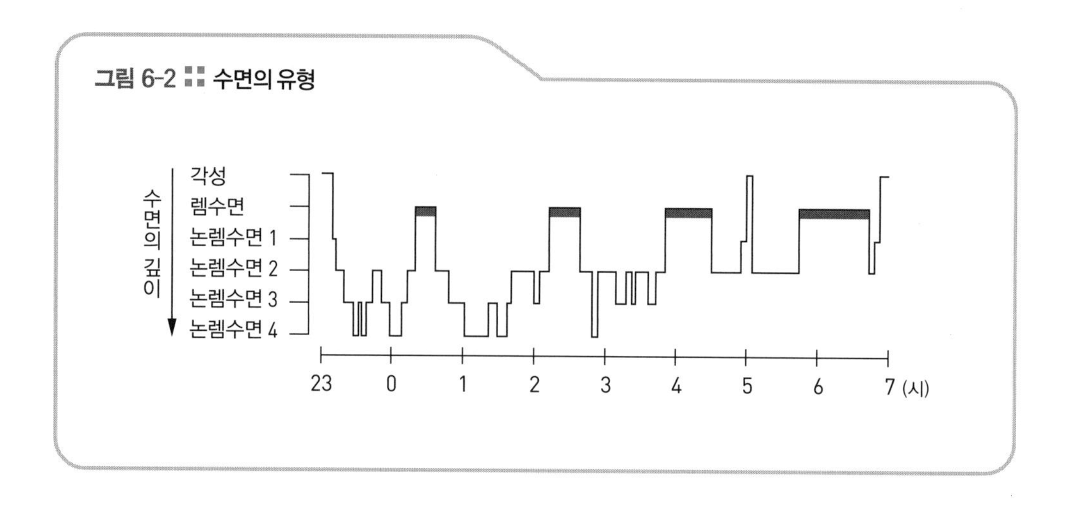

유사한 세타파(θ파)가 나온다. 또한 렘수면에서 꿈을 꾸는 경우가 많다. 요컨대 렘수면 시에 뇌는 움직이지만 몸은 쉬고 있는 상태라고 말할 수 있다.

≫ **논렘수면:** 논렘수면은 깊은 수면으로 눈동자가 거의 움직이지 않고 혈압이나 심장박동도 안정된 상태다. 뇌와 몸 모두 휴식을 취하는 것이다. 이때 뇌파는 델타파(δ파)를 이룬다.

≫ **렘수면에서 논렘수면으로:** 렘수면에서 논렘수면으로 이동할 때는 뇌 속의 신경전달물질이 변화한다. 렘수면은 아세틸콜린과 관련이 있고, 논렘수면은 세로토닌(serotonin)과 관련이 깊다고 알려져 있다. 또한 각성 상태는 노르아드레날린으로 작동하는 신경세포가 영향을 끼친다.

≫ **수면의 주기:** 일반적으로 그림 6-2와 같이 잠에 빠지면 먼저 논렘수면이 70~80분 정도 이어지다가 렘수면이 10~20분 정도 찾아온다. 이것이 하나의 주기(대략 90분)가 되어 하룻밤에 4~5회 반복된다. 대체로 렘수면일 때 꿈을 꾸게 된다.

나이가 들수록 수면 시간이 점점 짧아지고 수면의 깊이는 얕아진다. 또 이른 새벽에 눈을 뜨게 되며 수면 시간이 줄어드는 것이 보통이다. 그런데 고령자가 일부러 수면 시간을 늘리려고 오랫동안 잠자리에 누워 있으면 오히려 숙면에 방해된다고 한다. 그러니 나이가 들어 잠자는 시간이 줄어도 건강에는 별로 지장이 없다는 편안한 마음을 갖는 것이 중요할 것 같다.

≫ **가위눌림**: 몸이 굉장히 피곤할 때는 침대에 눕는 순간 잠에 빠지면서 곧장 렘 수면이 찾아올 때가 있다. 이때는 비교적 의식이 깨어 있지만 몸은 자신의 의지대로 움직이지 못하는 기이한 체험인 '가위 눌림' 상태에 빠질 수 있다.

생박사 아니, 지금 손톱으로 팔을 긁는 거야, 할퀴는 거야?

베어군 아, 네. 잠 좀 깨려고요. 인간 학생들도 공부하다가 졸리면 볼펜 끝으로 손등을 찌른다고 들었어요. 뭐 그래도 수업 시간에 잠을 깨기는 힘들겠지만요.

생박사 일단 잠에 빠지면 외부에서 아무리 자극을 주어도 잠에서 깨기가 어렵지. 스스로 자발적인 자극을 주는 것이 필요한 것 같아. 수업 내용이 재미있다고 생각하면 좋으련만…. 그런데 지금 내 이야기가 그렇게 지루한가?

베어군 아녜요, 엄청 재미있어요. 하지만 뭔가 목소리 톤이 좀 단조롭다고 해야 할까요?

생박사 으음, 내 목소리가 가끔 자장가로 들린다고 학생들이 그러더구먼. 그런데 신기하게도 학생들은 수업이 끝날 즈음이면 눈망울이 또렷해지면서 잠에서 깨어나는 것 같아. 참 신기해.

베어군 박사님도 죄송하게시리. 아하, 잠이 조금 깬 것 같아요. 역시 뭘 좀 먹어야겠어요. 감자랑 아스파라거스를 버터에 지글지글 볶아 먹을까요?

베어 군은 부엌에 들어간 뒤 정확히 2시간 후에 거실로 다시 나왔다.

베어군 역시 점심을 먹고 자는 낮잠은 정말 꿀맛이에요. 근데 보통 잠은 밤에 자잖아요. 햇살이 환하게 비치면 아무래도 숙면을 취하기 어려우니까요. 그런데 잠은 피곤하니까 자는 거예요, 아님 캄캄한 밤이 되니까 자는 거예요? 어느 쪽일까요?

생박사 아마도 두 가지 요소가 골고루 작용하겠지.

세포마다 생체시계가 있다

우리는 수면과 관련한 증상을 자주 겪는 편이다. 앞에서 시차 부적응 현상을 소개했는데, 시차가 큰 나라로 여행을 갔을 때 몸의 리듬이 적응하지 못해 생기는 '시차병'은 며칠이 지나면 새로운 낮과 밤의 리듬에 익숙해지면서 불편한 증상이 사라진다. 한편 일요일에 낮잠을 자면 그다음 날 같은 시각에 졸음이 쏟아지는 일이 종종 생긴다. 이와 같은 수면 관련 현상들은 우리 몸속에 대략 24시간을 주기로 하는 생체시계가 하루의 리듬*을 만들어내기 때문이다.

* 일주기 리듬을 '서캐디언 리듬(circadian rhythm)'이라고도 하는데 circa는 라틴어로 '대략', dian은 '하루'를 의미한다.

며칠 동안 낮과 밤의 변화가 전혀 없는 곳에서 원하는 대로 잠을 자고 일어나는 실험을 했더니, 인간의 생체시계가 거의 24시간에 맞춰져 있었다. 하지만 개인차도 엄연히 존재해서 약 1시간 정도는 어긋나기도 하는데, 생체시계의 주기가 25시간인 사람이라도 외부의 주야 리듬에 따라 지연 현상이 수정되기 때문에 보통은 생체시계와 하루의 리듬이 일치하게 된다. 시차병도 해가 뜨고 해가 지는 시각에 맞추어 생체시계가 조금씩 수정되어가는 것이다.

생체시계와 이에 따른 일주기 리듬은 모든 생물(세균, 동물, 식물 모두)에게 공통된 리듬으로, 지구가 자전하면서 생기는 하루 주기에 적응한 현상이라고 말할 수 있다.

베어군　혹시 시차병을 빨리 고치는 방법은 없나요? 저도 유럽이나 미국에 취재 갈지도 모르잖아요. 제 꿈은 글로벌 르포작가니까요.

생박사　시차병은 현지 시각에 맞추어 억지로라도 아침에 일찍 일어나서 햇볕을 쐬며 산책하는 것이 크게 도움이 된다고 해. 빛이 눈에 들어오면 아무래도 생체시계가 리셋되기 쉬울 테니까. 게다가 무릎 뒤쪽에 강한 빛을 쏘이면 효과적이라는 연구 결과도 있단다.

생체시계는 어디에 있을까?

인간을 포함한 포유류의 경우, 뇌 안쪽 시상하부에 있는 시신경교차상핵에 생체시계가 있다고 알려져 있다. 시신경교차상핵을 외부로 분리해도 일주기 리듬이 이어지고, 눈의 망막으로 들어오는 빛의 정보에 따라 생체리듬의 위상이 전환된다는 사실도 밝혀졌다.

한 실험에서는 시신경교차상핵을 파괴해서 하루의 리듬이 없어진 실험쥐에게 갓 태어난 다른 실험쥐의 시신경교차상핵을 이식했더니 하루의 리듬이 회복됐다는 결과를 얻었다.

최근에는 생체시계를 작동시키는 유전자 연구도 활발하게 진행되고 있다. 초파리의 일주기 리듬에 관한 유전자와 일치하는 인간의 유전자가 발견됨으로써, 시신경교차상핵 세포에서는 거의 24시간을 주기로(어둠이 계속되더라도) 활동을 변화시킨다는 사실도 규명되었다.

멜라토닌과 생체리듬

사이뇌의 솔방울샘(송과체)도 생체시계와 밀접한 관련을 맺고 있다. 솔방울샘은 멜라토닌(melatonin)이라는 수면 호르몬을 방출하기 때문에 멜라토닌의 방출량 변화를 통해 일주기 리듬을 관찰할 수 있다. 솔방울샘은 시신경교차상핵의 생체리듬의 명령에 따라 활동하는 것으로 추측된다. 한편 효과의 정도는 정확하게 입증되지 않았지만, 멜라토닌이 수면을 촉진하고 젊음을 되돌려주는 묘약으로 널리 알려져 있다.

최근, 인간의 체세포는 모두 각각의 유전자로 제어되는 생체시계를 지니고 있다는 사실이 밝혀졌다. 요컨대 간이나 심장에도 저마다 24시간 주기의 고유한 시계를 갖고 있는 셈이다.

베어 군 뇌에 생체시계가 있다는 것은 이해가 가지만, 간세포에도 생체시계가 있다는 건 정말 놀라운 사실이네요. 그것도 모든 세포에! 아침에 일어나면 세포끼리 '굿모닝' 하고 인사하는 거예요? 그럼 밤에는 '굿나잇'?

생박사 밤에 활발하게 활동하는 세포도 있단다. 그리고 밤샘 근무하는 사람도 있잖아. 편의점에서 밤을 꼬박 새는 심야 아르바이트생이나 의료 현장에서 당직근무하는 의사와 간호사, 그리고 심야 택시를 운전하는 운전기사도 있을 테고.

베어 군 르포작가도 주로 밤에 원고를 쓰니까 낮밤이 바뀌기 쉬워요.

생박사 그런데 베어 군은 요즘 일이 없으니까 전혀 상관없잖아.

베어 군 허허허, 너무 심한 말씀 아니세요? 제가 이래 봬도 수면에 대해 취재하고 왔다고요. 정부에서는 국민들의 수면 부족이나 수면장애 등의 문제를 해결하기 위해 건강한 수면 지침을 발표했다고 해요.

생박사 오호, 진짜 발로 뛰는 르포작가가 맞네. 요즘에는 다양한 수면장애로 힘들어 하는 사람이 아주 많이 늘어났어. 뭐니 뭐니 해도 원인은 24시간 동안 환하게 돌아가는 사회 탓이겠지.

베어 군 수면에 문제가 있으면 고혈압, 심장병, 뇌졸중 등 생활습관병에 걸릴 위험이 그만큼 높아진다고 해요. 수면장애는 몸과 마음에 병이 오는 원인이기도 하고요. 우울증도 특징적인 수면장애를 동반할 때가 있지요.

생박사 맞아. 그러고 보니 나도 코골이가 아주 심하다고 늘 집사람한테 혼나는데.

베어군 심각한 코골이는 '수면무호흡증후군' 때문일 수도 있어요. 돌연사할 수도 있다고 들었는데….

생박사 정말?

베어군 네, 하루라도 빨리 병원에 가서 정확하게 검진을 받아보세요.

생박사 알았어, 알았다고!

베어군 박사님, 그냥 웃어넘길 일이 아니라고요!

24시간 내내 일만 할 수 있을까?

여러 가지 이유로 밤에 활동하는 올빼미족은 주로 낮 시간에 수면을 취하기 마련이다. 따라서 낮에 활동하고 밤에 잠자는 보통 주기와는 맞지 않는다. 그렇다면 낮밤이 바뀐 생활에 익숙해지면 건강에는 아무런 문제가 없을까?

연구에 따르면 활동의 효율성은 정상 주기에 비해 확실히 떨어진다고 한다. 수면은 길이가 아닌, 어떤 시간대에 수면을 취하느냐도 중요하기 때문이다.

체르노빌 원자력발전소 사고도 한밤중에 일어났다. 그 시간에는 원자로 운전을 제어한 담당직원의 뇌와 몸의 컨디션이 떨어져 있지 않았을까 싶다. 즉 뇌의 시신경교차상핵의 시계는 낮밤이 뒤바뀐 생활에 익숙해지면서 심야형으로 리셋되더라도 몸의 각 부위별 시계가 혼란을 야기했을지도 모른다.

생체시계의 리셋에는 빛이 하나의 열쇠가 된다. 올빼미형이 되었을 때 아침 햇살이나 강한 빛을 쐬면 정상적인 리듬으로 다시 돌릴 수 있다고 한다(그림 6-3). 등교를 거부하는 학생이나 은둔형 외톨이의 경우 생체시계가 뒤죽박죽 흐트러진 경우가 많다고 알려졌는데, 이를 바로잡기 위해 강한 빛을 쐬는 '빛 치료'도 있다. 실제 생체시계의 리듬을 바로잡아주면 마치 거짓말처럼 아침에 일찍 일어나서 활기차게 활동하는 사례도 많다고 한다.

그림 6-3 생체시계의 리셋

가끔 깊은 밤에 산업재해가 발생하면 그 원인을 찾다가 야간순환 근무자의 근무방식이 생체시계를 무시한 처사라고 언론에서 비판하는 경우가 많은데, 근무 시간을 결정하는 회사 경영자들은 생체시계 문제를 충분히 염두에 두었으면 한다. 만약 심야 근무가 꼭 필요하다면 생체시계의 리셋을 확실하게 도모할 수 있게 사무실 조명의 밝기를 조절하는 등 근무환경을 정비하는 일이 선행되어야 할 것이다.

인간의 몸에는 4가지 시계가 있다!

인간의 몸에는 4가지 시계가 갖추어져 있다.

첫 번째 시계는 인터벌 타이머(interval timer)다. 즐거운 시간은 금방 지나가지만 지루한 시간은 엄청 길게 느껴진다. 이는 인간의 뇌에 남은 시간을 계산하는 모래시계와 같은 존재가 있기 때문이다. 이 시계는 대뇌 바닥핵(기저핵)에 있는 흑색질에서 도파민이라는 신경전달물질이 방출됨으로써 작동한다고 여겨진다. 파킨슨병은 신경세포가 사멸하여 도파민의 부족이 운동장애를 초래하는 질병인데, 도파민의 감소로 체내 타이머의 진행이 더뎌지기 때문에 원래라면 짧은 시간에 끝마칠 수 있는 동작도 꽤 오랜 시간이 걸리는 것이다.

두 번째 시계는 앞에서 소개한 일주기 리듬을 만드는 시계다. 시신경교차상핵에 있는 생체시계가 수면, 혈압, 체온 등 하루 주기의 변화를 관장하고 있다.

세 번째 시계는 계절을 가늠하는 시계다. 대부분의 동물은 뚜렷한 계절 주기가 있어서 매년 정해진 시기에 겨울잠, 이동, 교미 등을 한다. 인간의 경우 다른 동물보다는 미비하지만, 질병에 따라서는 계절의 영향을 받기도 한다. 주로 겨울이 되면 심해지는 계절성 우울증은 일조 시간과 일상생활이 일치하지 않을 때 발병하는 질환으로, 빛 치료가 효과적이다.

마지막 네 번째 시계는 수명을 관장하는 시계다. 세포분열의 횟수를 제한하는 텔로미어의 단축, 돌연변이의 축적, 활성산소의 처리 능력 등이 수면시계에 깊이 관여하는 것으로 여겨진다(280쪽 참고).

뇌 내 물질의 활동

뇌는 어떻게 생체시계의 활동을 담당할까?

뇌의 컨디션은 생화학적, 의학적으로 어떻게 설명할 수 있을까?

뇌에는 수많은 신경세포가 복잡한 네트워크를 형성하는데, 신경세포와 신경세포의 이음매인 시냅스에서는 신경전달물질을 매개로 정보가 전해진다. 그 과정을 좀 더 자세히 소개하면, 시냅스 이전 막에서 방출된 신경전달물질은 시냅스 이후 막의 수용체와 결합해서 다음 신경세포로 정보를 전하게 되는 것이다. 이때 다음 신경세포의 흥분을 촉진하는 시냅스도 있고, 반대로 흥분을 억제하는 시냅스도 있다. 신경세포 간의 전달 조절이 원활하게 이루어지지 않으면 뇌기능이 순조롭게 활동하지 않는다. 감정이나 사고가 불안정해지거나, 내장이나 근육 등의 신체기능에 장애가 생기기도 한다.

다양한 신경전달물질

주요 신경전달물질은 100가지가 훨씬 넘는다고 추정되는데, 이 가운데 역할이 확실하게 규명된 물질은 30가지 정도다. 이를 크게 분류하면 아미노산, 모노

그림 6-4 :: 다양한 신경전달물질

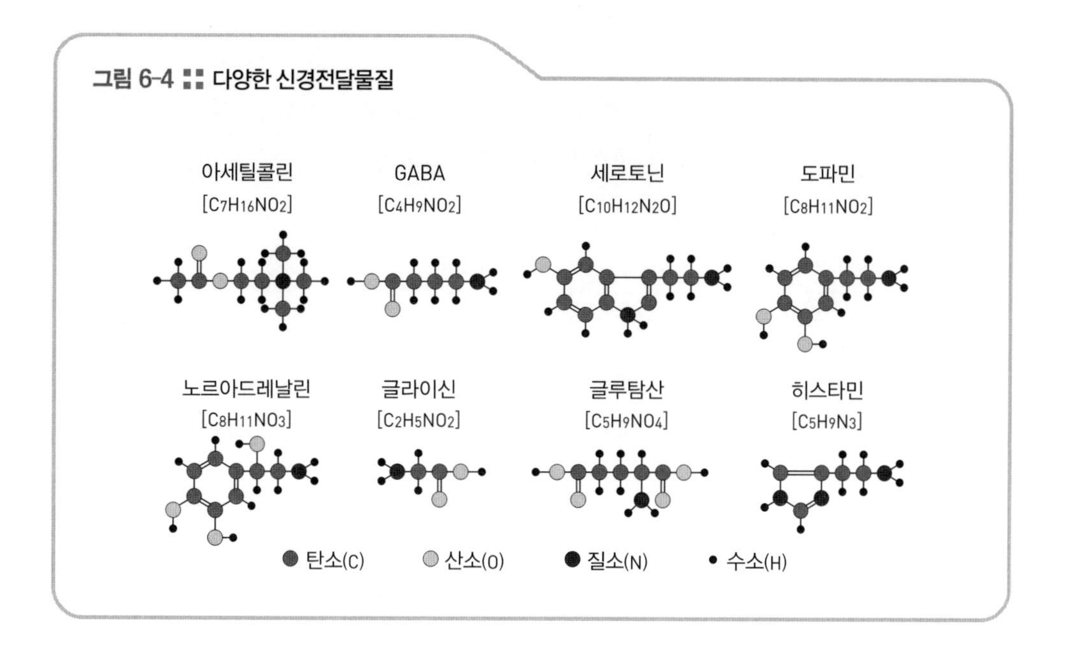

아민(monoamine), 펩타이드(peptide) 등으로 나눌 수 있다. 이들 물질은 신경전달물질의 기능뿐만 아니라 뇌 내 호르몬 등 좀 더 다채로운 조절 작용에도 관여하는 것 같다.

아미노산 계열에 속하는 물질은 글루탐산이나 글라이신, 가바(GABA) 등이 있고, 모노아민의 예로는 노르아드레날린, 세로토닌, 도파민 등이 있으며, 펩타이드의 예로서는 오피오이드 펩타이드(opioid peptide) 등이 있다(그림 6-4).

이들 신경전달물질 가운데 모노아민과 펩타이드는 감정이나 감정과 관련된 질환(정신질환)에 영향을 끼친다.

■ 모노아민계

노르아드레날린, 도파민, 세로토닌은 아미노기($-NH_2$)를 하나만 가지고 있기 때문에 모노아민이라고 부른다.

노르아드레날린은 교감신경 말단에서 나오는 흥분성 신경전달물질로 유명한데, 뇌에서는 노르아드레날린 신경계*를 매개로 분비된다. 청반핵과 노르아드레날린은 불안과 공포 반응에 크게 관여한다고 알려져 있다.

* 뇌줄기의 다리뇌에 위치한 청반핵 신경세포에서 시상하부, 둘레계통, 대뇌겉질에 이르는 신경계

도파민은 조현병(정신분열병의 새로운 명칭)이나 파킨슨병과 밀접한 관련을 맺고 있다. 도파민이 과다하게 방출되면 조현병의 주요 증상인 환청, 환시, 과대망상 등이 나타난다. 반대로 도파민의 방출량이 줄어들면 자신의 의지대로 신체를 움직이기 어려운 파킨슨병의 증상이 생긴다.

한편 암페타민(amphetamine) 등의 각성제나 코카인(cocaine) 등의 마약을 복용한 뒤 행복감에 도취되는 것은 뇌 내에서 도파민의 작용이 강해지기 때문이다. 도파민을 방출하는 신경(A_8~A_{16}신경) 가운데 특히 A_{10}신경에 주목하고 있다. A_{10}신경은 뇌줄기의 쾌감중추(중간뇌 배쪽 덮개영역)에서 시상하부(식욕중추와 성욕중추가 있다)를 거쳐 이마연합영역으로 이어진다. 이 신경은 인간다움을 관장하는데, 다양한 상황에서 도파민을 호르몬처럼 분비해서 쾌감을 얻는다고 한다(그림 6–5).

세로토닌은 우울증이나 조울증과 관련이 있는 신경전달물질이다. 세로토닌 신경세포군과 노르아드레날린 신경세포군은 서로 긴밀하게 작용하면서 공통적으로 감정이나 욕구를 고취시키는데, 세로토닌이 부족하면 우울감에 빠지면서 우

그림 6-5 :: A_{10}신경과 A_8신경, A_9신경(도파민 신경세포)

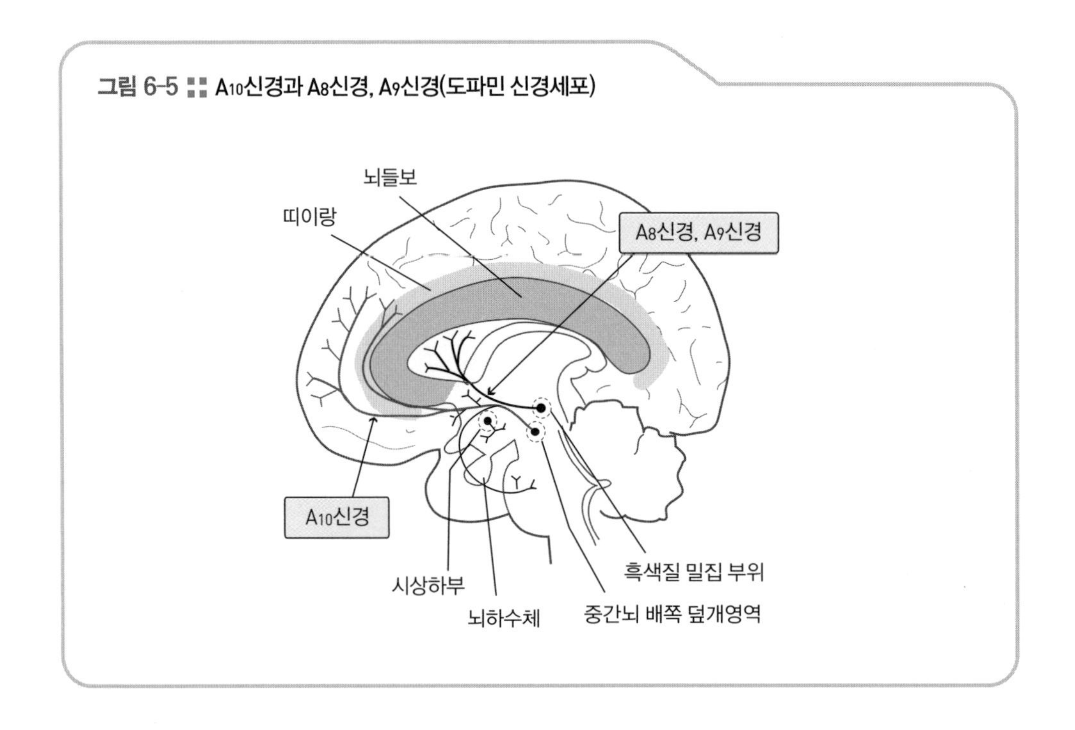

그림 6-6 :: 항우울제의 메커니즘

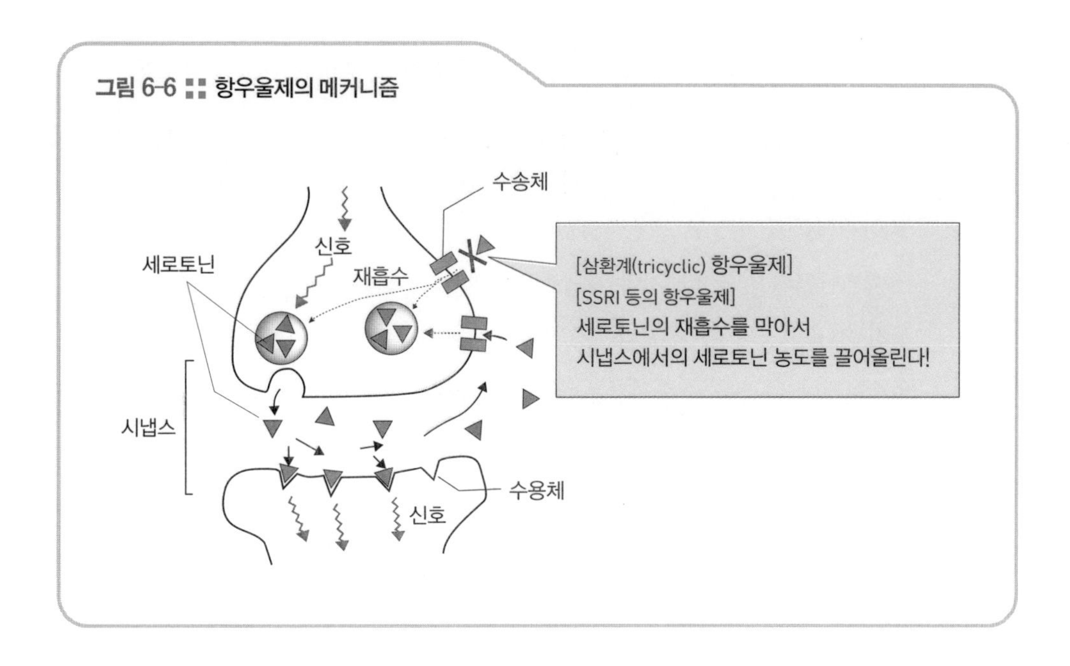

울증 증상이 나타난다. '선택적 세로토닌 재흡수억제제(SSRI; Selective Serotonin Reuptake Inhibitors)'는 방출된 세로토닌이 재흡수되는 것을 막아서 세로토닌의 농도를 높게 유지하는 효능이 있는데, 이 효과가 우울증 증상을 완화시킨다고 밝혀지면서 대표적인 우울증 치료제로 알려지게 되었다(그림 6–6).

■ 펩타이드계

오피오이드 펩타이드는 5~30종의 아미노산으로 구성된 작은 단백질로, 엔도르핀(endorphin)이나 엔케팔린(enkephalin)이 이에 속한다. 이들 물질은 뇌하수체나 시상하부 등에서 분비되어 통각을 조절한다.

엔도르핀은 '체내(내인성) 모르핀(endogenous morphine)'이라는 뜻으로, 모르핀이 바로 가짜 엔도르핀에 해당한다. 아편의 주요 성분인 모르핀은 엔도르핀의 흉내를 내서 그 수용체와 결합하여 뇌를 속이며, 통증을 느끼지 못하게 하고, 스트레스를 경감시킨다. 모르핀은 가장 강력한 진통제이자 마취제로 말기암 환자에게 처방할 때가 많다.

마라톤은 옆에서 보는 사람은 힘들어 보이지만 정작 뛰고 있는 본인은 기분이 좋아진다. 이런 행복감도 뇌에서 엔도르핀이 대량으로 나오기 때문에 느껴지는 것이다.

■ 아세틸콜린

아세틸콜린은 말초신경의 시냅스에서 활발하게 활동하는 신경전달물질이다. 특히 자율신경계 중 부교감신경 말단 부위에서 분비되는 물질로, 심장박동을 억제하거나 동공을 축소시키는 것으로 알려져 있다. 아울러 뇌 속에서 주의력, 학습, 기억 등의 영역을 조절하는 데에도 아세틸콜린이 활약하고 있다.

베어 군 바짝 긴장해서 귀를 쫑긋 세우고 들었는데도 잘 모르겠어요. 그러니까 뇌가 스스로의 컨디션을 조절하고 있다는 말씀이지요? 어떻게 자신을 컨트롤할 수 있을까요? 자기 통제는 참 어려울 것 같은데.

생박사 뇌는 복잡하니까. 베어 군처럼 단순한 사고로는 이해하기 힘들지도 모르지. 수많은 신경세포가 서로 협력하고 또 액셀과 브레이크처럼 움직이는 신경전달물질을 만들어서 컨트롤하고 있는 거지.

혹시 신경증이나 불안장애가 아닐까?

우리가 흔히 노이로제(Neurose)라고 부르는 '신경증'은 외부의 스트레스나 내적 심리 갈등으로 인해 정신적으로 불안정한 상태를 이르는데, 불안과 초조감이 대표적인 증상이다. 또 스트레스나 심리적 갈등으로 신체에 병적인 이상 증상(위궤양, 십이지장궤양, 기관지 천식, 고혈압, 습진 등)이 나타나는 것을 '심신증'이라고 한다.

최근에는 정신의학의 발달로 신경증을 좀 더 세분화해서 우울증, 불안장애 등으로 따로 분류하는데, 특히 과도한 불안으로 고통받는 불안장애의 경우 현대인의 마음의 병으로 많은 사람들의 관심을 끌고 있다.

불안장애의 특징은 불안해할 필요가 없는 상황에서도 불안해하거나, 심하다 싶을 정도로 지나치게 불안해한다는 점이다.

불안장애에 속하는 다양한 정신 질환을 소개하면, 남 앞에서 이야기할 때 병적인 불안과 긴장을 느끼는 대인공포는 사회공포증 가운데 하나다. 손에 세균이 묻었을까 봐 씻고 또 씻는다든지, 가스나 수도 밸브를 제대로 잠갔는지 병적으로 불안해하는 '강박장애'도 있다. 뚜렷한 이유 없이 갑자기 숨이 차고 심한 불안과 공포를 느끼는 '공황장애'는 가슴이 울렁거리며 현기증이 일어나는 공황발작을 동반해서 환자를 공황 상태에 빠뜨리기도 한다.

술을 마시면 기분이 좋아지는 이유

술을 마시면 기분이 좋아지는 이유는 도파민과 관련이 깊다. 도파민은 쾌감을 선사하는 뇌 내 물질로, 도파민을 방출하는 도파민 신경세포와 도파민 신경세포의 활동을 억제하는 억제성 GABA 신경세포가 우리의 뇌 속에 존재한다. 술을 마시면 알코올은 뇌로 들어가서 A_{10}신경을 억제하는 신경세포에 작용함으로써 활동전위의 발생을 억제한다. 그 결과 억제성 신경세포에서 방출되는 신경전달물질인 GABA의 분비가 억제됨으로써 도파민 신경세포가 제어되지 않고 도파민이 다량으로 분비되어 기분이 좋아지는 것이다.

모르핀이나 엔도르핀도 알코올처럼 억제성 신경세포의 활동을 주춤하게 함으로써 결과적으로 쾌감이 몰려오는 효과를 얻을 수 있다.

카페인의 효과

커피나 홍차에 들어 있는 카페인(caffeine)은 우리 몸에서 다양한 작용을 하는데, 졸음을 몰아내고 정신을 맑게 해주고 업무 의욕을 높이는 흥분 작용이 대표적이다. 그래서 취침하기 4시간 전에 카페인을 섭취하면 숙면을 방해한다고 알려져 있다.

카페인의 활동 메커니즘은 아주 복잡하다. 간략하게 소개하면, 의식을 깨우는 신경세포의 시냅스(신경전달물질은 노르아드레날린 또는 도파민)에서는 신경전달물질과 함께 아데노신(adenosine)이 방출되는데, 아데노신은 자기의 신경세포를 억제하는(마이너스 피드백) 작용을 한다. 만약 카페인이 뇌에 있으면 아데노신 대신 수용체와 결합해서 피드백이 형성되지 않기 때문에 졸음을 깨우는 각성작용이 훨씬 강력해지는 것이다.

담배를 끊기 어려운 진짜 이유

담배 연기에는 벤조피렌(benzopyrene) 등 발암을 촉진하는 물질이 다수 포함되어 있어서 담배를 피우는 사람보다 옆에서 연기를 마시는 사람, 즉 간접흡연자의 건강에 더 나쁜 영향을 끼친다고 한다. 또한 저온 연소라서 악명 높은 다이옥신(dioxine)도 만들어진다.

그런데도 나쁜 담배를 피우고 싶은 이유는 무엇이고, 또 끊기 어려운 이유는 무엇일까?

담배의 주성분인 니코틴(nicotine)은 시냅스에서 신경전달물질인 아세틸콜린 수용체와 결합하여 아세틸콜린 대신 작용함으로써 신경작용을 강화한다. 특히 뇌줄기의 그물체에 영향을 끼쳐서 정신을 긴장시키고 각성을 촉진하기 때문에 머리가 맑아지고 능률이 올라간다고 착각하게 된다. 니코틴은 반대로 뇌의 흥분을 억제하여 정신을 안정시키는 작용도 한다.

한편 혈중 니코틴 함량이 계속 높으면 내성이 생겨서 둔감해지기 때문에 신경은 수용체를 늘린다. 따라서 담배를 피우지 않을 때는 금단증상이 나타나면서 니코틴을 더욱 갈망하게 되고 신체적인 의존이 생겨서 결국 담배를 끊지 못하게 되는 것이다. 니코틴에는 아세틸콜린 대신 작용하여 말초혈관을 수축시키거나 혈압을 높이는 작용도 있기 때문에 호흡기 계통, 순환기 계통의 질환을 악화시킨다.

이처럼 담배는 백해무익하므로 특히 청소년 흡연은 반드시 뿌리 뽑아야 한다.

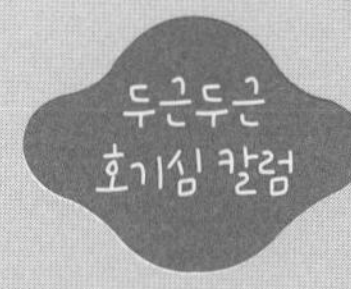

통증이란 무엇일까?

나는 신경통으로 오랫동안 고생하고 있는데, 등이나 옆구리 등 다양한 부위에서 통증이 느껴진다. 일단 찌릿찌릿 쑤시는 통증이 나타나면 진통제를 복용하는데, 잘 듣지 않는다. 정말 통증이 심할 때는 '아픔을 느끼지 못하면 얼마나 좋을까?'라는 생각이 간절하다. 하지만 통증을 느끼지 못하면 엄청난 일이 생긴다고 한다.

태어날 때부터 통증을 느끼지 못하는 아이의 이야기를 들은 적이 있다. 타박상으로 무릎이 찢어지거나 골절되는 일이 끊이지 않아서 굉장히 힘들었다고 한다. 그런 의미에서 통증을 느끼는 것에 감사해야 할 테지만, 그래도 역시 아프고 쑤시는 통증은 정말 피하고 싶은 것이 사람마음이다.

통증은 칼로 찌르듯 날카로운 통증과 두통이나 신경통, 위통처럼 둔감한 통증으로 나눌 수 있다. 이는 통증을 수용하고 전달하는 감각신경섬유(감각신경세포)의 차이에 기인한다. 날카로운 통증을 전달하는 신경섬유는 Aσ섬유로, 전달 속도가 빠른(초속 약 30m) 말이집 신경섬유이기 때문에 위험을 신속하게 척수나 뇌에 전달할 수 있다.

한편 내장의 둔통을 전달하는 C섬유는 민말이집 신경섬유로 전달 속도가 더디다(초속 약 2m). 이들 신경세포는 척수에서 다른 상행성 신경세포에 흥분을 전달하고 이 흥분이 뇌줄기에서 대뇌겉질로 전달되며 최종적으로 의식 수준에서 통증을 느끼게 되는 것이다.

한편 통증 관련 신경세포는 뇌줄기에서 내려오는 하행성 신경세포의 제어를 받으면서 아픔이 완화되기도 한다. 모르핀이나 엔도르핀이 통증 억제를 강화하는데 Aσ섬유의 흥분은 이 억제활동에 익숙하지만, C섬유의 흥분은 억제와는 별개로 아픔이 오랫동안 지속되게 조절되고 있는 것 같다.

피부에 상처가 났을 때 상처 주위가 빨개지고 부어오르는 이유는 Aσ섬유에서 뻗어나온 축삭을 거쳐 신경 종말에서 어떤 물질이 방출되고 이것이 비만세포에 작용해서 히스타민(histamine)을 유리시키고 혈관 확장을 야기하기 때문이다.

내장 조직에 이상이 생기면 그 조직에서 나온 효소가 혈장 단백질을 분해하고, 통증 유발 물질의 일종인 브래디키닌(bradykinin)이라는 폴리펩타이드(polypeptide)를 생성한다. 브래디키닌이 C섬유의 수용체와 결합하여 통증 신호가 개시되는 것이다. 또한 손상을 입은 조직에서 프로스타글란딘(prostaglandin)이 나와 통증 유발 물질의 작용을 강화시킴으로써 통증이 더욱 증폭된다. 프로스타글란딘의 합성에 관여하는 효소를 억제하는 물질이 이부프로펜(ibuprofen)이나 아스피린(aspirin) 등의 진통제다.

대체로 특정한 내장 질환이 있을 때 특정 피부 부위에 통증이 느껴지는데, 이를 '연관통'이라고 한다. 내장에서 C섬유를 매개로 한 신경 흥분이 척수에 전해지면 척수로 들어오는 피부신경섬유의 시냅스를 흥분시키고, 그 흥분이 뇌에 전달되기 때문에 마치 피부가 아픈 것처럼 느껴진다. 같은 맥락에서 막창자꼬리염(맹장염)도 배꼽 주위의 복통에서 시작하는 경우가 많다고 한다.

베어 군 박사님은 담배 안 피우시죠?

생박사 허허허, 실은 아주 젊었을 때 잠시 피웠지. 프랑스 영화 〈네 멋대로 해라〉에서 주인공 역할을 맡은 장 폴 벨몽드(Jean-Paul Belmondo)가 담배 피우는 모습이 참 근사하게 보였거든. 그 모습에 반해서 담배를 피우기 시작했어. 하지만 담배가 몸에 해롭다는 사실을 가르치는 선생이 담배를 피우면 안 되니까, 정말 큰마음 먹고 끊었지.

베어 군 우와, 박사님 대단하시네요. 담배 끊기 정말 어렵다고 들었는데. 그런데 프랑스 영화도 좋지만, 시대극에서 보면 긴 담뱃대를 입에 문 장군의 모습도 참 멋진 것 같더라고요.

생박사 아니, 백해무익한 담배 이야기를 하고 있는데, 어찌 이야기가 엉뚱하게 흘러가는구먼. 그런 의미에서 베어 군도 금연운동과 관련해 취재를 해보는 게 어때?

베어 군 그럴까요? 그런데 담배 한 모금에 스트레스를 달래는 직장인들을 생각하면 한편으로는 씁쓸해요. 스트레스도 현대사회의 어두운 단면이겠지요.

현대사회에서는 뇌도 지쳐 있다

현대사회는 과학기술이 고도로 발달해 각종 문명의 이기를 누릴 수 있는 첨단 사회다. 하지만 편리함의 이면에는 기술 혁신에 뒤처지지 않으려는 필사적인 노력이 있고, 물질 만능주의와 기계화로 인한 심각한 스트레스도 존재한다. 인간관계도 점점 어려워지고 경쟁 원리가 사회 전체로 퍼져서 늘 긴장하며 살아갈 때가 많다. 많은 현대인이 첨단기술 사회에 적응하는 데 아주 힘겨워하고 있는 것이다.

자율신경계와 내분비 계통의 혼란

스트레스가 가해지면 뇌는 신경을 매개로 스트레스를 받아들여서 자율신경계의 교감신경을 통해 부신속질을 자극하고 아드레날린을 방출시킨다. 또 한편에서는 내분비 계통을 통해 부신겉질자극호르몬을 대량으로 방출하는데, 이런 비상 상황이 장기간 이어지면 뇌와 몸에 심각한 부작용을 초래할 수 있다. 예를 들면 식욕부진, 소화불량, 위궤양 등을 일으키거나 면역계가 약해져서 면역력이 떨어지고 심신증이 찾아올 수도 있다.

외상 후 스트레스 장애와 해마

대재앙이나 대형 참사 등 생명을 위협하는 신체적·정신적인 충격을 경험한 후 사고 상황이 갑자기 떠오르거나 밤에 잠을 이루지 못하며 악몽에 시달리는 등 심각한 후유증을 겪는 질환을 '외상 후 스트레스 장애(PTSD; Post Traumatic Stress Disorder)'라고 한다.

최근의 연구 결과에 의하면 외상 후 스트레스 장애를 앓는 환자는 해마가 축소되어 있다고 한다. 스트레스 호르몬인 부신겉질호르몬(당질 코르티코이드)이 해마에 영향을 끼친 것으로 추측된다. 또한 아동학대로 어린 시절에 심각한 스트레스를 받은 경우에도 해마에서의 신경세포 발생이 줄어들고 해마가 축소되기 쉽다는 사실이 밝혀졌다. 말하자면 스트레스에 약한 뇌가 되는 셈이다(그림 6-7).

그림 6-7 ∷ 뇌와 스트레스

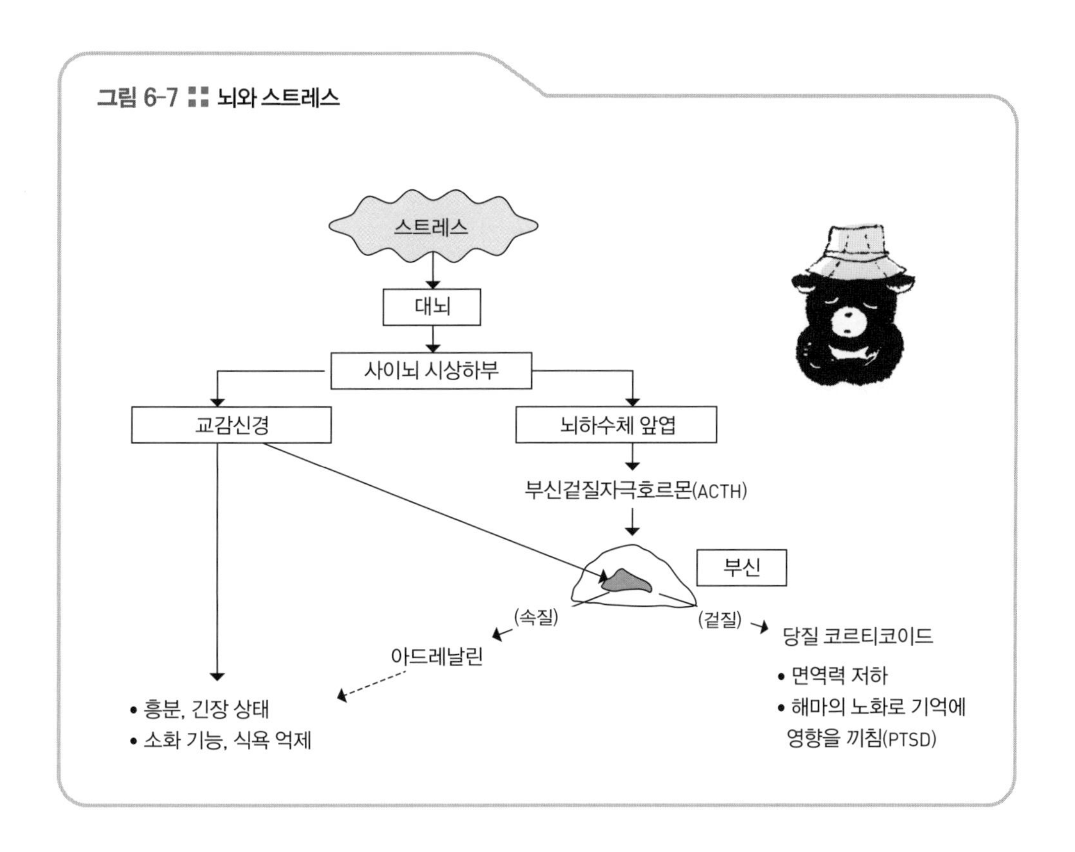

차분하게 앉아 있지 못하는 아이들

사소한 일에도 참지 못하고 버럭 화를 내는 아이들이 있다. 이는 대뇌겉질 이마연합영역의 제어 기능이 제 구실을 다하지 못해 생기는 증상이다. 욕망과 제어 행동은 둘레계통(액셀)과 대뇌겉질(브레이크)이 서로 견제함으로써 이뤄진다. 계속 분노를 표출할 때는 브레이크가 제대로 듣지 않고 액셀만 밟고 있는 상태다. 현대사회의 스트레스가 아이들에게도 나쁜 영향을 끼친 것이다.

최근에는 교실에서 가만히 앉아 있지 못하고 주의가 산만한 아이들이 급증하고 있다고 한다. '주의력결핍과잉행동장애(ADHD; Attention Deficit Hyperactivity Disorder)'를 앓고 있는 아이들이 늘어났다는 뜻이다. 전체 소아 가운데 3% 정도가 주의력결핍과잉행동장애를 앓고 있는 것으로 추정하는데, 남자아이들에게 압도적으로 많은 것이 특징이다.

주의력결핍과잉행동장애의 직접적인 원인은 밝혀지지 않았지만 뇌 기능 장애, 특히 신경전달물질의 이상이 원인으로 여겨진다. 유전도 약간 영향을 끼치고 환경의 영향도 무시할 수 없을 것 같다. 메틸페니데이트(methylphenidate) 계통의 약물이 치료제로 쓰이고 있다.

화를 잘 내는 아이나 주의력 결핍을 겪는 어린이가 급증하는 원인으로 인공화학물질의 영향을 의심하고 있다. 흔히 환경호르몬이라고 통칭하는 다이옥신이나 폴리염화바이페닐(PCB) 등의 내분비교란물질이 자라나는 아이들의 뇌에 심각한 영향을 끼치고 있는지도 모른다.

베어군 어머나, 그림에 곰팡이가 피었어요. 제가 애써 그린 그림인데. 장마철이라서 그런가 봐요.

생박사 곰팡이의 파워는 정말 대단하네. 무시무시한 현대사회에서도 끄떡없이 생존하는 걸 보면 말이야. 곰팡이는 인간의 몸속에도 있고 컴퓨터 안에도 자라고 있잖아.

베어군 정말 에너자이저 녀석이에요. 곰팡이한테 생존 비결을 물어봐야겠어요.

베어 군은 마냥 곰팡이를 부러워하면서도 목욕탕에 생긴 곰팡이를 수세미로 박박 제거했다. 주부습진이 생겼다며 한바탕 소란을 피웠지만, 피곤했는지 그날 밤은 자리에 눕자마자 곯아떨어졌다.

7월 여름방학

질병과 건강

꿉꿉한 장마철이 지나고 햇볕이 쨍쨍 내리쬐는 여름이다.

베어 군은 건강에 도움이 된다며 낮잠을 꼬박꼬박 챙겼다. 말하자면 자체 여름 방학을 맞이한 셈이다.

베어 군 앗, 모기한테 뜯겼어요. 천하의 곰한테 감히 달려들다니, 겁도 없이!

생박사 하하하, 그거야 자네가 거의 무방비 상태로 꿀잠을 자고 있으니 그렇지. 낮잠을 자고 일어나면 바로 아이스크림을 먹고 또 텔레비전을 보면서 다시 뒹굴뒹굴, 부러워 베어 군! 자체 여름방학을 보내고 있구먼.

베어 군 실은 며칠 전에 무더운 여름철에는 건강관리에 각별히 힘써야 한다는 뉴스를 봤거든요. 그래서 조심조심 지내려고요. 그런데 인간세계에서는 건강하게 한여름을 나는 게 중요한가 봐요. 요즘 박사님은 건강 괜찮으세요?

생박사 허허허, 걱정해줘서 고마우이. 베어 군은 요즘 건강하게 잘 지내는가?

베어 군 네, 뭐 크게 문제가 없으니까 건강한 거죠. 근데 건강하다는 건 병에 걸리지 않는다는 뜻이죠?

생박사 글쎄, 과연 그럴까? 병에 걸리지 않아도 건강하다고 말하기 어려울 때는 있거든.

'건강'의 참된 의미

건강하다는 것은 어떤 의미일까? 만약 감기를 앓고 있는 사람이라면 '요즘 건강이 좀 안 좋다'고 말할 수 있을 것이다. 그렇다면 감기가 나으면 건강하다고 말할 수 있을까?

지금 고3 수험생이라면 아무래도 시험에 대한 부담감 때문에 잠도 제대로 자지 못하고 식욕이 없을지도 모른다. 따라서 스스로 건강하다고 생각하지 않을 것이다. 사회적 차별을 받고 있거나 지속적인 성추행 때문에 고통을 받고 있는 사람도 당연히 건강과는 거리가 멀다.

그러고 보면 건강이란 단순히 질병에 걸리지 않은 상태를 의미하는 것은 아닌 듯하다. 육체의 건강뿐만 아니라 마음의 건강도 중요하다. 더욱이 마음의 건강을 위협하는 원인은 한 개인을 넘어 가족이나 사회에 있을지도 모른다. 국가 차원에서 장기화되고 있는 경제불황으로 인해 스트레스를 받고 자살률이 높아지는 것도 몸과 마음이 건강하지 못한 사람이 늘고 있다는 반증일 것이다.

사회에 따라 건강을 바라보는 시각이 다르다

사회나 문화에 따라 건강을 바라보는 시각이 다를 수 있다.

아마존 밀림에서 생활하는 원주민은 굉장히 활동적이다. 사냥을 위해 며칠씩 노숙하거나 나무에 올라가기도 하고 물고기를 잡기 위해 하루 종일 수영을 할 때도 있다. 겉으로 보기에는 아주 건강하다.

하지만 문명국의 잣대로 생각하면 아마존 원주민들이 건강하다고 말하기는 어렵다. 그도 그럴 것이 몸속에 기생충이 가득하거나 탈구를 앓는 사람도 많기 때문이다. 하지만 원주민은 스스로 아픈 환자라고 생각하지 않는다.

그러므로 건강한지 건강하지 않은지는 사회나 문화에 따라, 그리고 개인에 따라 큰 차이를 보인다고 말할 수 있다.

건강의 정의

건강의 정의로 가장 유명한 것은 1946년에 세계보건기구(WHO)가 채택한 세계보건헌장을 꼽을 수 있다. 그 전문(前文)을 소개하면 다음과 같다.

"건강이란 육체적·정신적 및 사회적으로 완벽하게 양호한 상태로, 단순히 질병에 걸리지 않았다거나 허약하지 않음을 의미하는 것은 아니다(Health is a state of complete physical, mental and social well-being and not merely the absence of disease or infirmity)."

이 세계보건헌장은 건강을 제대로 정의하고 있다. 육체와 정신뿐만 아니라 사회적으로 양호한 상태여야 진정으로 건강하다고 말할 수 있기 때문이다. 하지만 현실에서는 많은 사람들이 제대로 건강하지 못한, 혹은 반쯤 건강한 상태로 지내고 있다. 어쩌면 완벽하게 건강한 사람은 현대사회에 존재하지 않을지도 모른다.

두근두근 호기심 칼럼

반드시 건강해야 한다?

완벽한 건강은 모든 이의 바람이다. 하지만 건강에 지나치게 집착해서 결과적으로 건강염려증에 빠지는 경우가 있는데, 이는 바람직하지 못한 상황이다.

현대인은 자신이 건강한지 아픈지를 알아보기 위해 건강검진이나 각종 검사를 받는데, 어떤 사람들은 그 결과가 정상으로 여겨지는 범위에서 조금이라도 벗어나면 심각하게 걱정한다. 그리고 자신은 환자라고 비관하다가 실제 병에 걸리거나, 건강식품을 남용하거나, 미친 듯이 운동에 매달리며 건강 지상주의에 빠지는 일도 많다. '질병은 비정상적이다. 비정상을 정상으로 바로잡아야 한다'고 생각하면 환자는 정상인이 아니라고 규정하며 차별을 일삼는 일이 생길지도 모른다.

그런 의미에서 '병마와 싸운다'는 표현을 개인적으로 좋아하지 않는다. 오랫동안 잘 낫지 않는 병이라는 뜻의 '지병'이나, 오래 묵은 병을 의미하는 '숙환'이라는 단어가 엄연히 존재하듯 질병과 동고동락하며 사이좋게 지내는 마음가짐이 필요하지 않을까?

아픈 환자들이나 장애를 갖고 있는 사람들을 모두 아우르며 서로 마음을 나누고 격려해주고 북돋워주는 것이 따뜻한 사회로 가는 지름길이다. 물론 질병을 치유하고 더 건강해질 수 있게 의학기술이 발전하는 일도 중요하지만, 건강이나 질병을 좀 더 여유 있게 바라보는 시각도 나름 의미가 있다고 나는 생각한다.

베어 군 박사님, 목소리까지 높이시는 걸 보니 조금 흥분하신 것 같아요. 그럼 박사님은 '건강 자만'이 아니라 '질병 자만' 쪽이시네요.

생 박사 내가 좀 흥분했나? 한 번도 병치레를 하지 않은 걸 떠벌리고 다니는 사람도 있지만 아무도 맹신할 수 없는 게 바로 건강이지.

베어 군 그렇죠. 그리고 훌륭한 위인들 가운데는 의외로 약골이 많은 것 같아요. 어쩌면 질병이 사람을 더욱 강하게 만드는지도 모르겠네요.

병이 생기는 이유

건강을 해치는 가장 큰 주범은 뭐니 뭐니 해도 질병이다. 그런데 질병을 정의하는 것은 건강을 정의하는 것만큼 어려운 일이다. 질병이란 몸의 질서가 어떤 원인 때문에 이상 상태로 기운 상황이라고 말할 수 있지만 질병과 건강 사이에 물리적인 경계가 존재하는 것은 아니기 때문이다. 병은 어디까지나 몸의 상태로, 병이 몸속에 들어갔다 나왔다 하는 것도 물론 아니다. 병마와 싸운다는 것은 질병의 원인과 싸운다, 혹은 이상 상태에서 정상 상태로 몸을 바로잡으려고 애쓰는 상황을 뜻한다.

베어군 건강의 반대말은 불건강일까요, 아니면 비건강일까요?

생박사 글쎄, 두 단어 모두 들어본 적이 없는데. 그런데 나는 생물학 박사야! 국문학 박사가 아니고!

베어군 박사님, 화 내지 마세요. 건강에 안 좋아요. 그냥 한번 웃자고 내본 퀴즈인데 흥분하시면 안 되지요.

생박사 그렇지? 내가 또 흥분했네. 마음을 가라앉히고 진짜 문제를 내볼 테니, 한번 풀어보렴.

[문제] 아래 14가지 질병의 주요 원인을 (A)~(L) 가운데서 하나씩 고르세요.

> (1)에이즈 (2)결핵 (3)광우병 (4)감기 (5)무좀 (6)당뇨병 (7)각기병 (8)말라리아
> (9)폐암 (10)천식 (11)식중독 (12)다운증후군 (13)혈우병 (14)외상 후 스트레스 장애

(A)세균 (B)바이러스 (C)비타민 결핍 (D)생활습관 (E)염색체 이상
(F)유전자 이상 (G)원생동물 (H)균류(곰팡이) (I)알레르겐(알레르기의 원인 물질)
(J)담배에 들어 있는 벤조피렌 등의 화학물질 (K)변형프라이온 단백질 (L)공포 체험

[해답] (1)–(B), (2)–(A), (3)–(K), (4)–(B), (5)–(H), (6)–(D), (7)–(C), (8)–(G), (9)–(J), (10)–(I), (11)–(A), (12)–(E), (13)–(F), (14)–(L)

베어 군 어려워요. 원인을 딱 하나로 좁히기가 너무 힘들어요. 며칠 전에 박사님이 감기에 걸렸을 때 직접적인 원인은 바이러스라고 말씀하셨지만, 제가 보기에는 밤늦게까지 술을 마시고 에어컨을 켜두고 잤던 일이 진짜 원인인 것 같거든요.

생 박사 예리한 분석이야. 천식이나 꽃가루알레르기도 직접적인 원인은 알레르겐이지만, 자동차의 배기가스에 포함된 미세먼지가 알레르기를 유발한다는 보고도 있어. 여하튼 사회환경이나 생활습관도 질병의 원인으로 두루두루 생각할 필요가 있다는 뜻이지.

사회와 환경까지 아울러 질병의 원인을 생각한다

■ 결핵이 다시 유행하는 이유는?

결핵은 결핵균이라는 세균이 몸에 침입하여 생기는 감염 질환으로 폐, 림프샘, 척추, 뇌 등 다양한 신체부위에 생긴다. 그중에서 폐에 생기는 폐결핵이 일반인에게 널리 알려져 있다. 폐결핵에 걸리면 기침을 할 때 가래에 피가 섞여 나오고, 흉부 엑스선 사진을 찍으면 폐에 공동(빈 공간)이 생겨 그림자가 비친다.

오랫동안 인류에게 극심한 고통을 주고 전 세계적으로 많은 사람들의 생명을 앗아간 결핵은 1960년대 이후 환자 수가 급격히 감소했다. 이는 효과적인 치료제 개발과 함께 생활 수준의 향상, 위생 상태에 대한 의식 고취 등 사회 전반적으로 결핵 퇴치 환경이 조성되었기 때문이다. 그런데 결핵 환자가 다시 늘어나고 있다. 세계보건기구가 1993년에 결핵 비상사태를 선포한 이후 결핵은 과거의 질병이 아닌 현재진행형 질병으로 여전히 세계인들의 건강을 위협하고 있다.

그렇다면 결핵 환자가 다시 증가한 원인은 무엇일까? 결핵 치료제에 내성을 가진 다제내성결핵균의 증가를 으뜸 원인으로 꼽을 수 있겠지만, 이 밖에도 고령화에 따라 면역력이 약한 노년층이 증가하고 의료기관이나 양로원 등에서의 집단감염, 장기 불황으로 의료 취약 계층이 증가한 것도 충분히 염두에 두어야 할 것이다.

이와 같이 질병의 원인을 생각할 때는 의학적으로 직접적인 원인을 규명하는 것 외에 사회나 환경까지 두루 고려할 필요가 있다.

■ 에이즈의 발병 원인

후천성 면역결핍증후군, 즉 에이즈(AIDS)의 직접적인 원인은 인간면역결핍바이러스(HIV; human immunodeficiency virus) 때문이다. 하지만 왜 에이즈 바이러스에 감염되었는지를 생각해보면 바이러스만 탓할 수 없음을 알 수 있다.

즉 원시 밀림이 무자비하게 파헤쳐지면서 바이러스를 보유한 야생원숭이와의 접촉 기회가 늘어났다는 점, 교통이나 물자 교류가 발달하면서 아프리카 오지의 풍토병이 확산되었다는 점, 특정 상대 이외의 많은 사람과 성관계를 맺는 자유분방한 성문화 등 바이러스 이외에도 다양한 사회적·문화적·환경적 요인이 서로 얽히고설키어 있기 때문이다.

전염병의 위협에서 벗어날 수 있을까?

세균이나 바이러스 등의 병원체가 체내에 들어와서 일으키는 병을 '감염증'이라고 하고, 감염증 가운데 전염력이 강해서 쉽게 감염되는 질병을 '전염병'이라고 말한다. 앞서 소개한 결핵은 결핵균이 일으킨 감염증이고, 에이즈는 인간면역결핍바이러스가 야기한 감염증이다.

인류를 위협해온 전염병

역사를 거슬러 올라가보면 유럽에서는 시기별로 특정 전염병이 크게 유행했다. 13세기의 한센병, 14세기의 페스트, 16세기의 매독, 17~18세기에 나타난 천연두와 장티푸스, 19세기의 콜레라와 결핵, 20세기의 인플루엔자 등이 대표적이다. 이들 전염병 가운데 천연두와 인플루엔자의 병원체는 바이러스이지만, 그 외의 전염병은 세균에서 비롯된 전염성 질환이다.

특히 14세기에 유행한 페스트는 흑사병이라 불리며 사람들을 공포로 몰아넣었다. 당시 유럽 인구의 4분의 1에 해당하는 2500만 명이 페스트로 목숨을 잃었다고 한다. 페스트는 쥐에 기생하는 벼룩이 갖고 있는 페스트균이 인간에게 전파되어 생기는 급성 전염병이다.

선진국의 경우 위에 소개한 전염병으로 인한 사망은 줄었지만 암이나 심장병, 당뇨병 등의 생활습관병이 주요 사망 원인으로 꼽히고 있다.

한편 에이즈나 중증 급성호흡기증후군(사스SARS), 병원성 대장균 O157 감염증, 에볼라 출혈열 등 새로운 감염증 환자가 끊임없이 늘고 있다(그림 7-1). '메티실린 내성 황색포도알균(MRSA)' 등의 항생물질 내성균에서 비롯된 병원 감염도 현대인의 건강을 위협하고 있다.

베어군 왜 인간이 페스트 때문에 죽나요? 인간이 그렇게 약한 존재란 말예요? 세균이나 바이러스 같은 거, 개미보다 더 작으니까 그냥 밟아 죽이면 되잖아요?

그림 7-1 :: 주요 감염증

(주) 동물 증례에만 해당, ( ) 안의 연도는 감염증 유행이 최초로 일어난 해

[자료 : 다카쿠 후미마로(高久史麿) 편, 《의학의 현재(医の現在)》(岩波書店, 1999)]

생박사 발로 밟아 죽인다고? 발로 밟아서 짓누를 수 있을 만한 크기가 아닌데. 너무 작아서 눈에 보이지도 않아. 그 정도는 이미 알고 있을 줄 알았어. 좀전에 감기의 원인은 바이러스라고 정확하게 얘기했잖아.

베어군 그거야, 책에 나와 있는 대로 읽었을 따름이죠. 그런데 정말 세균과 바이러스는 뭐예요? 발로 짜부라뜨릴 수 없다면 어떻게 죽이나요? 살충제가 있나요?

생박사 아이고, 그럼 기초부터 설명해줄 테니, 다시 잘 들어보렴.

감염증을 일으키는 병원체의 형태와 특징

■ 세균

단세포 미생물인 세균은 구조가 단순하고 핵막으로 둘러싸인 핵을 갖지 않는 원핵생물이다. 병원체가 되는 세균(대다수의 세균은 무해하고, 유용한 세균도 많다)에는 전염성이 강한 이질균, 장티푸스균, 콜레라균, 페스트균 이외에도 흙 속에 광범위하게 존재하다가 상처를 통해 인체에 침입하는 파상풍균, 그리고 결핵균 등이 있다. 식중독을 일으키는 병원성 대장균 O157, 살모넬라균, 장염비브리오, 포도알균, 보툴리누스균, 레지오넬라균 등도 세균의 하나다(그림 7-2).

그림 7-2 :: 병원체가 되는 세균

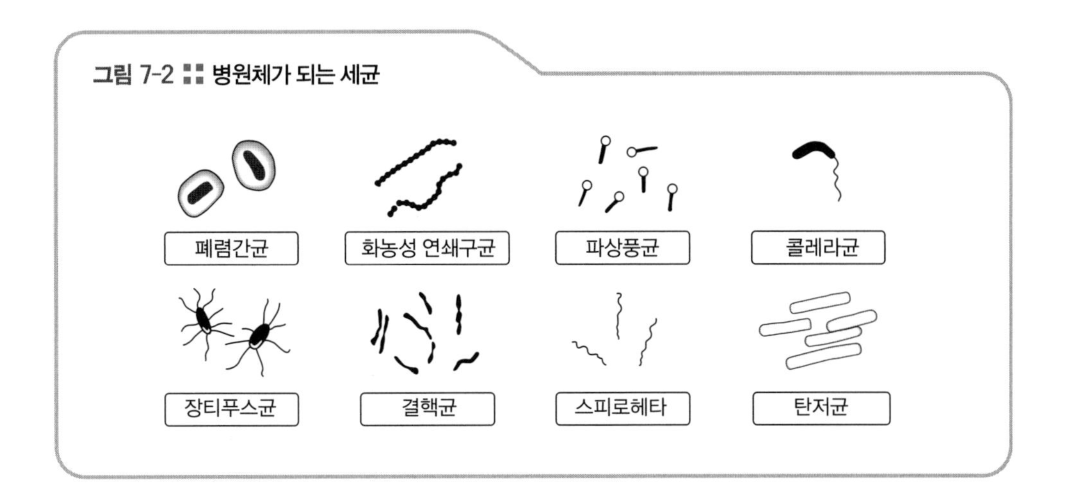

■ 바이러스

바이러스는 세균보다 훨씬 작고(인간을 지구 크기에 비유한다면 바이러스는 축구공 크기), 혼자 힘으로는 대사활동도 증식도 하지 못한다. 다른 세포에 들어가 자신의 유전정보(DNA 혹은 RNA)를 작동시켜 숙주세포의 효소나 리보솜 등을 이용해서 증식한다. 따라서 완전한 생물이라고 말할 수 없다. 바이러스가 옮기는 감염증에는 인플루엔자, 감기, 중증 급성호흡기증후군(사스), 천연두(1980년 세계보건기구가 천연두의 근절을 선언), 홍역, 일본뇌염, 소아마비, 에볼라 출혈열, 에이즈 등이 있다.

≫ **인간면역결핍바이러스(HIV)**: 에이즈 바이러스인 인간면역결핍바이러스는 인간의 면역 시스템을 파괴하기 때문에 보통 때 같으면 병을 일으키지 않는 미생물이 감염증을 일으켜 체내에서 증식하고, 칸디다증(곰팡이)이나 카리니 폐렴(원생동물) 등이 환자를 죽음으로까지 내몰 수 있는 질병이다. 성적 접촉으로 감염되는 경우가 많다(200쪽 참고).

두근두근 호기심 칼럼

중증 급성호흡기증후군(SARS)은 무엇이며, 어떻게 예방할까?

중증 급성호흡기증후군, 즉 사스(SARS)는 호흡기 감염증이다. 주요 증상은 38℃ 이상의 고열과 기침, 호흡 곤란 등으로 흉부 엑스선 사진에서 폐렴의 소견이 보인다. 사스의 병원체는 신형 코로나바이러스로 '사스-코로나바이러스'라고 부른다. 덧붙이자면 코로나바이러스라는 이름은 바이러스 표면의 모양이 태양의 코로나와 같은 돌기가 주위로 뻗쳐나오는 데서 붙여진 명칭이다.

사스는 2003년 2월에 최초로 확진되었지만, 이미 2002년 11월부터 중국 광둥성에서 발병한 것으로 여겨진다. 치사율은 약 10% 정도에 이른다.

기존에 알려져 있던 코로나바이러스와 새로운 사스-코로나바이러스는 유전적으로 크게 차이가 나는데, 신형 바이러스가 어떻게 출현했는지는 아직 정확하게 밝혀지지 않았다. 다만 인간 이외의 다른 동물에만 감염증을 야기하던 병원체가 돌연변이를 일으켜 인간에게 중증 증상을 초래한 것으로 추정하고 있다.

아직까지 사스에 효과적인 백신이 개발되지 않았다. 그러니 사스 유행 시기에는 개인위생을 더욱 철저히 하고 가급적 유행 지역으로의 여행은 피하는 것이 좋겠다.

■ 기타 병원 미생물

≫ **곰팡이(균류)**: 곰팡이에는 무좀의 병원균인 백선균이나 면역력이 떨어진 사람에게 주로 발병하는 기회감염*의 대표적인 병원체인 칸디다균 등이 있다.

≫ **원생동물**: 말라리아의 원인이 되는 말라리아 병원충, 아프리카 수면병을 일으키는 트리파노소마 등이 알려져 있다.

* 병원성이 없거나 미약한 미생물이 극도로 쇠약한 환자에게 감염되어 생기는 질환

■ 변형 프라이온 단백질

소해면상뇌증(BSE; Bovine Spongiform Encephalopathy, 광우병)이나 크로이츠펠트-야콥병(CJD; Creutzfeldt-Jakob disease)의 병원체는 바이러스가 아닌 단백질 그 자체로 DNA도 RNA도 갖고 있지 않다. 광우병에 걸린 소에 포함된 병원성 단백질이 인간에게도 감염증을 유발해서 인간광우병, 즉 변종 크로이츠펠트-야콥병(variant CJD)을 일으킬 수도 있다는 사실이 보고되었다. 이와 같은 감염성 단백질을 변형 프라이온(prion)이라고 말한다(그림 7-3).

프라이온은 열이나 포르말린 처리에도 활성을 잃지 않고 단백질 분해 효소에도 분해되지 않는 아주 강하고 특수한 단백질이다. 이와 똑같은 아미노산 배열을 가진 단백질이 건강한 인간에게도 존재한다. 다만 정상 프라이온과 변형 프라이온은 입체 구조가 다르다. 변형 프라이온이 체내에 침입하면 정상 프라이온도 조금씩 변형 프라이온으로 변환시켜 결국 뇌 기능을 잃게 한다고 알려져 있다.

그림 7-3 ∷ 프라이온 감염

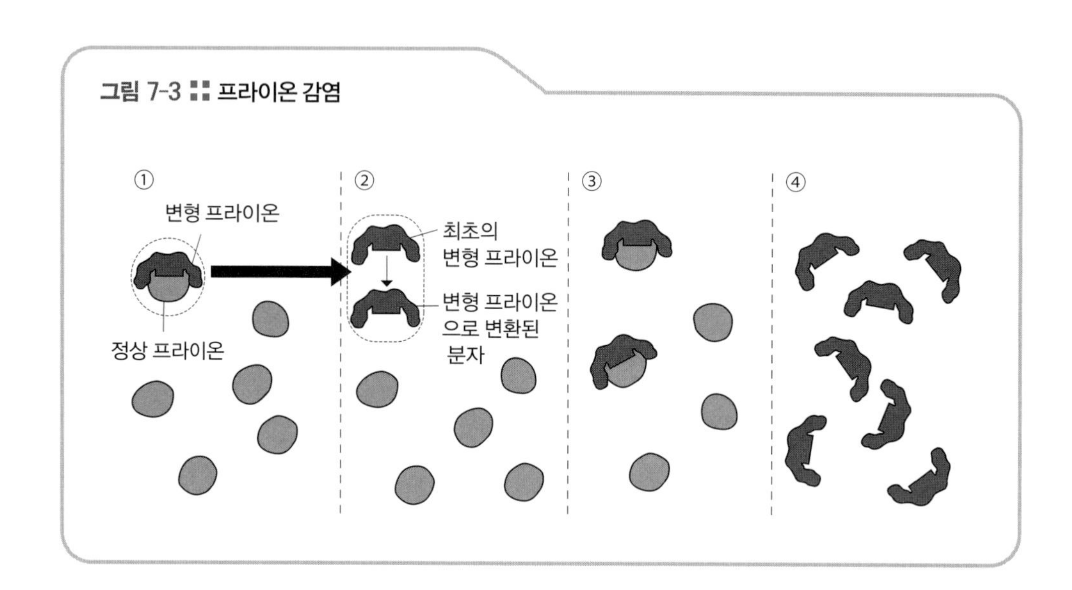

두근두근 호기심 칼럼

메티실린 내성 황색포도알균(MRSA)이 병원에 많다고?

메티실린 내성 황색포도알균(MRSA; methicillin-resistant Staphylococcus aureus)은 항생물질인 메티실린에 내성을 가진 황색포도알균(황색포도구균)을 말한다. 원래 황색포도알균은 메티실린으로 치료할 수 있지만, 개중에는 메티실린이 듣지 않는(내성을 획득한) 황색포도알균이 생기기도 하는데, 이를 메티실린 내성 황색포도알균이라고 하는 것이다. 한편 황색포도알균은 화농성 염증(피부 고름 질환, 중이염, 결막염, 폐렴), 장염(식중독 포함) 등을 일으키는 병원균이다.

세균의 약제 내성은 돌연변이로 생겨나는데 주위에 항생물질이 많으면 내성균만 선택되기 때문에(생존하여 증식한다), 대부분의 균이 내성을 갖춘 균으로 변하게 된다. 또한 동종 또는 근친종의 세균 사이에서 내성 유전자 DNA가 접합이나 바이러스(박테리오파지)를 매개로 이행되는 일도 있어서 순식간에 내성을 획득할 때도 있다.

메티실린 내성 황색포도알균 감염은 1961년에 영국에서 처음으로 환자가 보고되었고, 일본에서는 1980년대부터 감염이 나타나기 시작했다. 의료 현장에서의 항생제 남용이 주된 원인으로 지적되고 있다. 현재는 대부분의 항생제에 내성을 보이는 다제 내성이 주류를 이루고, 치료제로는 반코마이신(vancomycin)이 사용되고 있는데, 안타깝게도 반코마이신에 내성을 획득한 이형 내성 병원균이 병원 감염에서 확인되었다.

메티실린 내성 황색포도알균은 이미 대부분의 병원에서 흔히 볼 수 있는 내성균으로, 병원 감염의 으뜸 원인이 되고 있다. 병원 감염으로는 환자가 사용한 비품이나 손을 통한 접촉 감염, 환자의 기침에서 나오는 작은 침방울을 흡입함으로써 발생하는 비말 감염, 의료기구를 통한 감염 등을 들 수 있다.

보통 대학병원 등 대규모 병원에서 흔히 발생하는데, 그 원인은 장기간 입원으로 감염 기회가 높아지고 면역력이 떨어진 환자가 많다는 점을 꼽을 수 있다. 황색포도알균은 건강한 사람에게는 병원성을 발휘하지 않는 균으로, 콧속에 질병을 야기하지 않는 상재균으로 존재하기도 한다. 이 균은 건조함에 강하고 소독제에도 강하다. 병원 감염 예방을 위해서는 세정 소독이 중요한데 이 내성균은 청결 소독에도 생존하는 끈질긴 병원균으로 인류의 건강을 위협하고 있다.

생박사 그러고 보니 며칠 전 신문에 곰 비슷하게 생긴 동물이 병원에 나타났다는 기사를 읽었는데, 무슨 볼일이 있어서 병원을 찾았을까? 혹시 베어 군 아닌가?

베어군 아닙니다, 아닙니다요. 그 시각에 저는 집에서 쿨쿨 자고 있었는걸요. 그러니까 제 알리바이는 확실하지요. 알리바이는 원래 라틴어로 '다른 곳에'라는 뜻이죠.

생박사 아니, 라틴어까지! 베어 군은 진짜로 스마트해! 그런데 그 녀석은 왜 병원에 찾아갔을까? 르포작가가 좀 추리 실력을 발휘해본다면?

베어군 으음, 인간은 곰이 어디가 아파서 병원을 찾았다고 생각하지만, 어쩜 그 곰은 병원에 항의하러 갔는지도 몰라요. 요즘 병원 감염이나 의료과실이 뉴스에 계속 나오니까요. "I cannot bear any more!"라고요. 이해하시겠어요, 박사님?

생박사 bear라는 단어에는 '참다'와 '곰', 두 가지 의미가 있다는 거지? 나 참, 썰렁한 개그야. 다시 감염증 이야기나 잘 들어보라고.

세균, 바이러스와 공생하는 인간

그렇다면 세균, 바이러스와 인간은 철천지원수 관계일까?

미생물이나 바이러스는 끊임없이 인간의 몸에 침입하려고 기회를 호시탐탐 노리며, 실제로 침입에 성공하는 사례도 많다. 또한 단순성 포진바이러스처럼 세포분열을 하지 않는 신경세포 속에서 인간에게 거의 해를 끼치지 않으면서 잠복하며(때로는 입술 세포에서 증식) 인체에 기생하는 바이러스도 관찰할 수 있다. DNA를 비교해보면 인간의 DNA 중에는 바이러스나 세균이 진화 과정에서 운반한 것으로 여겨지는 DNA도 엄연히 존재한다.

인간은 무수히 많은 미생물, 바이러스, 원생동물과 함께 생활하고 있는데 이들과 사이좋게 지내면서 생명의 질서를 유지하려고 노력하는 것 같다. 결코 무균 상태로는 살 수 없고, 무균 상태를 희망할 수도 없다.

여러 선진국에서는 청결에 집착해 생활과 의식 모든 면에서 멸균, 항균을 실천한다. 덕분에 병원체 미생물이나 바이러스가 감소한 것은 사실이지만, 오히려 이것이 체내 병원체에 대한 저항력을 약화시켜 꽃가루알레르기나 천식 등의 면역계 과잉반응을 야기할 때도 있다.

우리의 몸은 어떻게 감염과 맞서 싸울까?

■ 바이러스는 어떻게 세포 안으로 잠입할까?

목의 점막에 상처가 나면 인체는 점액층에 방호벽을 만들지 못한다. 그리고 바이러스는 세포 표면에 노출된 수용체와 결합해서 세포 안으로 잠입한다. 이는 도둑이 현관문의 열쇠구멍에 맞는 가짜 열쇠를 이용해서 집 안으로 들어가는 것과 같다. 그 가짜 열쇠를 바이러스가 갖고 있는 셈이다.

■ 바이러스에 감염된 세포는?

바이러스에 감염된 세포는 바이러스의 유전자(DNA 혹은 RNA) 정보에 따라 바이러스 유전자를 복제하거나 단백질 껍질을 합성해서 바이러스를 점점 더 많이 증식시킨다. 증식한 바이러스는 이웃 세포로 침입해서 감염 세포를 더욱 늘려간다.

■ 바이러스 감염 세포에 맞서는 인체의 방어반응

인플루엔자 등의 바이러스에 감염되면 인체는 다양한 방어반응을 개시한다. 이 방어 시스템을 차례로 살펴보자(그림 7–4).

- ≫ **인터페론** : 바이러스에 감염된 세포는 사이토카인(cytokine, 다른 세포를 활성화하는 물질)의 일종인 인터페론(interferon)을 분비한다. 인터페론은 주위 세포를 자극해서 바이러스 증식을 억제한다(항바이러스 작용, 다른 바이러스에도 효과). 동시에 정상 세포도 인터페론의 영향을 받는데, 가령 감기에 걸렸다면 목이 불편한 초기 증상이 나타나는 것이다.
- ≫ **백혈구를 중심으로 한 면역반응** : 바이러스에 감염된 세포가 늘어나면 대식세포(macrophage)와 림프구 등 백혈구가 활동을 개시한다. 림프구의 일종인 자연살생세포(NK세포)는 바이러스 감염 세포를 공격해서 죽인다. 또 뭐든 먹어치우는 대식세포가 바이러스를 잡아먹어서 세포 내 소화하고, 특징적인

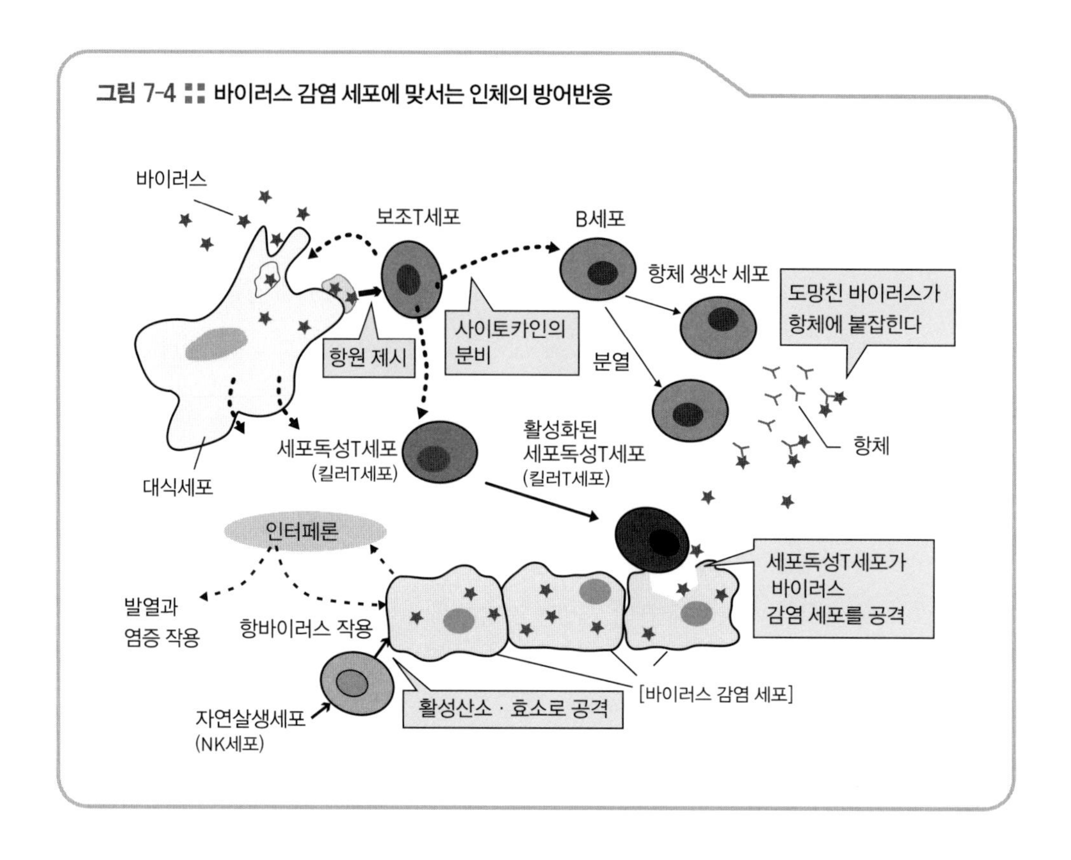

그림 7-4 :: 바이러스 감염 세포에 맞서는 인체의 방어반응

부분을 세포 표면에 드러내서 림프구의 T세포에게 항원으로 제시한다. 이를 '항원 제시'라고 부른다. 항원 제시에 따라 바이러스(항원)에 적합한 특정 '보조T세포(helper T cell)'가 활성화되고 활성화한 보조T세포는 다른 사이토카인(IL-4,5,6 등)을 내보내서 특정 B세포를 성숙시킨다. 이 특정 B세포는 바이러스(항원)에만 결합해서 활성화하는 항체(면역 글로불린)를 만들어낸다. 말하자면 항체는 바이러스를 몰아내기 위한 날아다니는 도구인 셈이다.

활성화한 보조T세포는 '세포독성T세포(killer T cell)'를 활성화시키고 세포독성T세포는 감염 세포를 죽인다. 감염 세포에서 나온 바이러스는 B세포에서 방출된 항체에 붙잡힌다(항원항체반응). 이쯤 되면 병은 치료가 되는데, 이 단계에 이르기까지 대개 일주일 정도 걸린다.

감기에 걸리면 어떻게 해야 할까?

■ 감기에 걸렸을 때 반드시 해열제를 복용해야 할까?

대식세포가 분비하는 사이토카인 가운데 '인터류킨-1(IL-1)'이 있다. IL-1은 혈액을 매개로 사이뇌의 시상하부로 운반되어 발열중추를 자극한다. 이때 열은 바이러스의 증식을 억제한다.

'감기가 찾아오면 해열제를 찾아주세요!'라는 광고 문구가 있는데, 해열제를 복용해서 열을 떨어뜨리는 이유는 발열로 인한 체력 소모를 막거나 불편한 증상을 완화하기 위해서다. 하지만 우리 몸이 열을 필요로 하기 때문에 발열이 나타나는 것이다. 그 사실을 잊지 말자.

■ 감기가 심해졌을 때

감기가 심해져서 기관지염이나 폐렴을 일으킬 때가 있는데, 이는 감기를 일으킨 감기 바이러스 외의 병원성 세균이 상처 난 세포나 조직을 통해 체내로 침입해서 독소를 만들기 때문이다.

이때 세균은 바이러스와 마찬가지로 대식세포에게 잡아먹히고 똑같은 면역 반응이 가동한다. 먼저 대식세포가 항원(세균의 특징이 되는 물질)을 제시하고 이를 받아서 특정 보조T세포가 활성화된다. 활성화된 보조T세포는 세균의 항원과 일치하는 항체를 만드는 능력을 갖춘 B세포를 성숙시키고, 항체가 방출되어 세균이나 독소를 공격한다. 항체와 결합한 세균은 호중구라는 림프구에게 붙잡혀 최후를 맞이한다. 이런 투쟁 끝에 몸은 서서히 회복된다.

베어 군 감기 이야기를 들어서 그런지, 진짜 감기에 걸린 것 같아요. 항생제를 복용할까요?

생 박사 바이러스에는 항생제가 효과가 없어. 다른 세균에 2차 감염되어서 기관지가 염증을 일으켰을 때 항생제를 복용하는 거야! 감기에 걸렸다고 바로 항생제를 복용하면 내성균만 늘릴 뿐이야. 감기에 걸렸을 때는 충분히 휴식을 취하면서 영양을 보충하는 게 가장 중요해.

베어군 뭐 잠은 충분히 자니까 휴식은 됐고요. 그럼 영양을 보충해야겠네요. 저는 기름기가 좔좔 흐르는 게 좋아요. 채식은 좀 재미없더라고요.

생박사 하하, 먹는 이야기만 나오면 더 스마트해지는군!

백신 요법

■ 백신 요법의 구조

인간의 몸은 한 번 감염된 병원체를 기억해두었다가(1차 감염 때 싸운 특정 T세포나 B세포), 두 번째 감염되었을 때는 좀 더 빨리 면역 시스템이 발동해서 병원체를 처리할 수 있다. 이를 '면역 기억'이라고 한다. 그래서 두 번째 감염 시에는 발병하지 않고 마무리되는 경우가 많다.

바로 이런 시스템을 이용한 것이 백신 치료법이다. 항원이 되는 비병원성 세균, 바이러스, 불활성화 병원체를 미리 몸에 접종해서 그 균이나 바이러스를 기억시켜 전염병에 대한 면역력을 높이는 것이다.

■ 에이즈 백신을 만들지 못하는 이유

에이즈 바이러스는 인간면역결핍바이러스와 결합하는 수용체(CD4 분자)를 표면에 갖춘 보조T세포를 특별하게 찾아내서 그 내부에 침입하고 인간면역결핍바이러스의 유전정보만 핵 염색체 안에 남긴다. 보조T세포가 자극을 받을 때마다 그 유전자가 활동해서 바이러스를 만들어냄으로써 보조T세포는 파열하게 되는 것이다(그림 7-5). 그 결과 면역 시스템이 손상되어 건강한 사람이라면 전혀 문제가 되지 않는 세균이나 곰팡이, 원생동물 등에 감염되어(기회감염) 사망에 이를 수도 있다.

특정 백신을 통한 에이즈 예방이 어려운 이유는 인간면역결핍바이러스의 변신이 워낙 빠르기 때문이다. 유전자가 돌연변이를 일으키고 외부를 뒤덮는 단백질도 변해 면역 기억을 해도 그다지 도움이 되지 않는다.

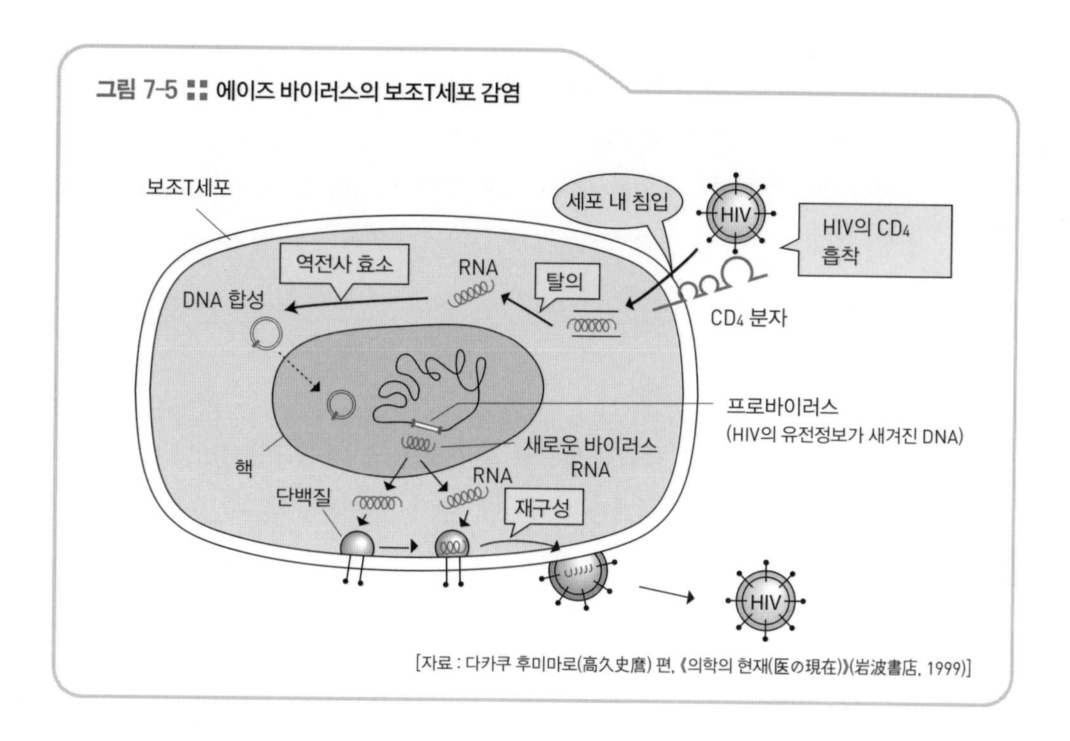

그림 7-5 ⁞⁞ 에이즈 바이러스의 보조T세포 감염

[자료 : 다카쿠 후미마로(高久史麿) 편, 《의학의 현재(医の現在)》(岩波書店, 1999)]

베어군 면역 기억이란 경찰관이 미리 도둑의 얼굴을 기억해두었다가 도둑이 다시 나타났을 때 당장 체포하는 것과 같군요.

생박사 그렇지. 미리 범인의 몽타주를 배포해두고 기억하게 하는 거지.

베어군 하지만 범인이 자꾸 변장을 해서 몽타주가 전혀 도움이 되지 않을 때도 있잖아요.

생박사 맞아. 특히 에이즈 바이러스는 변장에 능한 범인 같아. 닌자라고 해야 하나!

베어군 아니, 박사님이 닌자라는 단어를 어떻게 아세요?!

알레르기란?

꽃가루알레르기나 천식, 아토피성 피부염 등을 알레르기 질환이라고 한다. 알레르기란 몸속에 한 번 들어왔던 이물질(알레르겐)이 다시 들어왔을 때 인체가 과잉반응 혹은 거부반응을 일으키는 병적 증상을 말한다. 알레르기 반응도 넓은 의미에서는 면역에 포함된 현상이다.

다만 정상적인 면역 기억에서는 두 번째 반응이 우리 몸을 지켜주는 고마운 현상이지만, 과민반응을 일으키는 알레르기는 오히려 우리 몸에 해를 끼치는 불편한 존재다.

■ 꽃가루알레르기

꽃가루가 호흡 등을 통해 점막으로 들어오면 꽃가루를 이물질로 간주해서 대식세포가 포식하고 면역계가 가동된다. 이어서 꽃가루 성분에 대한 항체가 만들어지는데, 이때 보통 항체(G형)가 아닌 E형 항체가 생기는 경우가 있다. 두 번째 이후에는 다량의 E형 항체가 생기는 것이다.

그런데 E형 항체에 대한 수용체가 비만세포 표면에 있어서 이 수용체 위에 항체와 꽃가루의 복합체가 생성되면 비만세포에서 히스타민이 분비된다(그림 7-6). 결국 이 히스타민이 신경세포나 점막세포를 자극하여 콧물, 눈물 등의 알레르기 증상을 일으킨다. 천식이나 아토피성 피부염, 두드러기도 어떤 항원(알레

그림 7-6 :: 알레르기 반응

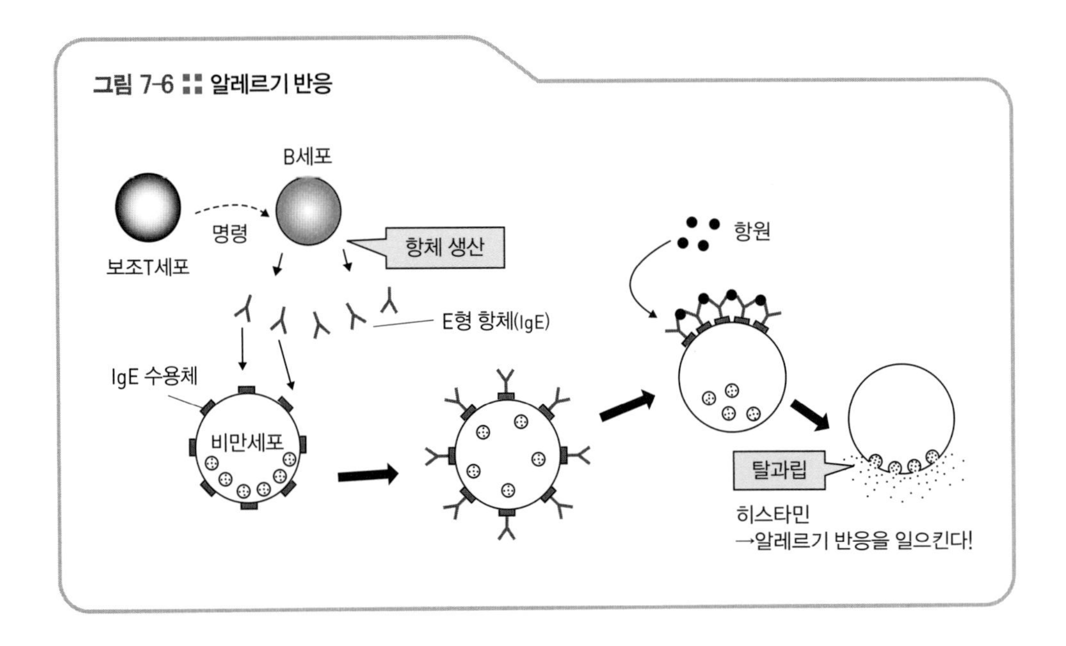

르겐)에 대해 E형 항체가 생기는 알레르기다.

의사와 병원에 바라는 것들

개인적으로 지금까지 살아오면서 여러 차례 병원에 입원하기도 했고, 병에 걸려서 의사의 진찰을 받은 적도 많다. 그런 경험을 토대로 의사와 병원에 바라는 점을 적어두고자 한다.

첫째, 환자의 눈높이에서 치료해주었으면 한다. 환자는 몸이나 마음이 아파서 불안한 마음으로 병원을 찾는다. 그럼에도 병원 분위기는 고압적이고, 환자를 홀대하거나 무시하는 곳을 많이 접했다. 먼저 병원 접수처에서부터 사무적인 대응이 아니라 좀 더 친절하게 말을 걸어주었으면 한다.

둘째, 대학병원이나 대형 병원에서 진료를 받으려면 대기 시간이 1시간 이상은 기본인데, 막상 진료실에 들어가면 무표정한 의사의 얼굴을 만나는 경우가 많다. 잔뜩 움츠려 있는 환자에게 부드러운 미소로 먼저 인사말을 건넨다면 병원 공기가 훨씬 훈훈해지지 않을까 싶다.

아울러 환자 스스로 불편한 증상을 편안하게 말할 수 있도록 환자의 이야기에 좀 더 귀 기울여주었으면 한다. 질병에 걸려 아프고 괴로운 사람은 어디까지나 환자다. 의사는 그저 곁에서 도와주는 사람이다. 그러니 지금 어떤 질병에 걸려 상태가 어느 정도인지, 원인은 무엇인지, 어떤 치료법이 있는지를 환자가 이해할 수 있게 쉽게 설명해주어야 할 것이다.

'모르는 게 약'인 시대는 이미 지났다. 스포츠에 비유한다면 환자는 선수이고 의사는 코치라고 생각한다. 흔히들 의료현장에서 '설명과 동의'라는 이야기를 하는데, 가장 중요한 것은 매뉴얼이 아니라 의사를 비롯한 의료 관계자와 환자가 신뢰관계로 맺어지는 것이다. 서로 신뢰가 구축된다면 의료 과실 등의 제반 문제도 충분히 줄일 수 있으리라 확신한다.

셋째, 임종이 가까운 말기 환자라도 주위의 따스한 격려와 이해가 있다면 편안하게 마지막 시간을 보낼 수 있을 것이다. 다행히도 최근 의료계에서는 환자의 삶의 질에 관심을 갖고 이에 적절한 대처를 하려고 힘쓰고 있는데, 무엇보다 눈앞에 있는 환자와의 관계에서 좀 더 세심하게 배려해주기를 간절히 바란다.

베어 군 맞아요. 제 이야기도 좀 들어보세요. 며칠 전에 치과에 갔는데 곰이니까 당연히 이빨 하나 정도는 없어도 괜찮다는 거예요. 그러면서 양해도 구하지 않고 갑자기 이빨을 뽑아버린 거 있죠. 진짜 엄청 열 받았어요.

생 박사 앗, 설마 의사 선생님을 물어뜯은 건 아니겠지?

베어 군 그야 모르지요.

생 박사 의사도 인간이니까 진찰하고 싶지 않은 환자도 있을 것 같은데….

베어 군 지금 박사님은 누구 편이세요?

생 박사 아하, 너무 세세한 데 신경 쓰지 말라고. 그럼 암 이야기로 넘어가자꾸나.

암은 폭주족

오늘날 암은 사망 원인 가운데 줄곧 1위를 차지하고 있다. 이는 고령화로 암 발병률이 높아지고, 암으로 사망하는 사람이 그만큼 늘어났기 때문이라고 볼 수 있다. 암에 대한 인식은 대체로 다음과 같다.

"어딘가 주위와 전혀 다른 세포 덩어리가 생기고, 그 세포 덩어리가 점점 커져 혈관이나 신경을 압박하고 다른 부위로 전이되어, 심하면 주위 조직까지 손상을 입히고 마침내 치명적인 변화가 일어나 죽음에 이른다. 치료는 암 절제 수술, 방사선 치료, 암 증식을 억제하는 약물 치료 등이 있다. 아울러 생활습관이나 음식 조절 등으로 암을 어느 정도 예방할 수 있다."

암을 이해하기 위한 세 가지 키워드

그렇다면 '주위와 전혀 다른 세포'란 무엇을 말할까? 지금까지의 연구에서 암세포는 유전자에 이상이 생겨서 세포 상호의 억제를 무시하고 이상 증식하는 세포라고 알려졌다.

암을 자동차에 비유하면 암 유전자는 멈추지 않고 앞으로 쭉쭉 달려나가는 액셀이고, 암 억제 유전자는 브레이크, 촉진제는 내리막길이라고 말할 수 있다.

■ 액셀 : 원암 유전자와 암 유전자

정상 액셀에 해당하는 것이 '원(原)암 유전자'다. 세포의 정상적인 분열 증식에 관여하는 중요한 유전자로, 종류가 몇 가지나 된다. 이 원암 유전자가 돌연변이를 일으켜서 활성화되면 '암 유전자'가 된다. 암 유전자가 암세포를 생성시킨다.

게놈은 2세트이므로(난자 유래와 정자 유래) 원암 유전자도 종류별로 2개씩 있는데, 그 가운데 하나가 돌연변이를 일으키면 액셀을 밟은 채 계속 달리는, 즉 암 유전자가 된다(이처럼 2세트 가운데 어느 한쪽의 변화가 영향을 끼치는 것을 우성 유전자라고 한다. 그림 7-7). 이 단계에서 바로 암이 되는 것은 아니지만 다음 단계로 진입하는 중요한 문턱임에는 분명하다.

■ 브레이크 : 암 억제 유전자

액셀이 가동되더라도 브레이크만 잘 들으면 자동차(세포)가 폭주할 일은 없

그림 7-7 ∷ 암 유전자와 암 억제 유전자

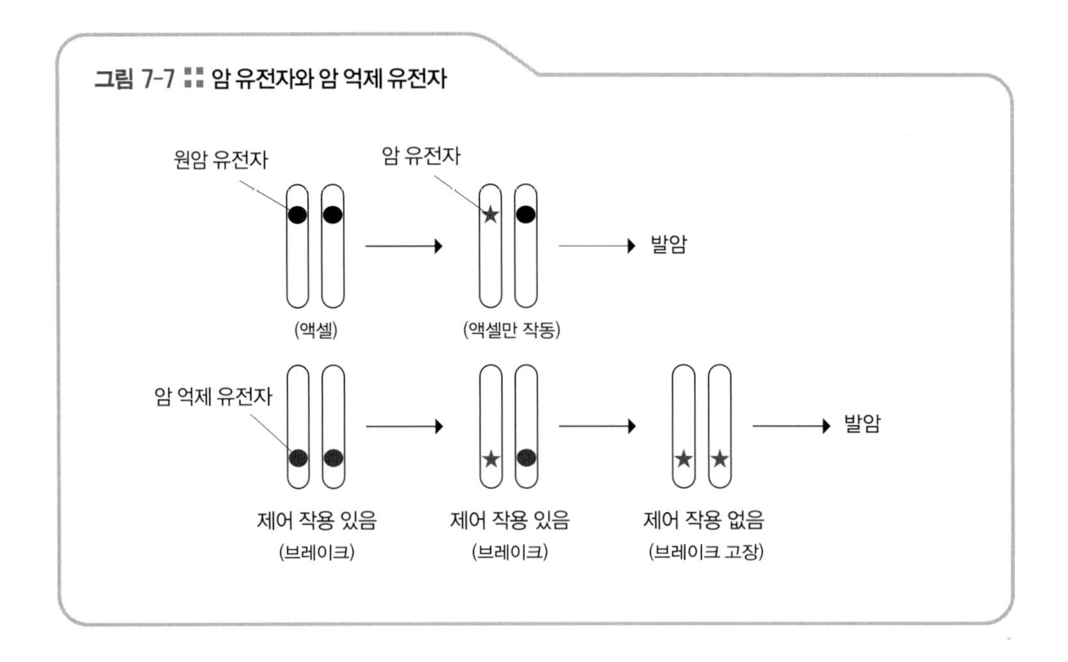

다. 그런데 이 브레이크의 메커니즘에 이상이 생길 때가 있다. 암과 관련해서는 브레이크에 해당하는 것이 '암 억제 유전자'다. 암 억제 유전자에는 상처 난 유전자의 복구에 관여하는 유전자, 암 유전자의 작동을 미리 알아차리고 세포에게 자살 명령을 내리는 유전자 등이 있다. 2개씩 존재하는 암 억제 유전자에서 하나만 손상되면 암으로 발전하지 않지만, 2개 모두 파괴되면 브레이크의 역할을 수행하지 못하게 된다.

유전적으로 암에 걸리기 쉬운 사람이 있는데, 브레이크인 암 억제 유전자 가운데 이미 한쪽이 변이를 일으키기 쉬워서 남은 하나의 유전자 변이로 암에 걸릴 확률이 그만큼 높아지기 때문이다(그림 7-7).

■ 내리막길 : 촉진제

액셀만 가동되고 브레이크가 고장 난 공포 상태에서도 오르막길이라면 자동차는 폭주하지 않는다. 하지만 내리막길이라면 이야기는 달라진다. 내리막길이냐 오르막길이냐를 결정하는 것이 바로 '촉진제'라고 부르는 물질의 유무나 농도다.

쥐의 등에 낮은 농도의 발암물질(유전자에 돌연변이를 일으키는 물질)을 도포하면 암이 생기지 않지만, 파두유(巴豆油)를 반복적으로 칠하면 암이 생긴다. 이는 파두유에 촉진제 성분이 포함되어 있기 때문이다. 이때 촉진물질은 세포막에서의 정보전달계(외인성으로 증식을 제어하는 시스템)에 작용해서 암을 촉진한다.

촉진물질 단독으로는 아무 일도 생기지 않는다. 가속 페달과 고장 난 브레이크, 여기에 내리막길이 갖추어져야 비로소 폭주가 발생한다.

이처럼 암으로 발전하려면 몇 차례의 단계를 거쳐야 한다. 아무래도 이 과정에서 시간이 걸리기 때문에 암은 나이가 많을수록 발병하기 쉬운 것이다.

대장암이 되기까지의 유전자 변이를 그림 7-8에 간략하게 정리해두었다.

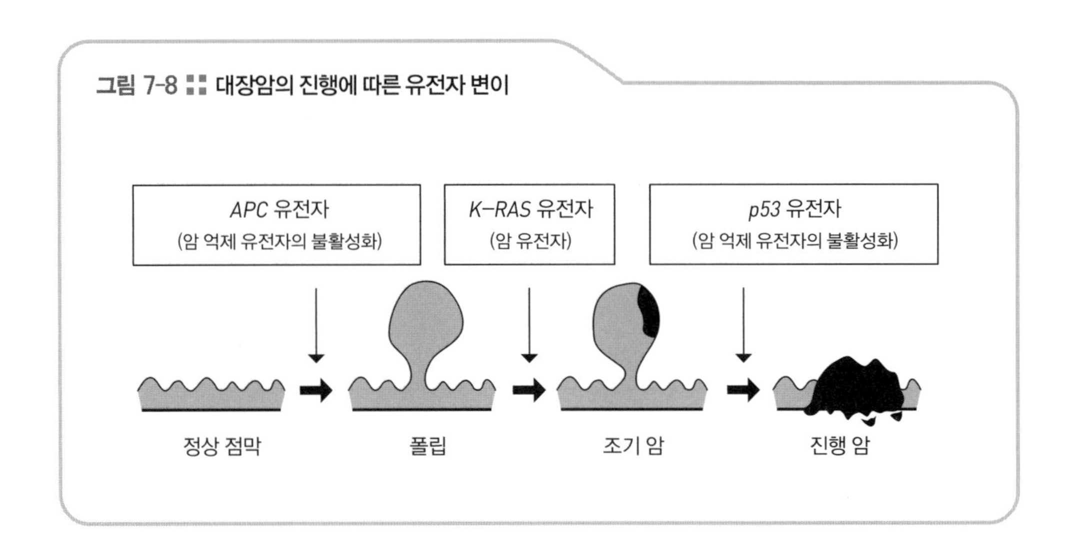

그림 7-8 대장암의 진행에 따른 유전자 변이

담배가 암을 유발한다

암 유전자 혹은 암 억제 유전자가 손상되거나 촉진물질로 작용하는 요인은 외부에서도 찾을 수 있다. 돌연변이를 촉진하는 방사능이나 엑스선, 자외선, 발암물질이나 촉진제가 되기 쉬운 식품 섭취, 스트레스 등을 꼽을 수 있다. 특히 식사나 흡연 등의 생활습관이 밀접하게 관련되어 있다.

그 가운데서도 가장 문제가 되는 것이 담배다. 현재 폐암의 90%, 모든 암의 30%가 흡연으로 인한 발병이라고 추정하고 있다(그림 7-9). 확실하게 밝혀진 사실은 담배가 암 발병에 깊숙이 개입한다는 점이다. 지금까지 보고된 조사연구를 종합해보면 담배 소비량과 폐암 사망률이 비례한다는 점, 비흡연자에 비해 흡연자는 폐암 사망률이 훨씬 높다는 점(하루에 담배를 20개비 피우는 사람은 피우지 않는 사람에 비해 5배, 50개비 피우는 사람은 약 15배), 금연을 하면 폐암에 걸릴 위험률이 크게 낮아진다는 사실이 과학적으로 입증되었다.

그림 7-9 ∷ 암 위험인자의 영향력

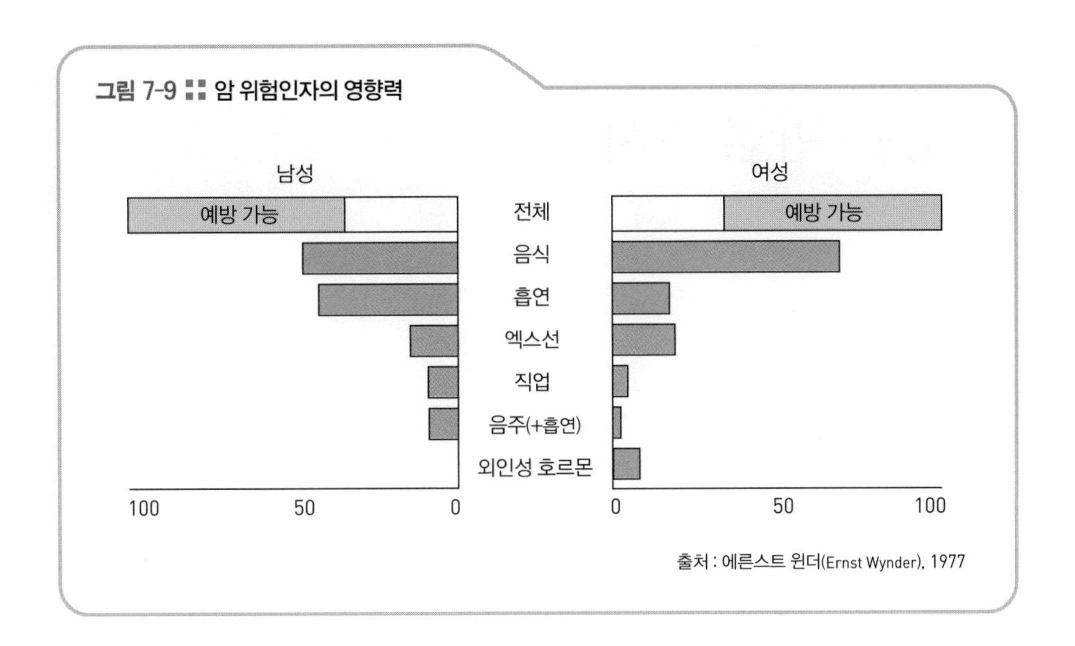

더욱이 발암 촉진 메커니즘도 규명되었다. 담배연기에 포함된 벤조피렌 등은 유전자 DNA의 염기 구아닌과 결합해서 돌연변이를 일으킨다는 사실이 밝혀졌다. 또한 담배를 피우면 위에서 니트로소아민(nitrosoamine)이 생기기 쉬워 이것이 발암 촉진제로 활동한다.

이와 같이 흡연은 발암의 주요 범인으로 지목받고 있지만, 여전히 성인 남자의 절반 정도가 담배를 피우고 여성의 흡연율은 점점 높아지고 있다. 폐암으로 고통받는 환자를 줄이기 위해서는 새로운 항암제를 개발하는 일보다 금연운동을 추진하는 것이 훨씬 효과적일지도 모른다.

병은 마음에서

예부터 병은 마음에서 온다고 했는데, 마음가짐에 따라 병이 생기기도 하고 낫기도 한다는 것은 거의 확실해 보인다. 이는 마음에 스트레스가 가득 쌓이면 면역계에 나쁜 영향을 끼쳐서 질병에 대한 저항력을 떨어뜨리기 때문이다.

꽤 오래 전의 일이지만, 1950년대에 미국에서 한 남성의 생활기록과 질병에 걸린 시기를 조사한 자료가 있다. 이 연구 결과에 따르면 취직했을 때 질병에 자주 걸렸고, 결혼 직후 얼마 동안은 질병에 잘 걸리지 않았다고 한다. 30대에 역시 발병 횟수가 높았는데, 그 이유는 힘든 직장생활 아니면 부부관계로 추측된다. 이와 같이 자신의 병과 생활을 살펴보면 어떤 연관성을 찾을 수 있을지도 모른다.

실제 배우자가 먼저 세상을 떠나서 큰 슬픔에 잠겼을 때나 학생들이 입학시험 등으로 스트레스가 심할 때 자연살생세포(NK세포, 비특이적으로 바이러스 감염세포나 암세포를 공격한다) 등의 림프구 활성이 낮아진다는 사실이 밝혀졌다. 개인적으로 여러 가지 고민 때문에 침울한 기분이 오랫동안 지속되다 보면 감기에 걸릴 때가 많은데, 이것도 자연살생세포의 활성이 저하된 것이 원인이라고 여겨진다.

베어 군　글 쓰는 일이 아무리 힘들어도 집에서 빈둥빈둥 지내면 안 되지. 열심히 써야지. 그러기 전에 우선 맛있는 음식을!

두 주먹을 불끈 쥐고 의지를 불태우는 베어 군을 위해 삼계탕을 식탁에 올렸더니 입에 맞지 않는지 숟가락을 내려놓았다. 대신 냉동실에 숨겨둔 초콜릿 아이스크림케이크를 용케도 찾아내서 순식간에 먹어치웠다.

8월 **팥빙수**

인간은 무엇을 먹고 살아왔을까?

야구 경기를 신나게 보고 있는 내 옆에서 베어 군은 팥빙수를 맛있게 먹고 있다.

베어 군 찬 걸 먹으면 머리가 찌릿찌릿 마비되는 것 같아요.

생박사 그렇게 얼음만 주구장창 먹으니까 그렇지. 밥은 안 먹고 아이스크림만 먹으면 영양 불균형으로 병에 걸릴지도 몰라.

베어 군 저도 잘 안다고요. 하지만 이건 일이랍니다. 여러 가지 시럽을 끼얹은 아이스크림을 먹고 그 차이를 분석해야 해요. 〈푸푸〉 잡지에 베어 미슐랭 코너가 있거든요.

생박사 정말? 일 때문에 먹는다고? 어쨌든 베어 군은 요즘 너무 뚱뚱해졌으니까 단 건 좀 자제해. 그럼 이번에는 베어 군이 좋아하는 음식 이야기를 들려줄까?

베어 군 네, 좋아요. 하지만 이 팥빙수 다 먹고 나서요. 녹으면 맛이 좀 떨어지거든요.

인간에게 식욕은 본능적 욕구

먹는 행위는 삶의 기본이다. 식욕은 본능적인 욕구이며, 음식을 섭취함으로써 인간은 생존할 수 있다.

에너지 측면에서 보면 활동량이 적당한 18~29세의 경우 남성은 약 2650kcal, 여성은 1950kcal(15~17세 남자 2750kcal, 여자 2300kcal)를 먹는 것이 보통이다. 대체로 섭취하는 열량이 이 수준을 밑돌면 허기를 느끼고, 이를 웃돌면 포만감을 느끼게 된다. 건강한 육체의 공복감은 몸이 하루하루 필요로 하는 섭취량에 적절한 식사량을 신기할 만큼 정확하게 맹렬히 찾는다. 따라서 체중계에 올라가지 않아도 섭취 열량을 계산하지 않아도 오랫동안 체중이 변함없이 유지될 수 있는 것이다.

채식과 인간

인간의 조상인 영장류는 나무 위에서 생활하면서 잡식성 식생활을 즐겼는데, 오늘날의 침팬지와 비슷한 것을 먹었을 것이라고 추측된다. 생태계에서 먹이사슬의 최고 소비자인 인간은 숲속이나 초원, 바다나 강, 호수 등에서 손에 넣을 수 있는 다양한 식물이나 동물을 먹었다. 지금도 인간은 대체로 잡식성의 식생활을 하는데, 요즘에는 채식을 고집하는 사람들도 많아지는 것 같다. 그런데 관점에 따라서는 모든 사람이 채식을 즐긴다고도 말할 수 있다. 이는 먹이사슬이 식물에서 출발하기 때문이다. 즉 쇠고기를 먹는다는 것은 그 소가 먹은 풀을 먹는 것이고, 참치를 먹는다는 것은 식물 플랑크톤을 섭취하는 것과 같다.

먹이사슬에서 각 영양 단계로 이행할 때마다 에너지가 약 10분의 1로 줄어들기 때문에 가급적 채식을 즐기는 것이 에너지 낭비를 줄일 수 있는 방법일 수도 있다. 하지만 개인적으로는 평생 스테이크나 참치회를 먹지 않으면 조금은 우울해질 것 같다.

음식 문화는 어떻게 탄생했을까?

어떤 계절에 어디에서 어떤 식품을 구하면 좋은지를 기억해두었다가 주위 사람들에게 전하고 자손들에게 가르쳐줌으로써 일찍이 음식 문화가 탄생한 것으로 여겨진다. 인간의 조상은 예리한 발톱도, 어금니도, 빨리 달릴 수 있는 근육도 없었지만 지능을 발달시키고 기억력과 의사소통 능력을 발휘해서 다양한 생물을 먹잇감으로 삼아 번창해왔다.

더욱이 자신의 거처 가까이에서 키울 수 있는 식물을 모아서 식량으로 재배하고, 야생동물이었던 멧돼지나 말·양을 사육해서 고기와 우유를 얻었다. 이처럼 식량을 안전하게 확보함으로써 식재를 가공하고 불을 이용해 조리함으로써 먹을거리의 종류를 늘려갔다.

오늘날에는 나라나 민족에 따라 각각 다른 음식 재료나 요리가 있고 독특한 음식 문화가 존재한다. 이는 긴 인류의 역사 속에서 다양한 먹을거리가 고안되고 발전되었기 때문이다.

식생활의 전통이 점점 무너지고 있다

인간은 오랫동안 식욕에 맞추어 적정량의 식사를 하고 각 지역에서 전해내려오는 식문화에 따라 음식을 섭취하면서 건강을 유지해왔다. 그런데 오늘날에는 그 전통이 무너지고 있는 것 같다.

폭식의 시대라는 말이 나오는 가운데 편식, 거식증, 폭식증 등 여러 문제가 속출하고 있다. 즉석식, 즉 패스트푸드의 확산과 농수산물의 수입 개방으로 먹을거리가 세계적으로 균일화되고 있는 것도 현대 식생활의 특징이다. 음식의 글로벌화는 토착 음식 문화를 쇠퇴시키고 붕괴시킨다는 주장도 있는데, 이제는 인류의 음식 문화를 진지하게 생각해야 할 때가 온 것 같다.

두근두근 호기심 칼럼

나 홀로 식사, 괜찮을까?

인간에게 식사시간은 동물이 먹잇감을 해치우는 시간과는 차원이 다르다. 가족 간의 소통이나 인간관계 형성에 도움이 되는 뜻 깊은 시간이다. 누군가와 대화를 나누며 밥을 먹으면서 마음의 여유를 가질 수 있고, 서로 이해하고 신뢰를 돈독히 하는 장을 만들 수도 있다. 특히 자라나는 아이들에게 밥상머리 교육은 신체 건강뿐만 아니라 인성 발달에도 아주 중요하다.

그런데 1인 가구와 핵가족의 증가로 혼자 식사를 하는 '나 홀로 식사족'이 늘고 있다. 심지어 가족들과 함께 생활하는 아이들 중에서 단지 부모님의 잔소리가 듣기 싫다며 혼자 방에 틀어박혀 식사를 하는 아이도 생겨나고 있다.

온 가족이 식탁에 빙 둘러앉아 이야기꽃을 피우며 즐기는 단란한 식사시간은 가족 사랑을 확인할 수 있는 최고의 시간이다. 만약 매일 저녁을 같이하기 힘들다면 적어도 일주일에 두세 번은 '가족 식사의 날'을 마련해서 가족 모두 행복한 식사시간이 될 수 있게끔 노력해야 할 것이다.

베어 군 요즘은 굳이 세계여행을 떠나지 않아도 전 세계 요리를 맛볼 수 있는 시대 같아요. 가끔은 음식점에서 가슴 설레는 요리를 만날 때도 있어요. 그럴 땐 새로운 문화를 발견하는 것 같아요.

생박사 아니, 베어 군은 취재 다니면서 글을 쓰는 게 아니라 먹기만 해서 어쩌나! 그러니까 그렇게 뚱뚱해지잖아.

베어 군 뚱뚱하다고 그만 놀리세요. 언어폭력이라고요.

생박사 언어폭력이라니! 이게 다 베어 군의 건강을 위해서 하는 이야기야. 그리고 베어 군은 매일 달달한 아이스크림이나 케이크만 먹으니까 건강에 더 해롭다는 거지.

왜 편식을 할까?

■ 대뇌 주체의 식문화

인간의 식성은 무엇이든지 먹는 잡식성이 특색이다. 그런데 아무리 잡식성이라고 해도 사람에 따라서 특정 음식을 가리는 경우가 종종 있다. 먹지 못하는 음식의 종류나 호불호의 정도는 다양하지만 민족별로 특정 음식에 대한 편식도 존재하는 것 같다.

그렇다면 편식은 왜 생길까? 이는 대뇌에서 그 원인을 찾아볼 수 있다.

잡식성인 영장류는 지금껏 한 번도 먹은 적이 없는 것을 먹어봄으로써 먹을 수 있는 음식의 범위를 넓혀왔다. 이때 그 식품에 독이 들어 있는지를 알아내기 위해 뇌를 가동해서 맛, 향, 감촉 등을 음미하게 된다. 그리고 이 경험은 뇌에 축적되어 주위 사람이나 후손들에게 전해진다. 결과적으로 인간의 대뇌가 주체가 되어 식성을 만들어내는 것이다. 이 과정에서 대뇌가 좋아하는 음식, 싫어하는 음식을 나눈다. 그런데 무엇을 즐겨 먹느냐 하는 기호가 몸이 요구하는 영양과 모순되는 결과를 초래할 때도 있다.

■ 매스컴 속 맛있어 보이는 음식들

편식이란 특정 음식을 먹지 않는다거나, 반대로 특정 식품만 즐겨 먹는 것을 말한다. 이를테면 양파나 당근은 입에도 대지 않으면서 고기만 먹는 경우 등을 말한다.

오늘날에는 젊은이들이나 어린이들의 편식이 문제가 되고 있는데, 편식의 한 원인으로 사회적인 왜곡이 꼽힌다(그림 8-1). 가령 텔레비전을 켜면 잘생긴 남자가 맛있게 식사를 하는 장면이나 예쁜 여자가 행복하게 음식을 먹는 광고가 자주 등장하는데, 광고에 등장하는 음식은 대개 간단하게 조리할 수 있는 즉석식품이거나 스낵류가 대부분이다. 이런 광고의 홍수 속에서 자극적인 먹을거리가 넘쳐나고 특정 가공식품만 선호하는 결과를 초래하는 것이다.

더욱이 어린 시절부터 가공식품 맛에 익숙해지면 후각이나 미각이 제대로 발달하지 못해서 편식으로 치우칠 가능성이 그만큼 높아진다.

■ 사회가 편식을 강요한다

한편 사회생활에서 오는 정신적인 스트레스가 심해지면서 특정 음식만 찾

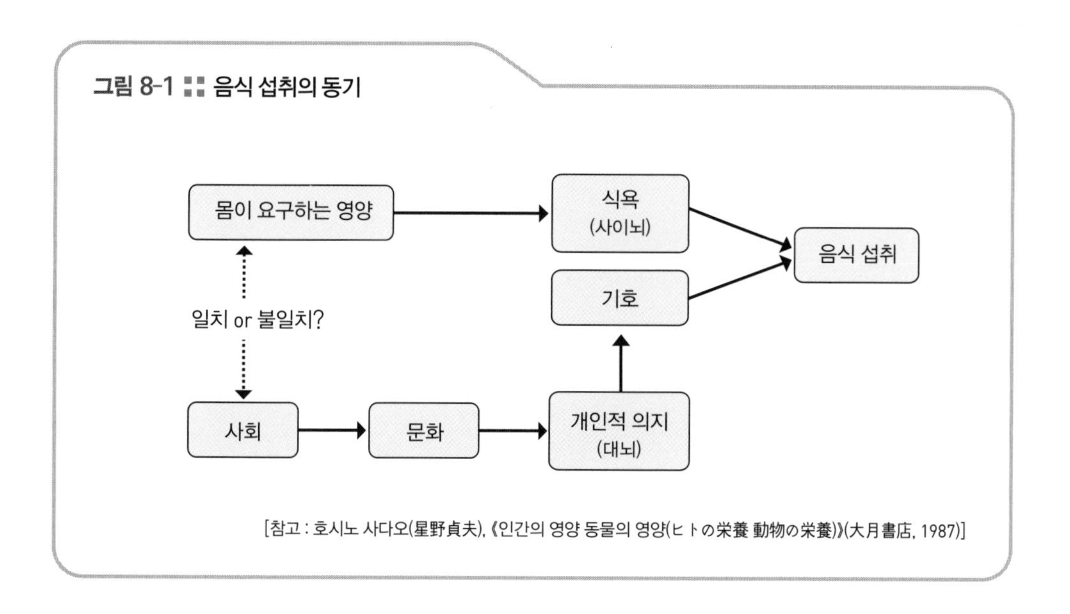

그림 8-1 :: 음식 섭취의 동기

[참고 : 호시노 사다오(星野貞夫), 《인간의 영양 동물의 영양(ヒトの栄養 動物の栄養)》(大月書店, 1987)]

는 경우도 있다. 극단적인 다이어트도 문제다. 특히 청소년들의 체중 미달이 심각한데, 고등학교 3학년 여학생의 경우 저체중 학생이 전체 학생 가운데 10%에 육박한다는 조사 결과도 나왔다. 사춘기의 체중 미달은 조기에 치료하지 않으면 죽음에 이를 수도 있다고 하니 과도한 다이어트에 대해 사회 전체가 좀 더 진지하게 생각하고 대응책을 강구해야 할 것이다.

■ 부족한 영양을 건강기능식품으로 보충하면 된다는 위험한 생각

음식물의 가공·조리·제조기술의 발달이 식생활을 풍요롭게 하는 데 이바지한 것은 사실이다. 하지만 그 과정에서 특정 영양소만 특화하기 때문에 개별 식품에 포함된 영양소는 한두 가지에 치우치고 만다. 예를 들면 두부는 콩으로 만들지만 콩에 들어 있는 다양한 성분은 들어 있지 않고 단백질로 영양소 쏠림 현상이 심화된다.

어떤 사람들은 부족한 영양소는 건강기능식품으로 보충하면 된다고 생각하는데, 그런 식의 단순한 생각으로는 영양 불균형을 해결할 수 없다. 영양소가 골고루 담긴 균형 잡힌 식단만이 건강의 지름길임을 숙지해야 할 것이다.

인체가 좋아하는 영양소의 종류

음식물을 화학적 영양소로 분류하면 탄수화물, 지방, 단백질, 비타민, 무기질의 5가지로 나눌 수 있다. 그림 8-2에는 다양한 식품 속에 포함된 영양소의 비율을 정리했고, 그림 8-3에는 영양소의 기능을 소개했다.

인간에게 탄수화물, 지방, 단백질은 비교적 많은 양이 필요하고, 이 영양소들은 음식물의 대부분을 차지한다. 이에 비하면 적은 양이지만 성장과 활동에 꼭

그림 8-2 :: 식품에 포함된 영양소와 그 비율

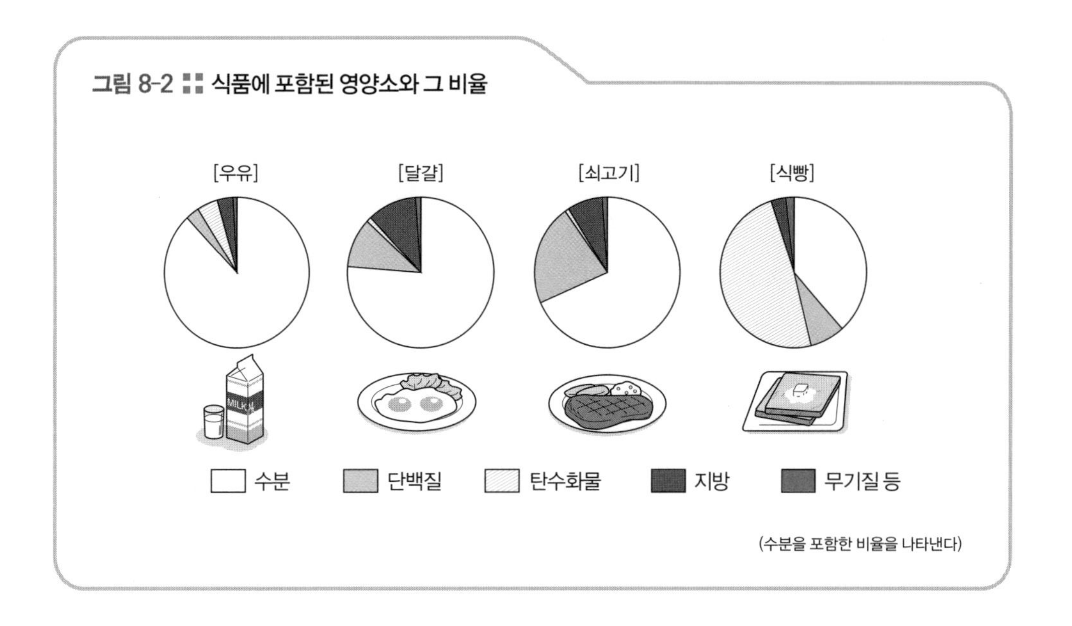

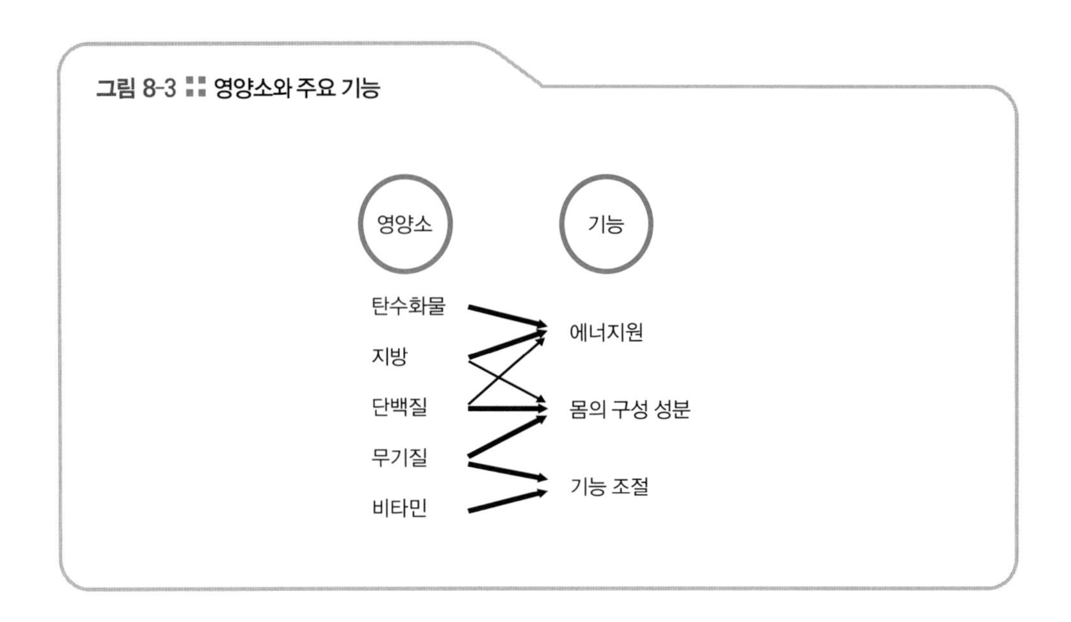

그림 8-3 ⁞⁞ 영양소와 주요 기능

필요한 영양소로 비타민과 무기질이 있다. 인체 구성에서 물이 아주 중요한데, 물은 영양소로 분류되지는 않지만 공기와 더불어 생물이 살아가는 데 없어서는 안 될 소중한 물질이다.

탄수화물과 지방은 주요 에너지원

에너지는 우리 몸의 60조 개가 넘는 체세포의 활동을 지탱하고 체온을 유지하기 위해 반드시 필요한, 인간 활동의 근원을 이루는 힘이다. 에너지원으로 쓰이는 영양소로 탄수화물과 지방을 꼽을 수 있다*.

탄수화물은 단위 분자인 포도당(글루코오스)으로, 지방은 지방산과 글리세린으로 분해된 후 혈관 내에 흡수되어 혈액을 통해 온몸 구석구석으로 공급된다. 몸의 각 세포가 에너지원으로 흡수하는 것은 주로 포도당과 지방산, 글리세린이다. 혈액 속에는 거의 0.1%의 포도당이 항상 들어 있으며, 혈당값(혈액 속에 포함된 포도당의 농도)은 일정하게 조절되고 있다.

인체는 과잉 포도당이나 지방은 간의 글리코겐이나 피부 밑에 저장해두고 필

* 에너지원으로는 탄수화물과 지방이 주역이지만, 드물게 단백질도 에너지원으로 활동할 때가 있다. 그래도 영양소로서의 단백질, 그리고 단백질의 기본단위인 아미노산의 주요 역할은 몸의 구성성분인 단백질을 합성하는 재료로 쓰이는 것이다.

요할 때마다 다시 에너지원으로 사용한다. 포도당이나 지방산에 포함된 화학에너지는 그대로 세포활동에 이용할 수 없기 때문에 몇 종류의 효소를 매개로 분해 및 산화해서 에너지 통화인 ATP를 생산한다. 바로 이 과정이 호흡이다. 산소를 이용하는 산소 호흡에서는 세포소기관인 미토콘드리아가 활동하고 있다.

단백질과 일부 지방은 몸의 구성성분

■ 단백질

인체의 구성성분으로 가장 많은 부분을 차지하는 것이 단백질인데, 단백질은 음식물을 통해 섭취해야 한다. 물론 돼지고기를 먹는다고 해서 고기를 먹은 인간의 몸이 돼지의 단백질을 닮는 것은 아니다. 이는 돼지고기의 단백질이 소화관(위나 작은창자)에서 단백질의 구성단위인 아미노산으로 분해된 다음 작은창자 벽에서 흡수되어 세포로 보내지기 때문이다. 그리고 분해된 아미노산은 각 세포의 유전자 정보에 기초를 두고 다시 연결해서 인간의 단백질이 된다. 일부 단백질은 완전히 분해되지 않은 채 그대로 흡수되는 경우도 있지만, 이때는 면역활동으로 우리 몸에서 배제된다.

■ 지방

지방으로 분류되는 콜레스테롤과 인지질은 세포막의 구성성분이기도 하다. 또 콜레스테롤은 부신겉질호르몬, 성호르몬, 쓸개즙의 전구체가 되는 중요한 성분이다.

흔히 콜레스테롤은 혈액을 탁하게 만드는 주범으로 인식되어 있지만 꼭 그런 것만도 아니다. 필요한 콜레스테롤의 70% 정도는 체내(간)에서 합성된다고 한다. 콜레스테롤의 과다 섭취를 걱정하는 사람도 많지만, 음식물을 통해 섭취하는 콜레스테롤의 양 자체는 혈중 콜레스테롤의 농도에 거의 영향을 끼치지 않는다. 많이 섭취하면 체내 합성이 억제되는 피드백 조절 기구가 활동하기 때문이다.

달걀은 콜레스테롤을 많이 함유한 식품으로 알려져 있다. 하지만 대부분의 실험에서 하루에 1~2개의 달걀을 매일 섭취해도 혈중 콜레스테롤 수치에는 크게 영향을 끼치지 않는 것으로 밝혀졌다. 또 중성지방은 피부밑지방으로 몸을 보호하는 역할도 담당한다. 콜레스테롤과 중성지방이 나쁜 성분만은 아닌 것이다.

무기질

탄수화물, 지방, 단백질에 포함된 원소를 원소기호로 나타내면 C(탄소), H(수소), O(산소), N(질소), S(황)이다. 이들 원소 외에도 우리 몸은 P(인), Ca(칼슘), Na(나트륨), K(칼륨), Mg(마그네슘), Cl(염소), Fe(철), Mn(망간), Cu(구리), Co(코발트), I(요오드), Zn(아연), Se(셀레늄) 등의 무기질을 필요로 한다.

뼈의 구성요소로 인과 칼슘이 필요하고, 혈액에는 나트륨이온과 염소이온이 다량 함유되어 있어서 삼투압을 만들고 있다. 또한 세포 내에는 칼륨이온이 많이 들어 있고, 대부분의 원소가 효소 활동을 돕고 있다(그림 8-3).

이들 무기질 가운데 특히 현대인에게 부족하기 쉬운 영양소가 칼슘이다. 우유에는 체내 흡수율이 높은 칼슘이 많이 함유되어 있고, 멸치나 해초도 칼슘의 왕이라 불릴 만큼 칼슘이 많다. 반면에 인과 나트륨은 과다 섭취하지 않도록 유의해야 한다*.

* 인을 과잉 섭취하면 부갑상선호르몬과 섬유아세포 증식 인자의 수치가 증가하는데, 그 영향으로 뼈 질환과 심혈관계 질환이 발생할 수 있다. 나트륨은 너무 많이 섭취하면 고혈압과 심장마비를 일으킬 수 있다. – 편집자주

비타민

비타민은 주영양소는 아니지만, 인체에 꼭 필요한 유기 화합물이다. 에너지원이나 인체 구성성분은 아니지만 효소의 활동을 돕고 대사작용에 있어 윤활유와 같은 임무를 띠고 있다. 비타민은 크게 물에 녹느냐 지방에 녹느냐에 따라

표 8-1 :: 주요 비타민

지용성 비타민

명칭	화학명	작용	결핍증	함유 음식
비타민A	카로틴	시각물질의 성분, 피부의 기능 유지	야맹증, 각막 건조	당근, 호박, 버터, 달걀노른자
비타민D		뼈와 치아의 석회화 촉진, 작은창자에서 칼슘(Ca)과 인(P)을 흡수	구루병	생선, 버터, 표고버섯 달걀노른자, 어유
비타민E		생체막의 안정화, 항산화작용	용혈	콩기름, 밀배아유
비타민K		혈액 응고 촉진, 콜라겐의 생성 및 유지	혈액 응고 지연	어유, 해조, 양배추, 토마토

수용성 비타민

명칭	화학명	작용	결핍증	함유 음식
비타민B군 (B_1, B_2, B_6, 니코틴산 등)		각종 효소의 보조효소	각기병, 펠라그라, 발육 저해, 신경장애	배아, 간, 고기, 우유, 달걀노른자, 콩류 등
비타민C	아스코르브산	콜라겐의 생성과 유지	괴혈병	감귤류, 채소

수용성 비타민과 지용성 비타민으로 나뉜다(표 8-1).

평소 다양한 음식을 골고루 먹으면 비타민이 부족할 일이 없다. 하지만 최근에는 극단적인 편식 때문에 비타민 부족으로 질병에 걸리는 사람이 늘고 있다. 그렇다고 안일하게 '비타민 보충제나 기능성 식품을 복용하면 그만'이라는 생각은 큰 오산이다. 어떤 비타민을 보충하더라도 과잉으로 문제가 될 수 있기 때문이다. 비타민A나 비타민D 등의 지용성 비타민은 과다하게 섭취하면 체내에 축적되어 해를 끼치는 경우도 있다. 비타민A를 지나치게 많이 섭취하면 두통이나 안면 홍조, 피부 건조 등이 나타나고, 비타민D를 과잉 섭취하면 장기에 칼슘이 침착되거나 식욕 부진 등의 증상이 생길 수 있다.

딸아이와 베어 군, 나는 바닷가로 여름휴가를 갔다. 베어 군은 자외선차단제를 얼굴에 덕지덕지 바르고 있다.

생박사 바닷가에 들어가서 물놀이나 하지.

베어군 어린애들처럼 놀 때는 지났죠. 그런데 신기하게도 물가에 서 있으면 발이 물속으로 빨려 들어갈 것 같아요.

생박사 허허, 그거야 썰물 때는 힘이 세니까 그렇지.

베어군 썰물이 되도 물고기는 보이지 않네요. 강가에서는 아주 쉽게 연어를 잡을 수 있다고 들었는데. 앗, 그러고 보니 생선 먹고 싶어요. 생선 먹고 빨랑 머리가 좋아지면 좋겠어요!

몸에 좋은 먹을거리

■ DHA와 EPA

어류에는 DHA와 EPA라는 지방산이 들어 있다. 이들 영양소는 신경세포의 세포막을 구성하며 뇌 기능을 높이는 작용을 하기 때문에 생선을 먹으면 머리가 좋아진다고 흔히 말하는 것이다.

DHA는 'Docosa Hexaenoic Acid(도코사 헥사에노산)', EPA는 'Eicosa Pentaenoic Acid(에이코사 펜타에노산)'의 약칭으로 DHA의 전구체다. DHA와 EPA는 오메가-3 불포화지방산의 일종이다. 어패류에 많이 들어 있으며 육상동물의 체내에서는 합성되지 않는다(식물성 기름에 많이 포함된 오메가-3 계열의 리놀레산을 섭취하면 합성할 수 있다. 그림 8-4).

한편 대뇌겉질의 신경세포의 경우 인지질을 구성하는 지방산의 20~30%가 DHA이고, 망막의 시각세

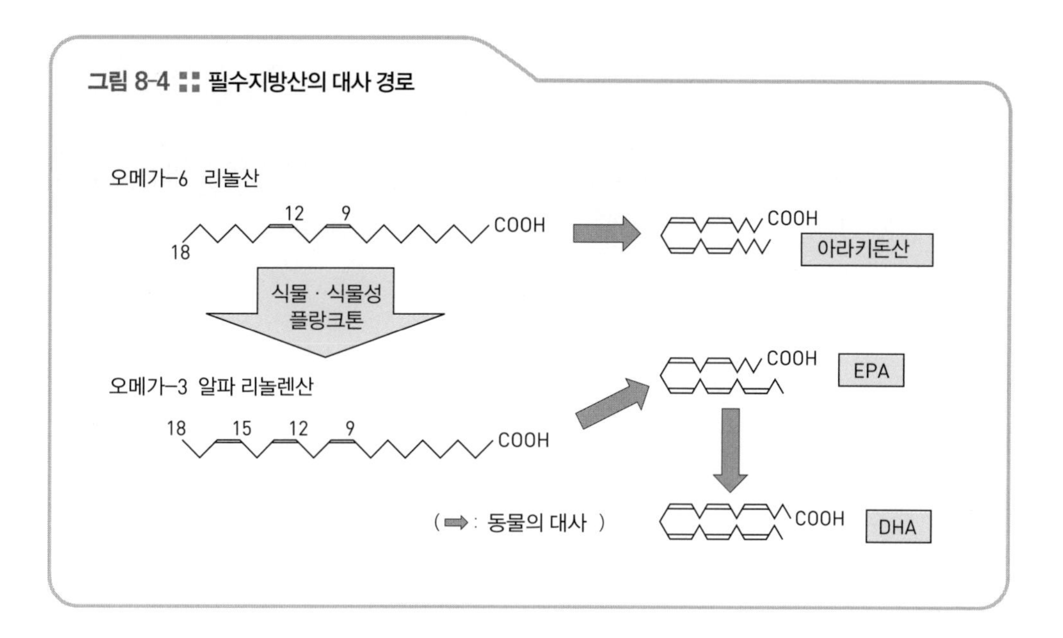

그림 8-4 필수지방산의 대사 경로

포 인지질 가운데 35~60%가 DHA다. 특히 신경세포의 연접 부위인 시냅스의 세포막에 많은 DHA가 포함되어 있다.

최근에는 DHA와 EPA에 치매 예방, 시각 향상, 알레르기성 염증 억제, 혈중 나쁜 콜레스테롤의 감소, 동맥경화 예방, 뇌혈전 예방, 대장암 억제 등의 효과가 있다는 사실이 속속 밝혀지고 있다. 단, DHA와 EPA를 만병통치약으로 선전하는 건강기능식품을 맹신해서는 안 되며, 불포화지방산이 듬뿍 들어 있는 음식을 골고루 섭취하면 두뇌 건강과 장수에 도움이 될 것이다.

베어 군 DHA와 EPA라… 이름 한번 거창하네요.

생박사 우리 몸이 좋아하는 먹을거리는 DHA와 EPA 말고도 많이 있으니까, 좀 더 쉬운 이름으로 몇 가지 더 소개해줄게.

■ 폴리페놀 등의 항산화물질

최근 '레드와인이나 싱싱한 채소에는 폴리페놀(polyphenol)이 많이 들어 있다. 레몬에는 비타민C가 듬뿍 들어 있다. 폴리페놀이나 비타민C는 활성산소라는 나쁜 물질을 없애줘서 노화 방지에 도움이 된다'는 건강 뉴스가 심심찮게 들려온다.

활성산소란 호흡 과정에서 생기는 물질을 산화하는 강력한 힘을 가진 화합물을 일컫는다. 활성산소가 늘어나면 유전자 DNA나 지방에 상처를 줘서 암세포를 야기하거나 노화를 촉진한다(280쪽 참고). 폴리페놀은 이런 활성산소를 줄여주는 것으로 알려져 있다.

신맛이 강할수록 산성식품일까?

산성식품과 알칼리성식품이라는 말은, 불에 태운 다음 재로 만들어 물에 녹였을 때 산성이 되는지 알칼리성이 되는지에 따라 나누는 구분법이다. 이때 칼륨이나 나트륨 등의 무기질을 많이 포함하면 알칼리성, 인이나 황 등의 음이온이 되는 무기질을 다수 포함하면 산성이 된다. 신맛이 난다고 해서 산성식품이라고 말하는 것은 결코 아니다.

'산성식품을 많이 먹으면 혈액이 산성화되거나 딱딱하게 굳어질까?'

'음식에 신경 쓰지 않으면 혈액의 pH 농도가 7.0 이하로 떨어질지도 모른다.'

간혹 이렇게 염려하는 사람이 있는데, 이는 크게 걱정하지 않아도 된다.

음식의 종류에 따라 혈액의 pH 농도가 돌변하는 것은 아니기 때문이다. 혈액에는 완충작용이 있어서 pH를 안정화시키는 물질이 많다. 이산화탄소가 대표적이다. 따라서 혈액의 pH는 7.35~7.45 사이에서 엄격하게 조절되고 있다(pH가 0.1이라도 요동치면 몸에 이상이 나타난다. 0.2로 떨어지면 혼수상태, 0.3으로 떨어지면 생명에 지장이 있다).

■ 식이성 섬유

식이성 섬유란 셀룰로오스(cellulose), 펙틴(pectin) 등 인간의 소화효소로는 소화가 곤란한 곡물이나 식물의 구성성분을 말한다. 채소, 곡물, 감자, 고구마,

해조류 등에 많이 들어 있다. 식이성 섬유에는 열량이 거의 없지만 다양한 효능이 있어서 최근에 주목받고 있다.

① 식이성 섬유는 섭취한 음식물이 위에 머무르는 시간을 늘려주고, 장 점막에서의 영양 흡수를 억제하고, 혈당량 증가를 완만하게 잡아준다.
② 식이성 섬유는 쓸개즙을 흡착하기 때문에 콜레스테롤과 지방 흡수를 억제하고 동맥경화 방지에 효과가 있다.
③ 탄수화물, 단백질, 지방의 분해가 억제되어 영양소가 큰창자에 도착하는 비율이 그만큼 늘어난다. 그 결과 좋은 장내 세균이 늘어나 부패균이 감소하고 장내 환경이 좋아져서 대장암 예방에 효과가 있다.
④ 소화관 운동을 촉진하고 소화관 내용물의 부피를 증가시켜 변비 해소에 효과가 있다.

식생활이 서구화되면서 식이성 섬유의 섭취가 점점 줄어들고 있다. 성인의 하루 권장 섭취량인 20~25g 정도는 음식으로 섭취할 수 있게끔 각별히 신경을 써야 할 것 같다.

최고의 건강식품은?

무엇보다 5대 영양소가 골고루 들어 있는 것이 최고의 건강식품이다. 그런데 아직 알려지지 않은 인체 필요 성분이 또 존재할지 모른다. 따라서 특별한 식품이나 식재료에 지나치게 기대를 하지 말고 다양한 먹을거리를 균형 있게 골고루 섭취하는 것이 가장 중요하다.

'식생활 건강 지침'을 정리하면 아래와 같다.

① 식사를 즐겁게 하자!

② 하루의 식사 리듬에서 건강한 생활 리듬을!

③ 밥과 반찬을 기본으로 영양의 균형이 잘 잡힌 식사를 하자!

④ 곡물을 확실하게 챙겨 먹자!

⑤ 채소·과일, 우유·유제품, 콩, 생선도 곁들여서 먹자!

⑥ 나트륨과 지방은 줄이자!

⑦ 적정 체중과 하루 활동에 맞는 식사량을 준수하자!

⑧ 지역 농산물을 최대한 활용해서 신선한 요리를 하자!

⑨ 조리나 보존에도 신경 써서 음식 낭비가 없도록 하자!

⑩ 자신의 식생활에 항상 주의를 기울이자!

이 지침에서 주목을 끄는 것이 지역 농산물을 활용하자는 항목인데, 이는 '슬로푸드 운동'과도 일맥상통하는 부분이다.

베어군 어제 텔레비전에서 토마토가 몸에 좋다는 이야기가 나왔는데. 앗, 코코아도 좋다고 했어요!

생박사 몸에 좋다는 걸 다 챙겨 먹다 보면 뚱뚱보가 될걸. 뭐든지 적당하게, 적절히 먹는 게 중요해.

슬로푸드 운동?

'슬로푸드(Slow Food)' 운동은 1986년 이탈리아에서 시작된 비영리단체의 활동이다. 표준화되고 획일화된 패스트푸드의 위험성을 지적하며 아래의 구호를 내걸고 세계적으로 캠페인을 펼쳐나가고 있다.

① 사라질 위기에 처한 전통적 식재료나 요리, 질 좋은 식품이나 술을 보호한다.

② 높은 품질의 재료를 제공하는 생산자를 보호한다.
③ 아이들을 포함해 소비자에게 미각 교육을 한다.

산지 식재료나 요리법을 계승하고 식문화로 육성함으로써 문화의 다양성이 선사하는 풍요로움을 누리는 일은 인류의 미래를 위해 매우 중요한 일이다.

요컨대 슬로푸드 운동은 산해진미의 고급 음식을 먹자는 미식가 지향이 아닌, 우리 몸에 꼭 필요한 음식을 맛있고 즐겁게 먹자는 취지의 운동이라고 말할 수 있다.

우리가 찾는 식품은 얼마나 안전할까?

식품첨가물의 안전성, 다이어트 식품의 피해, 허용량의 몇 배가 넘는 잔류농약 투성이의 수입 과일과 채소, 생산지를 속여 표시하는 문제 등 오늘날 식품의 안전이 큰 위협을 받고 있다. 먹을거리를 둘러싼 갖가지 문제가 속출하는 이유는 무엇일까?

원인은 다양하겠지만 생산자, 가공업자, 유통업자, 판매업자, 소비자 사이에 형성되어 있는 불신 문화를 문제의 근본 원인으로 꼽을 수 있을 것이다.

일부 생산자는 농약을 과다하게 이용해 겉만 번지르르한 농산물을 재배해서 판매하고 정작 자신이 먹는 음식에는 절대 농약을 치지 않는다는 이야기를 들은 적이 있다. 말하자면 판매용과 자가 소비용을 구별해서 작물을 재배한다는 것이다. 또 수익을 올리려고 생산지를 속이거나 유통기한이 지난 식품을 판매하는 일도 여전히 활개를 치고 있다. 이와 관련해 정부 차원에서 철저히 단속하지 않고, 문제가 발생하면 그제야 땜질처방 식의 미온한 대처로 일관하는 정부의 태도도 큰 문제다.

그렇다면 먹을거리를 믿고 먹을 수 있으려면 어떻게 해야 할까?

먼저 생산자와 소비자가 서로 가까워지는 것이 무엇보다 중요하다. 이를테면 요즘 판매처에서 심심찮게 볼 수 있듯이 생산자의 실명과 사진을 판매용 농산물에 부착하거나, 최근에 등장한 생산물 이력추적시스템(원재료, 제조 장소, 출하, 검사 등의 데이터를 코드화해서 어떤 유통 단계에서도 검색할 수 있도록 관리하는 제도)을 확대 추진하는 방법을 모색할 수 있다. 또 소비자의 목소리가 생산자에게 전달될 수 있는 법적 장치가 마련되어야 할 것이다.

식품첨가물

식품첨가물이란 식품의 제조 과정이나 가공, 보존의 목적으로 식품에 첨가되는 물질을 말하며 착색료, 착향료, 감미료, 팽창제, 보존료, 방부제 등이 있다. 표 8-2에 식품첨가물의 예를 정리해두었다.

식품첨가물이라고 해서 모두 해로운 것이 아니며, 천연 재료로 지칭된다고 해서 모두 이로운 것도 아니다. 가끔 천연 재료를 앞세우는 광고를 볼 수 있는데, 생물이 만들어낸 것을 천연 재료라고 지칭한다면 개중에는 독성을 가진 천연 물질도 있다. 또한 대표적인 식품첨가물인 방부제는 오히려 음식이 상할 위험성을 낮춰준다. 따라서 식품첨가물이 적게 들어간 먹을거리를 선택하는 일이 가장 현명하다. 지레 겁먹고 식재료를 지나치게 줄이는 일도 바람직한 대처법은 아닐 것이다.

물론 식품첨가물이 끼치는 다양한 인체 영향력은 여전히 논의의 대상이므로, 비록 허용량을 준수한다고 해도 찜찜한 마음은 어쩔 수 없을 것 같다.

광우병

우리가 흔히 광우병이라고 통칭하는 '소해면상뇌증(BSE)'은 변형 프라이온에 감염된 소의 뇌 조직에 해면, 즉 스펀지처럼 구멍이 숭숭 뚫리면서 이상 행동이나 운동 실조 증상 등을 보이다가 마침내 죽음에 이르는 질환이다. 변형 프라

표 8-2 ∷ 식품첨가물의 예

구분	종류	예
식품 제조에 필요한 첨가물	산도조절제	인산염
	중화제	염산 · 수산화나트륨
	유화제	글리세롤지방산 에스테르
	응고제	황산칼슘, 글루코노락톤
	팽창제	탄산수소나트륨(중조)
	품질개량제	브로민산칼륨
품질 향상에 필요한 첨가물	인공착색료	타르계 색소(식용 적색 2, 3, 102호, 황색 5호, 청색 1호 등), 클로로필 구리복합체
	발색제	아질산나트륨
	표백제	아황산나트륨
	향료	아세트산에틸
	증점제	카르복시메틸셀룰로오스(CMC)
	감미료	사카린, 아스파르템
	조미료	L-글루탐산나트륨, 이노신산나트륨
보존성 향상에 필요한 첨가물	보존료	벤조산나트륨, 소르빈산칼륨
	방부제	다이페닐, 티아벤다졸, 이미다졸
	산화방지제	비타민C, L-아스코르빈산나트륨, 알파토코페롤

이온을 통한 감염은 종을 초월해 발생할 수 있다고 알려져 있다. 실제로 광우병에 걸린 소의 고기를 인간이 먹음으로써 감염된 것으로 추정되는 '변종 크로이츠펠트-야콥병(variant CJD)' 환자가 영국에서 100명 정도 보고되었다.

광우병 파동 이후 전 세계적으로 쇠고기의 소비량이 격감하기도 했지만 쇠고기를 통한 감염률은 지극히 낮고, 오늘날 모든 식육용 소에 대해 엄격한 검사가 이루어지고 있으므로 지나치게 염려할 필요는 없지 않을까 싶다.

유전자변형 농작물과 유전자변형 식품

■ 품종 개량의 혁명

1만 년 전에 농경활동이 시작된 이후 인간은 농작물의 품종 개량에 힘써왔다. 그 결과 인간에게 이로운 형질의 농작물을 선택하고 교배해서 더 좋은 품종을 만들어냈다. 예를 들면 벼나 보리, 옥수수는 씨앗이 익어도 알이 떨어지지 않고 그대로 붙어 있는데, 이 상태로는 번식 지역을 넓히지 못하고 자연에서 도태되기 쉽다. 인간이 직접 씨를 뿌리고 수확하지 않으면 벼 자체는 생육할 수 없는 셈이다. 이처럼 인간은 재배하고 수확하기 편하게끔 다양한 품종을 끊임없이 개량해왔다.

그런데 최근에는 분자유전학의 발달과 함께 특정 유전자를 세포에 주입하는 유전자변형 기술을 응용한 품종 개량이 활발하게 이루어지고 있다. 유전자변형 기술은 인간의 유전자를 식물에 주입하는 식의, 종의 벽을 훌쩍 뛰어넘어서 역할과 작용이 구체적으로 밝혀진 특정 유전자를 이식함으로써 기존의 품종 개량과는 비교도 되지 않을 만큼 품종 개량 분야에서 혁명을 도모했다.

유전자변형 농작물은 어떻게 만들어지나?

유전자변형 농작물(GMO; Genetically Modified Organism)을 만들려면 여러 장치가 필요하다. 간략하게 소개하면, 목적으로 하는 유전자 DNA를 떼어내서 운반체(vector) DNA와 서로 연결한다. 흔히 이용되는 운반체는 아그로박테리움(Agrobacterium)이라는 토양세균의 감염성 DNA는 '플라스미드(plasmid)'라고 부른다. 아그로박테리움은 식물에 암과 같은 커다란 혹을 만드는 세균으로 알려져 있는데, 이는 유전자 DNA를 효율적으로 식물 세포에 주입하는 특성을 갖추고 있기 때문이다.

운반체 DNA와 목적 DNA를 서로 연결하기 위해서는 풀칠할 부분을 자르는

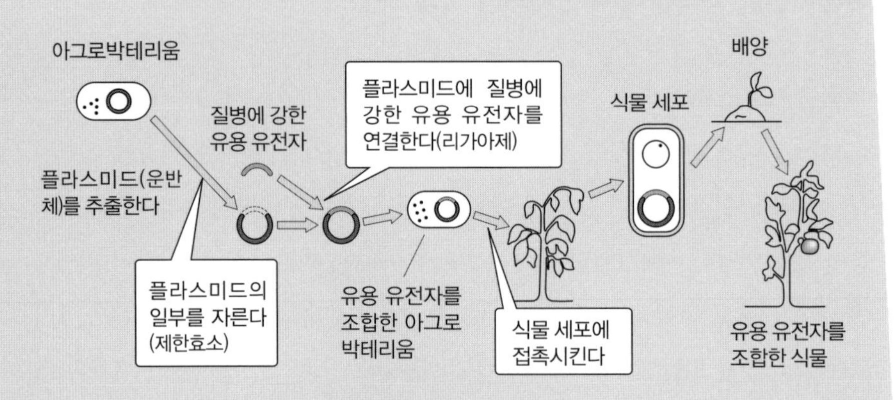

아그로박테리움 이용법

가위에 해당하는 효소(제한효소)와 풀에 해당하는 효소(DNA 리가아제ligase)가 이용된다. 동일한 제한효소로 절단한 DNA끼리는 풀칠할 부분이 같기 때문에 정확하게 들어맞는다. 그 위에 DNA 리가아제로 이음매를 감쪽같이 붙인다(아래 그림).

이렇게 해서 목적으로 하는 유전자를 삽입한 식물 세포를 얻었다면 이 세포를 플라스크 안에서 적당한 배양액으로 키우고 식물체로 분화시킨다. 조직 배양의 기술이다.

이와 같은 방법으로 만들어진 유전자변형 농작물은 이후 실험 온실, 실험 텃밭에서 키워져 성질이나 안전성을 확인한 다음 유전자변형 농작물의 씨앗으로 일반 농가에 판매한다.

우리나라에서는 외국에서 개발된 품종을 일정한 안전 확인 절차를 거친 다음 수입하고 있는 상황이다.

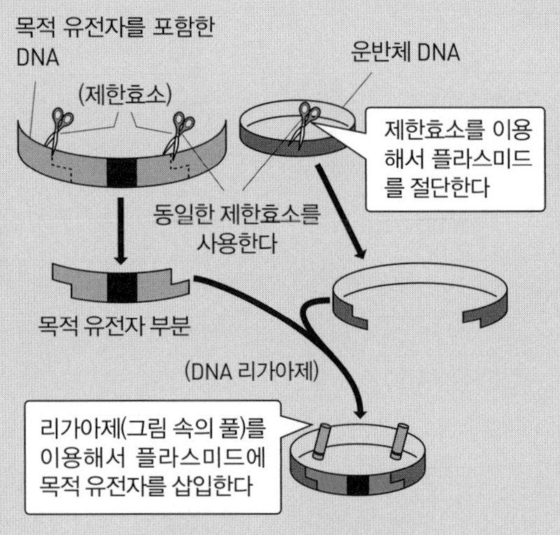

제한효소와 DNA 리가아제

■ 어떤 유전자변형 농작물이 인정되고 있을까?

현재 수입이 승인된 유전자변형 농작물은 콩, 옥수수, 유채, 면화, 사탕무 등이 있으며 주로 제초제 내성 농작물과 해충 저항성 농작물에 속하는 것들이다.

*
위의 유전자변형 식품과 관련된 내용은 한국 식약청의 관련 자료를 토대로 한국 실정에 맞게 대폭 수정했음을 미리 밝힌다. 관련 사이트 http://www.mfds.go.kr/gmo/index.do

≫ **제초제 내성 농작물 :** 미국 농가와 같이 넓은 농장에서 재배하는 경우 일일이 제초 작업을 하려면 엄청난 노동력이 필요하다. 따라서 글리포세이트(Glyphosate)와 같은 특정 제초제를 뿌려서 잡초는 죽이고 제초제 내성 농작물만 생존하도록 함으로써 농가의 수고를 줄이고 있다. 제초제 사용량도 종전보다 줄일 수 있다고 주장한다.

≫ **해충 저항성 농작물 :** Bt균(Bacillus thuringiensis)이라는 토양세균은 살충작용을 가진 단백질을 생산한다. Bt균에서 단백질을 만들어내는 유전자(단백질성 독소 유전자)를 조합한 농작물을 해충 저항성 농작물이라고 부른다. 곤충 소화관의 상피세포에는 이 독소의 수용체가 있기 때문에 해충이 이 독소를 포함한 농작물의 잎과 줄기를 먹으면 독소가 수용체에 특이적으로 결합하고 그 결과 소화관에 구멍이 생겨 해충이 죽는다. 이 독소가 인간에게도 해를 끼치지 않을까 우려되었지만, 포유류의 경우 이 독소의 수용체가 없기 때문에 곤충과 같은 영향은 받지 않는다.

두근두근 호기심 칼럼

유전자변형 식품은 안전할까?

대부분의 소비자들은 유전자변형 농작물이나, 유전자변형 농작물을 원재료로 가공한 유전자변형 식품에 대해 크게 반감을 갖고 있다. 하지만 개인적으로 유전자변형 식품의 위험성은 매우 낮다고 생각한다.

유전자변형 농작물이나 식품에 반대하는 사람들의 주장도 충분히 일리가 있지만, 적어도 안전성 심사를 거쳐 승인된 유전자변형 식품의 경우 안전성 평가

원칙에 따라 인체 위해성과 환경 위해성을 다각도로 검증하는 까다로운 심사 절차를 통과한 식품이기 때문이다.

반대론자들은 재조합 유전자가 인체에 흡수되었을 때 어떤 유전자가 활성화될지 모르기 때문에 기존의 농작물과 변형 농작물은 동일하지 않다고 주장하며 인간의 유전자도 변형시킬 위험이 존재할 수 있다고 우려를 표시한다.

한편 찬성론자들은 유전자변형 식품이 상업화되기 이전에 충분히 안전성에 대한 논의가 이루어졌고, 그 결과 유전자변형 식품과 기존 일반 식품의 차이점을 비교 분석해서 문제가 없을 경우 두 식품을 동일한 것으로 간주하는 '실질적 동등성(substantial equivalence)' 개념을 도입하여 문제가 없을 때 기존 농작물과 변형 농작물을 동일한 것으로 간주하고 있다고 주장한다.

지금까지의 전체적인 흐름을 살펴보면 실제로 유전자변형 식품의 위험성은 미비하다고 여겨지지만, 유전자변형 기술을 개발하는 거대 기업의 효율 우선과 이윤 추구 논리에서 거대 기업만 살찌우는 것은 아닌지, 또 소비자의 거부감을 지나치게 외면하는 것은 아닌지 등의 반대파의 의구심에도 고개가 절로 끄덕여진다. 이와 같은 소비자의 불신을 줄이기 위해서는 무엇보다 안전성 확보에 충분히 시간과 정성을 들여야 하고, 이를 위해 엄격한 규제와 감시가 뒷받침되어야 할 것이다.

■ 표시 문제

1996년 이후 유전자변형 농작물을 원료로 만든 유전자변형 식품은 전 세계인의 식탁을 장악하기 시작했는데, 이와 관련해 소비자의 알 권리와 선택할 권리를 위해 2001년부터는 유전자변형 식품 표시가 의무화되고 있다*.

* 한국은 2001년부터 유전자변형 원재료를 주요 원재료(함량 5순위)로 사용한 식품 중 유전자 변형 DNA 또는 외래 단백질이 남아 있는 식품에 유전자변형 식품 표시를 의무화하고 있다.

현행 규정은 유전자변형 원재료를 주요 원재료(함량 5순위)로 사용한 식품 중 유전자변형 DNA 또는 외래 단백질이 남아 있는 식품에 의무적으로 유전자변형 식품 표시를 해야 하지만, 간장이나 식용유 등은 가공 과정에서 첨가된 유전자가 분해되어 남지 않기 때문에 의무 표시에서 제외하고 있다.

그러나 이 규정으로는 제대로 된 정보를 주지 못한다는 소비자의 목소리가 높아서 현재의 유전자변형 식품 표시 제도를 개선하기 위해 정부와 소비자 단체, 식품업계가 머리를 맞대고 한창 논의 중이다.

개인적인 의견을 밝힌다면, 유전자변형 식품의 연구는 발전해야 하고 그 기술이 인류의 이익과 행복에 직결된다면 유전자변형 기술을 이용할 수도 있다고 생각한다. 다만 거듭 밝혔듯이 안전성 논란을 줄이기 위해 정부와 기업의 노력이 필요하다는 전제조건이 우선적으로 선행되어야 할 것이다.

베어 군 농작물의 유전자를 바꿔치기한다는 인간의 발상 자체가 정말 대단하다고 봐요.

생박사 그러게 말이야. 옛날 같으면 상상도 못 했을 텐데. 아무튼 지레 겁먹을 필요는 없겠지만 그래도 유전자변형 식품은 충분히 신중하게 실용화를 생각해야겠지.

베어 군 기업이 이윤 추구에만 매달리다간 정말 큰 코 닥친다는 걸 알아야 해요.

갑작스레 베어 군은 도서관에서 빌려온 마르크스의 《자본론》을 가방에서 꺼냈다. 그리고 내 옆에서 읽기 시작했지만, 5분도 채 지나지 않아 드르렁 코를 골며 곯아떨어졌다.

9월 **한가위**

인체의 균형과 조절 시스템

오늘은 한가윗날이다. 나와 베어 군은 하늘에 두둥실 떠 있는 보름달을 감상하고 있었다. 그런데 어디선가 곤충 소리 비슷한 기묘한 소리가 들렸다.

찌르르, 때르르….

주위를 둘러보니, 베어 군이 휴대폰으로 전화를 걸고 있는 게 아닌가!

생박사 아니, 뭐 하는 거야? 이렇게 야심한 밤에!

베어군 통통한 보름달을 보니까 오동통한 만두가 먹고 싶어서요. 전화로 만두를 배달시키려고요. 정말 좋은 세상이에요. 아무래도 사람들 시선이 부담스러운데 직접 음식점에 가지 않아도 만두를 배달해준다잖아요.

생박사 방금 저녁 먹었잖아? 그리고 송편도 10개나 아작아작 씹어 먹고. 그런데 또 만두?

베어군 가을이라서 그런지 식욕이 마구마구 땡기네요. 분명 배는 부른데, 뭔가 자꾸 먹고 싶어요.

생박사 배가 잔뜩 불러도 뭔가 먹고 싶을 때는 있지. 그리고 디저트 배는 따로 있다는 이야기도 있잖아. 몸은 정말 신기해. 그럼 오늘은 조금 어렵지만 몸의 조절 기능에 대해서 공부해보자고.

베어군 넵! 박사님, 만두 먹고 시작하지요!

식욕 조절과 비만

날씬한 몸매를 위해 체중을 조절하는 생물은 인간뿐이다. 대부분의 동물은 먹고 싶을 때 애써 참지 않고 배불리 먹는다. 물론 식욕대로 먹어도 과체중으로 고생하지 않는다. 유독 인간만이 비만에 걸린다는 사실에서 애초 인간과 다른 동물은 식욕에 영향을 끼치는 부위가 다르지 않을까 추측해볼 수 있다.

식욕중추는 뇌에 있다

식욕을 조절하는 신경중추는 사이뇌의 시상하부에 있다. 고양이의 시상하부 가운데 특정 부위를 전기적으로 자극하면 아무리 배불리 먹은 뒤라도 계속해서 먹는다. 이 부위가 공복중추다. 또한 시상하부의 다른 부위를 자극하면 아무것도 먹지 않은 상태라도 절대 먹잇감에 눈을 돌리지 않는다. 이 부위가 만복중추다.

야생동물은 어느 정도 배가 부르면 혈액 속의 포도당 농도(혈당량)가 상승해서 그 정보가 만복중추를 자극하고 동시에 공복중추를 억제해서 식욕이 떨어진다. 결과적으로 폭식하는 일이 거의 생기지 않는다.

■ 대뇌겉질의 영향을 받는 식욕중추

반면에 인간의 식욕중추는 대뇌겉질의 영향을 강하게 받는다. 따라서 식욕을 돋우는 음식점 간판, 케이크 사진, 맛있는 음식에 대한 과거의 기억에 따라 공복중추가 자극을 받고 만복중추가 억제되어 필요 이상으로 식욕이 높아질 때가 생기는 것이다. 또 스트레스를 받은 대뇌겉질은 공복중추를 과도하게 자극해서 과식증을 야기하거나, 반대로 만복중추를 거세게 자극해서 거식증을 야기하기도 한다.

이 밖에도 인간은 먹을 수 있을 때 배불리 먹고 싶어 하는 본능이 있다. 원시시대의 조상들은 며칠 동안 먹잇감을 구하지 못할 때도 있었기에 눈앞에 먹을거리가 생기면 많이 먹고 영양을 지방으로 체내에 저축해두는 형태로 적응하며 진화했다. 따라서 먹을거리가 남아도는 현대에도 많은 양을 비축해두려고 자신도 모르는 사이에 과식할 때가 있는 것 같다. 그 결과 피부밑지방이나 내장지방이 늘어나서 비만이 생기거나 생활습관병의 원인을 초래할 때가 많다.

식욕 조절 시스템

■ 인슐린과 렙틴

과연 식욕은 어떻게 조절될까?

우리가 음식을 섭취하면 혈당값이 높아지는데, 혈당을 낮추기 위해 인슐린(insulin)이 이자(췌장)에서 분비된다. 이때 인슐린이 만복중추를 자극해서 '배가 부르구나!' 하는 포만감을 느끼게 한다. 또 지방 조직에서도 렙틴(leptin)이라는 호르몬이 나와서 만복중추를 자극한다. 만약 기아 상태가 거듭되어 지방 조직이 감소하면 방출되는 렙틴이 감소하고 만복중추의 자극이 줄어들며 동시에 공복중추의 억제가 풀려서 공복감을 느끼게 되는 것이다(그림 9-1).

렙틴을 만드는 유전자를 OB유전자라고 하며, 이 유전자가 돌연변이를 일으킨 개체(ob/ob 개체)의 경우 아무리 먹어도 포만감을 느낄 수 없게 되어 결국 비

그림 9-1 ▪▪ 렙틴의 작용

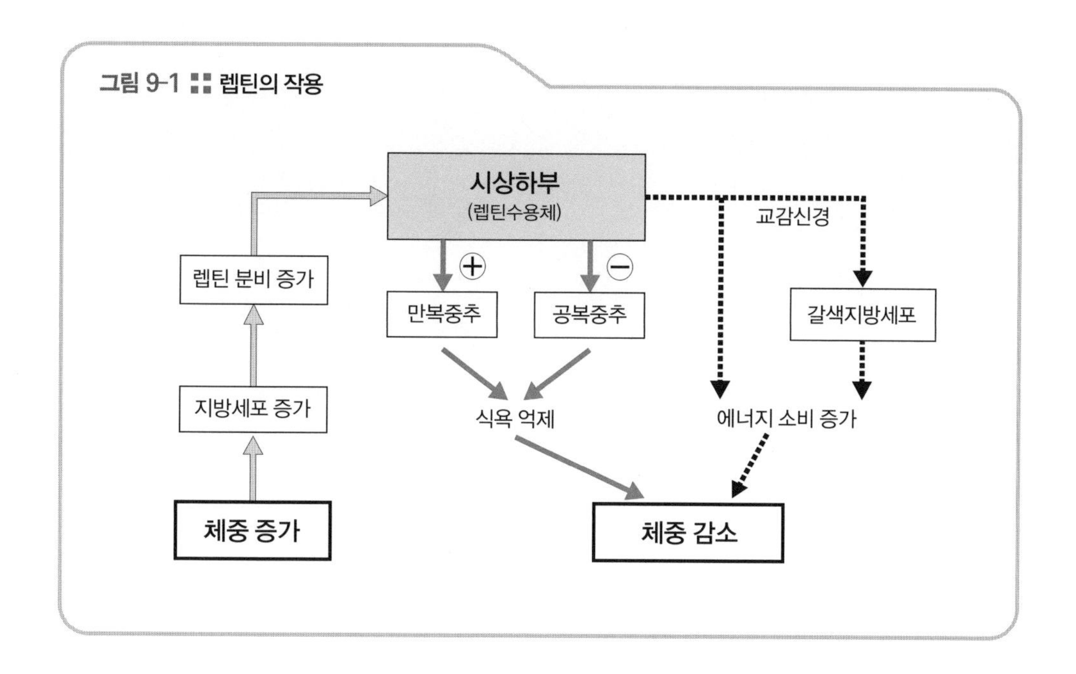

만에 빠진다. 만복중추의 신경세포 세포막에 있는 렙틴수용체(안테나 분자)의 유전자가 손상된 개체(db/db 개체)에서도 렙틴의 자극을 받지 못하기 때문에 뚱뚱해지기 쉽다.

이와 관련된 흥미로운 실험을 소개한다. 일명 개체 결합 실험으로, 3단계로 진행되었다(그림 9-2).

1단계 : 정상 실험쥐와 OB유전자가 돌연변이를 일으킨(ob/ob) 실험쥐를 연결해서 혈액을 환류시키면 정상 실험쥐는 몸무게에 변화가 없지만 ob/ob 실험쥐는 렙틴의 증가로 날씬해진다.

2단계 : 정상 실험쥐와 렙틴수용체의 유전자가 손상된(db/db) 실험쥐를 연결하면 정상 실험쥐는 날씬해진다. db/db 실험쥐는 렙틴수용체가 없기 때문에 잉여 렙틴이 혈액 속으로 분비되는데, 이것이 정상 실험쥐에도 작용해 식욕이 없어지고 날씬해진다.

3단계 : 그렇다면 ob/ob 실험쥐와 db/db 실험쥐를 연결하면 어떻게 될까?

정답은 그림 9-2의 ③에 있다.

그림 9-2 ∷ 개체 결합 실험

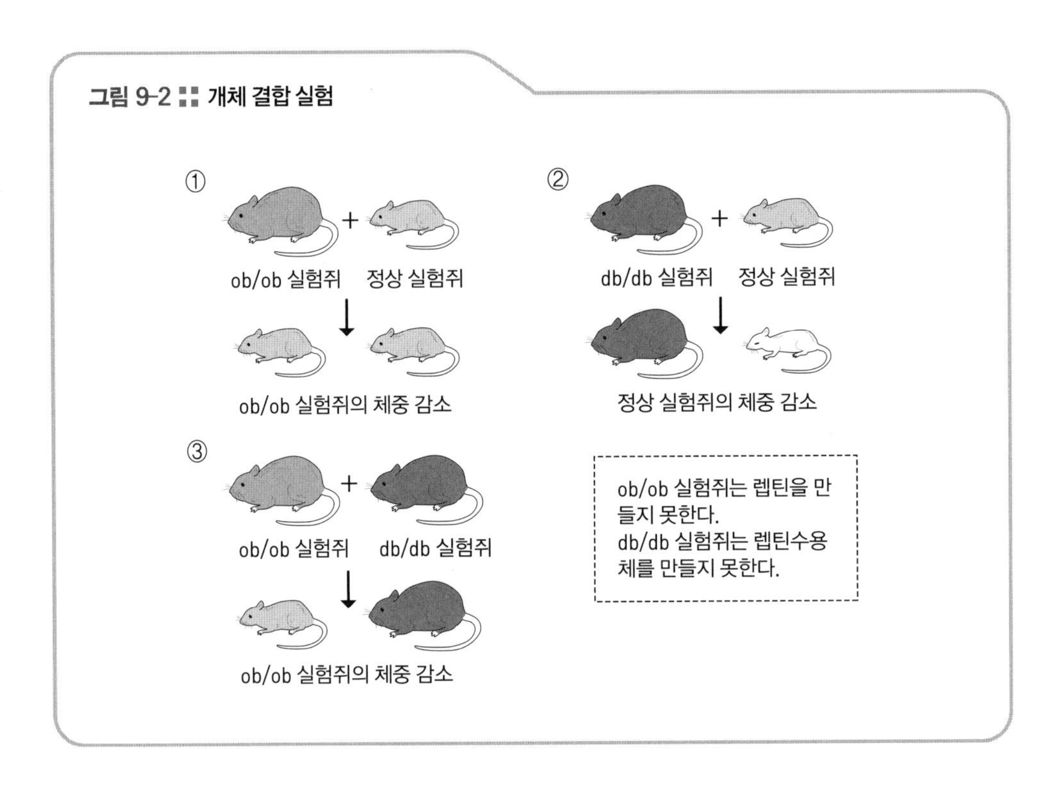

■ 교감신경과 갈색지방 조직

만복중추로 들어온 정보는 교감신경을 통해 지방 조직에도 전달되는데, 특히 자극을 받는 부위는 콩팥이나 대동맥 주변에 있는 갈색지방 조직(백색지방 조직은 전신에 분포)이라는 사실이 밝혀졌다(그림 9-1).

영양을 과잉 섭취했다는 정보가 만복중추를 거쳐 갈색지방 조직에 전해지면 'ATP를 만들지 않는 호흡'이 활발해져서 유기물을 이산화탄소와 물로 분해하고 에너지를 끊임없이 열로 만들어 소비한다. 보통 산소 호흡은 포도당이나 지방을 분해할 때 그 에너지의 반 정도를 에너지 통화인 ATP 에너지(나머지는 열)로 전환시키지만 만복 시에 활성화되는 호흡은 에너지의 대부분이 열로 바뀌는 셈이다. 말하자면 엔진은 가동되어서 잘 돌아가는데 자동차의 바퀴 회전으로 연결되지 않는 상태다. 이렇게 해서 과잉 섭취한 에너지가 조절되고 있다.

베어군 지방 조직이 에너지의 저장 장소네요. 그래서 지방이 많을수록 추위에 강한가 봐요. 제가 아는 뚱뚱한 베어 군과 날씬한 베어 양이 수영장에 갔는데, 뚱뚱한 베어 군은 물이 아무리 차도 아무렇지도 않았대요. 역시 지방의 힘은 대단해요!

생박사 우리 몸에서 지방도 중요한 임무를 맡고 있으니 필요 이상으로 다이어트에 매달리지 않는 게 좋겠지?

비만은 무엇을 기준으로 판단할까?

최근에는 남녀노소를 불문하고 날씬한 몸매를 원하는 사람들이 많은 것 같다. 특히 젊은 여성들 가운데는 전혀 과체중이 아닌데 무리하게 체중 감량을 시도하는 사람들이 많다.

그렇다면 비만인지 아닌지를 판단하는 기준은 무엇일까? 오늘날 가장 흔히 이용되는 판별법은 체질량지수를 나타내는 'BMI(Body Mass Index)'다.

BMI = 체중(kg) / [신장(m)]^2

예: 키 160cm, 체중 55kg일 때, BMI는 55/2.56 = 21.48

BMI가 18.5 미만은 저체중, 18.5 이상 25 미만은 보통, 25 이상은 비만이라고 판정한다. 그리고 BMI가 22 정도 되는 사람을 가장 표준으로 여기고 있다.

지극히 정상 체중인 사람이 스스로 비만이라고 생각해 무조건 살을 빼려고 하다가 거식증에 걸리거나 영양실조에 빠지는 젊은이들이 부쩍 늘고 있다. 지나친 비만은 각종 질병의 원인이 되므로 운동과 음식 조절을 통해 몸무게를 줄여야 하지만, 터무니없는 저체중도 건강하다고는 말할 수 없을 것이다.

베어 군 최근에는 중학생, 고등학생 심지어 초등학생들까지도 다이어트를 한다고 들었어요. 저는 오동통 체격이 훨씬 더 보기 좋던데.

생박사 맞아. 내가 보기에도 깡마른 체형보다는 통통해야 훨씬 더 예쁜데 말이야. 그럼 이번에는 당뇨병을 알아보자고.

혈당 조절과 당뇨병

혈당값은 항상 일정 수준을 유지한다

얼마 전에 건강검진을 받았는데 공복혈당 수치가 89mg/dℓ이었다.

혈당값은 식전과 식후가 다르고 하루 동안에도 시시각각 달라진다. 정상 수치는 공복혈당 70~100mg/dℓ 정도다. 혈당값은 너무 높아도 너무 낮아도 뇌 활동 등 몸에 심각한 영향을 끼치기 때문에 대체로 정상 범위 내에서 조절되고 있다.

이와 같이 변화하면서도 일정한 범위 내에서 조절되는 기능을 '호메오스타시스(homeostasis)'라고 한다. 'HOMOIO(호모이오)'는 '동일한', 'ΣΤΑΣΙΣ(스타시스)'는 '상태'를 의미하는 그리스어다. 우리말로는 '항상성'이라고 부른다. 우리 몸의 세포는 조직액이라는 배양액에 둘러싸여 있고, 이 조직액은 혈액과 서로 통한다. 이 조직액과 혈액을 '체액'이라고 부른다. 체액은 몸의 내부 환경이라고도 말할 수 있다. 포유류는 외부 환경이 변해도 내부 환경(체액)은 성분(포도당, 염분 등)이나 상태(체온, 삼투압 등)가 항상 일정한 범위 내에서 유지되고 있다. 이 체액의 항상성이 바로 대표적인 호메오스타시스다.

혈당의 농도 측정은 사이뇌 시상하부와 이자(췌장)의 이자섬(랑게르한스섬)에서 이루어지고 있다(그림 9-3).

■ 혈당이 낮을 때

시상하부의 포도당 중추에서 저혈당을 감지하면 자율신경계의 교감신경을 통해 부신속질을 자극하고 아드레날린의 분비를 촉진하고, 이자섬의 A세포(α세포, 이자섬 전체 가운데 20%)는 교감신경의 자극에 따라 그리고 스스로 저혈당을 수용해서 글루카곤(glucagon)의 분비를 촉진한다. 아드레날린과 글루카곤은 간에 작용하여 혈당을 높인다. 이들 호르몬의 수용체는 간세포의 세포막에 있고, 이들 호르몬이 결합하면 세포 내에 2차 전달물질(second messenger)이 생겨나는데, 이 전달물질이 효소를 활성화하고 간에 저장된 글리코겐이 포도당으로 전환되는 활동을 촉진한다.

더욱이 시상하부의 포도당 중추는 부신겉질호르몬 방출호르몬(CRH)을 분비하고, 그 정보를 뇌하수체 앞엽이 받아서 부신겉질자극호르몬(ACTH)의 분비를

그림 9-3 :: 혈당값의 조절

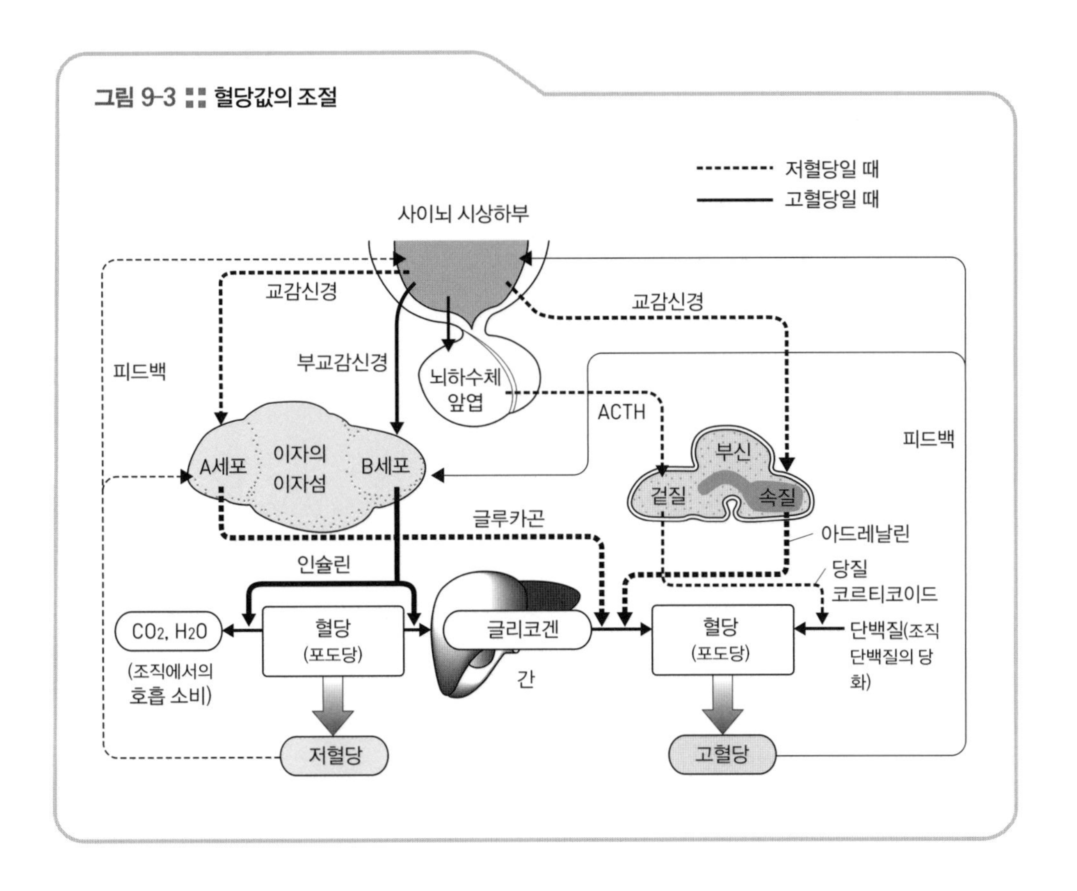

촉진한다. 그리고 부신겉질자극호르몬의 자극을 부신겉질이 받아서 당질 코르티코이드가 분비된다. 당질 코르티코이드가 골격근 등의 각 조직에 작용해서 단백질에서 포도당으로의 변화를 촉진하고 혈당값을 높이는 것이다.

■ 혈당이 높을 때

시상하부의 포도당 중추에서 고혈당을 감지하면 자율신경계의 부교감신경을 통해 이자섬의 B세포(β세포, 이자섬 전체 가운데 75%)에 정보를 전달하고 그 결과 인슐린 분비가 촉진된다.

이자섬이 직접 나서서 혈당값 상승을 확인한 후 인슐린 분비를 늘릴 때도 있다. 인슐린이 간이나 골격근에 작용해서(세포막의 수용체와 결합해서 작용) 혈액에서 세포로의 포도당 흡수를 촉진하고 포도당에서 글리코겐으로의 변화를 촉진하여 혈당값을 낮추는 것이다.

당뇨병

혈당을 낮추는 시스템의 오작동으로 식후 2~3시간이 지나도 혈당값이 떨어지지 않으면서 다양한 합병증을 유발하는 병을 당뇨병이라고 한다. 당뇨가 심해지면 극심한 목마름과 공복감, 소변량의 증가와 함께 망막·콩팥·신경계 등에 혈관 장애가 발생한다.

당뇨병은 현대인의 건강을 위협하는 대표적인 생활습관병이다. 당뇨 조절에는 200가지 이상의 유전자가 관여하는데, 이들 유전자 가운데 몇 군데가 손상되면 당뇨병이 발병할 수 있다. 아울러 다양한 환경 인자(운동 부족, 스트레스, 감염증, 약물, 발열, 음식, 임신 등)가 당뇨병에 관여하는 것으로 추정된다.

당뇨병은 몇 가지 유형으로 구분되는데, 자가면역성으로 발병하는 제1형과 인슐린의 작용 부족에 따른 제2형으로 크게 나눌 수 있다.

■ 제1형 당뇨병

제1형 당뇨병은 주로 유아기나 청소년기에 발병한다는 의미에서 예전에는 '소아당뇨병'이라고 불렸다. 이자섬의 B세포가 파괴됨으로써 인슐린 생산이 중단되거나 줄어들기 때문에 인슐린 치료가 효과적이다.

이자섬의 B세포가 파괴되는 원인은 자가면역으로 인해 체내에서 B세포를 이물질로 인식하고 자신의 항원에 대하여 항체를 만들어서 이를 공격하기 때문이다. 자가면역성 항체는 바이러스의 감염이 원인으로 추측되고 있다.

■ 제2형 당뇨병

제2형 당뇨병은 중년 이후에 주로 발병하는데, 대체로 과체중인 사람에게서 많이 볼 수 있다. 최근에는 젊은이들의 발병도 늘어나는 추세다. 유전 원인과 환경 원인이 발병에 관여한다고 보고 있다.

대체로 제2형 당뇨병은 인슐린의 농도 자체가 낮은 경우보다 간이나 골격근 세포의 인슐린수용체의 기능이 나빠진 경우가 더 많다. 이 경우에는 인슐린 치료보다 철저한 음식 조절과 체중 감량을 통해 당뇨병을 개선할 수 있다고 알려져 있다.

베어 군　아이고, 머리 아파라! 박사님, 올해 월드컵 열렸잖아요. 갑자기 어느 나라가 우승했는지 궁금해졌어요.

생박사　갑작스레 웬 월드컵? 당뇨병 이야기에서 축구 이야기로 토스해버렸네. 독일이 우승했으니, 독일어로 강의해줄까?

베어 군　아니, 아닙니다, 박사님! 갑자기 머리가 맑아졌어요. 당뇨병에 걸리기 쉬운 유전자를 가진 사람도 있다는 말씀이시지요? 그럼 당뇨병은 유전자 치료로 고칠 수 있겠네요.

생박사　그렇게 간단한 문제가 아니란다.

베어 군　그래도 유전자 연구는 어떻게 진행되고 있나요?

생박사　이자섬의 B세포가 손상되는 것을 예방하거나, 인슐린이 듬뿍 나오게

하거나, 정상 B세포를 환자의 이자에 이식하는 방법 등을 생각해볼 수 있겠지.

베어 군 첨단 의료기술도 좋지만, 어쨌든 과식하지 않는 게 당뇨병 예방에 최고인 것 같아요.

진심으로 간에 감사를!

인체의 항상성에 일익을 담당하는 신체 장기를 꼽는다면 역시 간과 콩팥이 으뜸이다.

건강검진의 간 기능 검사 가운데 특히 중요한 검사 항목이 GOT와 GPT다. 이들은 트랜스아미나아제(transaminase)라는 아미노기를 전달하는 촉매효소인데, 이들 효소가 간에 많아서 간염에 걸리면 혈중 농도가 크게 상승한다. 알코올성 간 질환의 경우 γ-GTP가 상승한다. 개인적으로 나도 가끔 수치가 150 정도로 높게 나올 때가 있는데 금주를 실천하면 수치가 떨어진다. 마치 검사를 검사하고 있는 것 같은 느낌이 든다.

간은 무게가 약 1.5kg으로 인체에서 가장 큰 장기다. 다량의 혈액을 비축하고 있기 때문에 적갈색을 띤다. 500여 가지의 화학반응이 활발하게 진행되는데, 간의 역할 가운데 중요한 몇 가지를 정리하면 다음과 같다.

- **대사와 열 발생** 간은 포도당을 흡수해서 글리코겐으로 저장해두었다가 필요할 때마다 포도당을 혈액 속으로 방출하여 혈당값을 일정하게 유지하고 인체 조직에 에너지원으로 제공한다. 또 아미노산을 다른 아미노산으로 전환시킨다. 이와 같은 대사활동으로 열이 발생하고 체온 유지에 도움을 준다.
- **해독 작용** 체내에 들어온 약품이나 체내에서 생긴 물질(스테로이드호르몬 등)을 산화, 환원, 포합 형성 등으로 불활성화시킨다.
- **알코올 분해** 술을 마셨을 때 위벽에서 흡수된 알코올(에탄올)은 간에서 아세트알데히드(acetaldehyde)로, 더욱이 아세트산으로 탈수소화(산화)된다. 숙취의 불편함은 아세트알데히드 탓이다. 아세트알데히드 분해 능력의 차이가 술에

강한지 술에 약한지를 결정한다. 알코올은 간을 아프게 하니까 특히 주의하자!

- **요소 합성** 독성이 있는 암모니아를 독성이 거의 없는 요소로 바꾸어준다. 이 효소 시스템을 갖춘 생물은 육상동물에 국한되는데(어류인 상어, 가오리는 예외), 물이 적은 환경에 적응한 결과라고 여겨진다.
- **혈액 저장** 간에는 듬성듬성 틈이 벌어진 굴모세혈관이 있는데 여기에 혈액을 저장한다. 출혈이 생겼을 때는 간이 수축해서 체내 혈류량을 유지하는 것이다.
- **쓸개즙 생산** 비누와 같은 계면활성 작용을 갖춘 쓸개즙산을 합성하고 쓸개즙으로 소화관에 분비한다. 쓸개즙산은 지방을 작은 입자로 만들어서(유화) 소화나 흡수하기 쉽게 만들어준다.
- **적혈구 제거** 지라와 함께 기능을 다한 적혈구를 파괴하고, 혈색소(헤모글로빈 hemoglobin)를 쓸개즙 색소(빌리루빈bilirubin)로 바꾸어서 배출한다. 누르스름한 갈색인 대변 색은 바로 빌리루빈 때문이다. 만약 간에 이상이 생기면 혈액 속의 빌리루빈 농도가 상승해서 황달이 된다.

간은 헌 것을 새 것으로 바꾸는, 수많은 물질의 재활용 업체다. 진심으로 간에게 고개 숙여 감사할 따름이다!

○○○ 다음 날, 꼬치구이 전문점에서 ○○○

베어 군 내장 공부는 역시 꼬치구이 전문점에서 해야 머리에 쏙쏙 들어오지요. 레버는 간, 맞지요?

생박사 맞아. 음식점에서 더 똑똑한 베어 군!

베어 군 메뉴판에 하트라고 쓰여 있는 건 뭔가요?

생박사 심장이지. 영어로 'heart'라고 하니까.

베어 군 갑자기 심장이 콩닥콩닥 뛰는 것 같아요.

생박사 그거야. 자네가 술을 너무 많이 마셔서 그런 거고. 그럼 밖에 나가서 시원한 바람이나 쐬면서 공부해볼까. 다음은 체온 조절이니까!

체온의 조절과 혈액 정화

인체 안쪽의 심부와 바깥쪽 표층부의 체온은 조금 차이가 난다. 일반적으로 체온은 몸의 심부 체온을 지칭한다. 이 심부 체온이 37℃ 전후로 유지되는 것이다. 하루 동안에 약 0.5℃ 범위 내에서 변동하며 해질 무렵에 높아지고 새벽 동틀 무렵에 가장 낮아진다.

여성의 체온은 생리주기에 영향을 받는데 배란기 직전에 체온이 높아지고, 28일 주기 가운데 15일째부터 25일째까지 고온이 계속된다. 이는 프로게스테론(황체호르몬)의 작용에 의한 것이다. 체온의 리듬에 기초해서 임신하기 쉬운 시기를 추정할 수 있다.

인간의 경우 정상 심부 체온은 36~38℃이다. 심부 체온이 42℃를 넘으면 심장 발작이 일어나서 죽음에 이를 수도 있다. 따라서 체온계의 눈금을 보면 42℃까지밖에 없다. 정자는 특히 고온에 약하기 때문에 포유류의 고환은 낮은 체온을 유지할 수 있게끔 체외로 나와 있다.

체온 조절 시스템

■ 체온의 결정

체온을 조절하는 중추는 사이뇌의 시상하부에 있다. 시상하부에는 온도가 높아지면 흥분하는 온(溫)수용 신경세포와, 온도가 낮아지면 흥분하는 냉(冷)수용 신경세포가 있다. 이들 신경세포는 혈액 온도 감지기로, 말자하면 뇌에 자동 온도조절기가 있는 셈이다. 체온을 높이거나 낮추는 조절은 체온 조절중추의 설정 값을 상하로 움직임으로써 이루어진다.

열은 안정 시에는 주로 간이나 콩팥, 소화기관의 대사활동으로 만들어지고, 운동 시나 급격히 체온이 낮아지면 골격근을 통해 열이 발생한다. 아드레날린이나 티록신(thyroxine) 등의 호르몬이 열 생산을 높일 때도 있다.

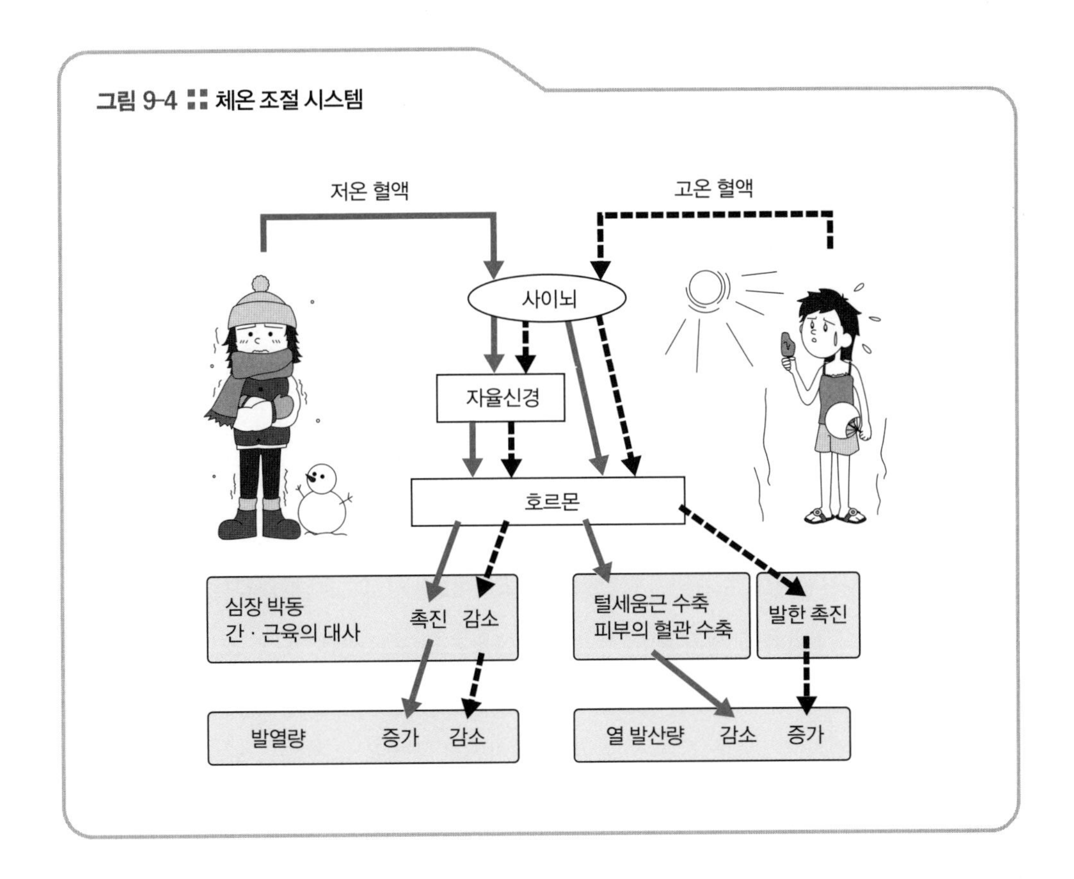

그림 9-4 :: 체온 조절 시스템

열을 내뿜는 방열 조절은 피부에서 이루어지고 말초혈관의 수축, 발한, 털세움근의 수축을 통해 조절된다(그림 9-4).

■ 감기 등으로 열이 날 때

감기 등의 감염증에 걸리면 열이 나는데 이는 바이러스나 세균, 독소 등이 백혈구(호산구나 림프구)에 영향을 끼쳐 백혈구가 사이토카인의 일종인 인터류킨을 만들고, 인터류킨이 시상하부에 작용해서 체온 설정 값을 올리기 때문이다.

예전에는 감기에 걸려 체온이 올라가면 재빨리 열을 떨어뜨리려고 했지만, 최근에는 발열작용으로 면역세포가 활성화되거나 세균이나 바이러스 등의 병원체 증식이 억제된다는 사실이 밝혀지면서 해열제 처방을 자제하는 편이다. 하지만 38℃ 이상의 고열이 계속되면 체력 소모가 커지고 41℃가 넘으면 뇌 활동에 이상이 생기고 의식이 몽롱해진다. 따라서 고열이 지속되면 당장 병원을 찾아야 한다.

항상성의 조절계

■ 조절중추는 사이뇌 시상하부에 있다

식욕, 혈당, 체온 등 다양한 항상성의 중추는 사이뇌 시상하부에 있다. 시상하부에서 명령이 내려지면 자율신경계(교감신경과 부교감신경)와 내분비계(뇌하수체나 내분비기관에서 분비되는 호르몬)가 움직여서 내장이나 다양한 기관의 기능을 조절한다.

자율신경계의 교감신경은 '투쟁 혹은 도피의 신경', 부교감신경은 '휴식과 영양의 신경'이라고 생각하면 기억하기 쉬울지도 모르겠다. 체온 조절은 주로 교감신경에 따라 체온이 상승하고, 부교감신경에 따라 체온이 떨어지는데 이처럼 교감신경과 부교감신경은 서로 밀고 당기면서 균형을 유지하고 있다.

■ 피드백

체온 조절은 열의 생산이나 방출에 따라 얻어진 결과다. 즉 체온이 몇 ℃ 올라가고 내려갔는지의 정보가 시상하부 중추에 전달되어 정도가 지나치면 반대(억제) 시스템이 작동하게 된다. 이를 마이너스 피드백 조절(억제)이라고 한다. 마이너스 피드백 조절은 항상성의 가장 중요한 부분이다.

이와 같은 인체 시스템은 조직 경영에도 중요한 힌트를 준다. 피드백이 원활하게 진행되지 않으면 해당 조직이 사태의 심각성을 감지했을 때 이미 손을 쓸 수 없는 최악의 사태에 직면하는 경우가 많다. 황제경영에서 주로 빠지는 함정과 같은 것이다.

뇌가 손상되면 어떻게 치료할까?

교통사고 등으로 뇌 일부가 손상되었을 때 뇌압이 올라가고 뇌 온도가 38~42℃로 올라가면서 직접 손상을 입지 않은 부분의 신경세포도 죽어간다. 이때는 몸 전체를 냉수가 흐르는 매트에 눕히고 뇌 온도를 떨어뜨려(최종적으로는 32~34℃) 대사활동을 억제하고 뇌압 상승이나 열로 인한 뇌의 단백질 변성 등을 억제하면서 치료를 하는 뇌 저체온 치료법이 효과가 있다고 알려져 있다. 경우에 따라서는 식물 상태에서 회복되거나 뇌사에 가까운 상태에서 소생하는 일도 있다고 한다. 저온 상태로 계속 있으면 감염증에 걸리기 쉬운 문제도 있지만 새로운 치료법으로 주목받고 있다.

베어 군 질문이 있는데요. 아까 당뇨병 이야기를 해주셨잖아요. 그때부터 궁금했는데, '당뇨'라는 말은 소변에 당분이 섞여 있다는 뜻 맞지요?

생박사 맞아. 혈액 속의 포도당이 소변으로 배출되는 거지.

베어 군 그럼 소변은 어떻게 만들어지나요? 그리고 혈액과 소변은 전혀 관련이 없을 것 같은데. 색도 다르잖아요!

생박사 하하하, 색깔은 다르지만 엄청 관련이 있단다.

혈액 정화

■ 혈액은 인체의 유통 경로

혈액은 인체, 즉 체세포 사회의 유통 시스템에 비유할 수 있다. 영양이나 물, 산소, 호르몬 등 세포에 필요한 물질을 수송하고 세포의 노폐물을 거두어들이며, 열도 운반한다. 이처럼 혈액은 60조 개의 세포가 활동하기 쉬운 환경을 마련해준다. 포도당 외에도 혈액에 녹는 다양한 필요 성분의 농도가 조절되고, 불필요한 성분은 농도가 일정 한도 이상으로 올라가지 않게끔 소변으로 배출시키기도 한다.

■ 소변은 건강의 바로미터

콩팥에서 만들어지는 소변은 혈액에서 여과된 것이므로 몸의 이상을 발견하는 중요한 단서가 된다. 소변량이 비정상적으로 많을 때는 당뇨병이나 수분의 과다 섭취를 의심할 수 있고, 양이 지나치게 적을 때는 네프로제(Nephrose), 즉 콩팥증후군이 의심된다. 또한 배뇨 횟수가 잦을 때는 방광염, 소변을 보는데 통증이 있다면 결석, 소변 색깔이 뿌옇고 걸쭉한 백탁일 때는 염증, 소변에 거품이 많을 때는 단백뇨, 혈뇨는 암, 소변에서 단내가 날 때는 당뇨병이 의심된다.

급성 혹은 만성 신장염에 걸렸을 때 소변 검사를 하면 요단백, 요잠혈이 모두 양성으로 나타나고, 요소질소나 크레아티닌(creatinine, 근육의 크레아틴 creatine에서 생성되는 물질)도 높은 수치를 나타낸다. 네프로제는 콩팥의 토리(사구체)에 이상이 생겨 소변과 함께 다량의 단백질이 배출되면서 몸에 심각한 부종이 생기는 질환이다.

■ 소변이 만들어지는 과정

콩팥은 좌우에 하나씩 있는데, 각각에 네프론(nephron)이라는 '콩팥단위'가 100만 개나 존재한다. 콩팥의 최소 기능 단위인 콩팥단위는 토리와 토리로 이어지는 요세관(세뇨관)으로 구성되고 길이가 4~5cm쯤 된다(그림 9-5).

콩팥동맥은 콩팥소동맥으로 가지를 친 다음 토리를 만든다. 콩팥 전체에서 토리의 모세혈관 표면을 모두 합하면 약 1.5m²나 된다. 토리로 들어가는 혈관보다 토리에서 나오는 혈관이 훨씬 가늘어서 혈압의 힘으로 혈액은 토리주머니(보먼주머니)에서 여과되어 원뇨(原尿)가 된다. 이때 혈구와 단백질은 혈관 내에 남는다. 따라서 이들 물질이 소변으로 배출되는 경우는 거의 없다. 적혈구도 혈관 내에 남으니까 소변 색이 붉어지지 않는다. 하지만 토리가 손상되면 혈구나 단백질이 소변으로 새어 나오게 되는 것이다.

원뇨에는 포도당, 단백질, 무기염, 물, 요소 등의 저분자 물질이 들어 있는데 토리주머니에서 이어지는 요세관을 통과하는 동안 포도당 전부, 무기염이나 물

그림 9-5 ∷ 콩팥의 기능

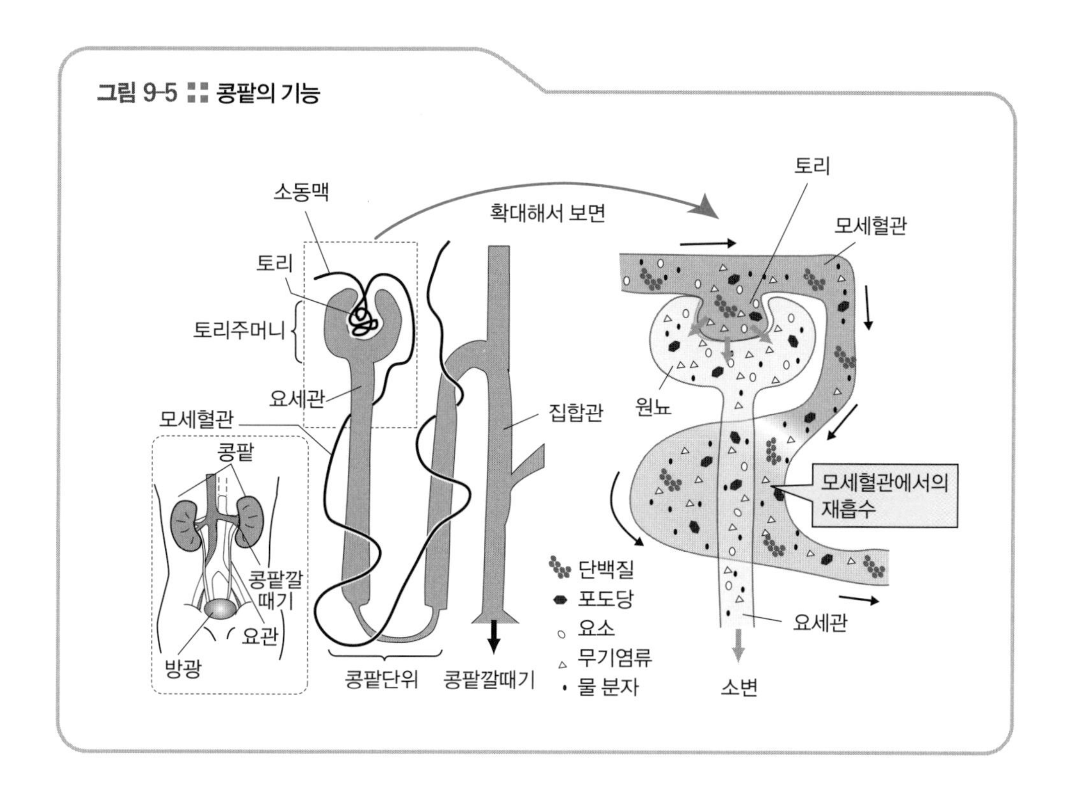

대부분이 모세혈관 속으로 흡수된다. 이를 재흡수라고 한다(재흡수 작용은 머리핀처럼 U자를 이루고 있는 콩팥세관고리의 모양과 관련이 깊다).

더욱이 원뇨는 집합관을 통과할 때도 물이 재흡수되고, 요소 등의 불필요 물질은 농축되면서 방광으로 보내진다. 원뇨의 양은 하루에 약 180ℓ에 달하고, 콩팥은 매일 혈액에서 160g의 포도당, 70g의 아미노산, 그리고 1.6kg의 무기염을 흡수하고 있다. 재흡수 과정을 통해 최종 산물인 소변은 하루에 약 1.5ℓ 정도 만들어진다.

콩팥이 손상되면 인공투석으로 노폐물을 여과하게 된다. 이는 주로 토리에서 이루어지는 여과를 인공막을 사용해서 흉내 내는 것으로, 실제 요세관에서 형성되는 치밀한 재흡수 작용을 그대로 본뜨지는 못한다.

한편 콩팥의 재흡수 과정은 뇌하수체 뒤엽에서 분비되는 바소프레신(vasopressin, 항이뇨호르몬)이나 부신겉질에서의 당질 코르티코이드로 조절되어 삼투압이나 체내 수분량이 일정 범위 내에서 평형을 유지할 수 있게끔 제어하고 있다.

베어군 화장실 이용 후에는 손을 꼭 씻으라고 말하잖아요. 소변에는 불필요한 물질이 들어 있어서 그런 건가요? 소변을 마시는 사람도 있다면서요?

생박사 소변은 그렇게 더럽지는 않아. 물론 소변을 방치해두면 요소 등에 영양이 있으니까 부패균이 바로 번식해서 오염되는 것이지만, 바로 배출된 소변은 더럽지도 않고 강한 독성을 갖고 있지도 않지. 반면에 대변은 절반 이상이 세균이니까 당연히 더럽지. 그러니까 용변 후에는 꼭 손을 씻어야 하는 거야. 그렇다고 소변을 보고 난 후 손을 씻는다고 문제가 되는 건 물론 아니고, 화장실 자체에 세균이 많을 수 있으니까 늘 손을 씻는 게 좋겠지.

베어군 어떤 공중화장실은 냄새가 너무 나서 코를 틀어막고 볼일을 봐야 할 때도 있어요. 숨을 참는 것보다 화장실 냄새가 더 괴로우니까요.

산소가 부족하지 않게

산소가 적은 것일까, 이산화탄소가 많은 것일까?

화장실처럼 밀폐된 공간에서 냄새 등의 불쾌한 외부 자극을 피하기 위해 숨을 참을 때가 있다. 그런데 숨 참는 시간은 그리 길지 않다. 잠시 동안 숨을 참다가 도저히 참기 어려워 휴우 하고 숨(호흡 운동)을 내뱉기 일쑤다. 숨을 참으면 혈액 속의 이산화탄소가 늘어나고, 이를 숨뇌 수용기가 감지하여 호흡 운동을 촉진시키기 때문이다.

이처럼 인체는 산소 농도에 반응하는 것이 아니라 이산화탄소의 농도에 반응한다. 그 이유는 인간이 육지에서 진화했기 때문으로 여겨진다. 평지에서는 호흡이 부족해도 폐 속의 산소 농도는 필요 수준보다 훨씬 높다. 산소가 부족하기 이전에 호흡을 안정적으로 조절하는 것이 우선인데, 이를 위해서는 호흡이나 운동에 따라 크게 변화하는 혈중 이산화탄소 농도에 반응하는 것이 훨씬 더 바람직하기 때문이다. 순수 산소를 흡입하면 호흡이 멈춰버려 오히려 더 위험해진다고 한다. 따라서 오늘날 수술 시에는 일정 농도의 이산화탄소를 포함한 산소를 호흡에 이용하고 있다.

베어군 인간이 숨을 참을 수 있는 최대 시간은 2분 정도라고 들었어요.

생박사 세계 신기록을 보면 6분 41초도 있어.

베어군 우와, 굉장하네요. 곰도 인간과 비슷한 것 같은데, 다른 동물들은 어때요?

생박사 돌고래는 1시간 이상 잠수할 수도 있다고 해.

베어군 그게 어떻게 가능해요?

생박사 혹시 돌고래고기 먹은 적 있어?

베어군 저는 없지만 가장 친한 친구가 매일 먹는다는 얘길 들은 적이 있어요. 쇠고기보다 훨씬 더 붉은색이라고.

생박사 맞아. 돌고래고기가 붉은색을 띠는 이유는 산소를 저장하는 미오글로빈(myoglobin)이라는 붉은 색소가 인간보다 10배나 더 많기 때문이지. 그러니까 숨을 오랫동안 참을 수 있는 거고.

베어군 미오글로빈이라고요? 그건 헤모글로빈과 다른 건가요?

생박사 비슷하지만, 미오글로빈은 나 홀로, 헤모글로빈은 4명(?)이 한 그룹인 시스템이야. 그럼 이번에는 헤모글로빈을 알아볼까?

산소와 결합하는 헤모글로빈

산소는 허파에서 적혈구 속의 헤모글로빈과 결합해서 온몸 구석구석으로 운반된다. 헤모글로빈은 4개의 서브유닛(subunit)으로 구성된 단백질로, 각각의 서브유닛에 헴(heme) 분자가 하나씩 들어 있고, 이 헴 분자 속의 철이 산소와 결합한다(그림 9-6). 하나의 서브유닛, 즉 단위 단백질에 산소가 결합되면 이웃 단위 단백질도 산소와 결합하기가 더 쉬워지기 때문에 산소 농도가 높아지면(허파 속) 산소 결합이 한결 쉬워진다. 따라서 산소 해리 곡선은 S자형을 이룬다(그림 9-7). 이와 같은 성질에 따라 허파에서는 많은 산소와 결합하고, 조직에서는 가능한 산소를 많이 내놓을 수 있게 되는 것이다. 한편 단독으로 활동하는 미오

그림 9-6 :: 헤모글로빈의 입체 구조

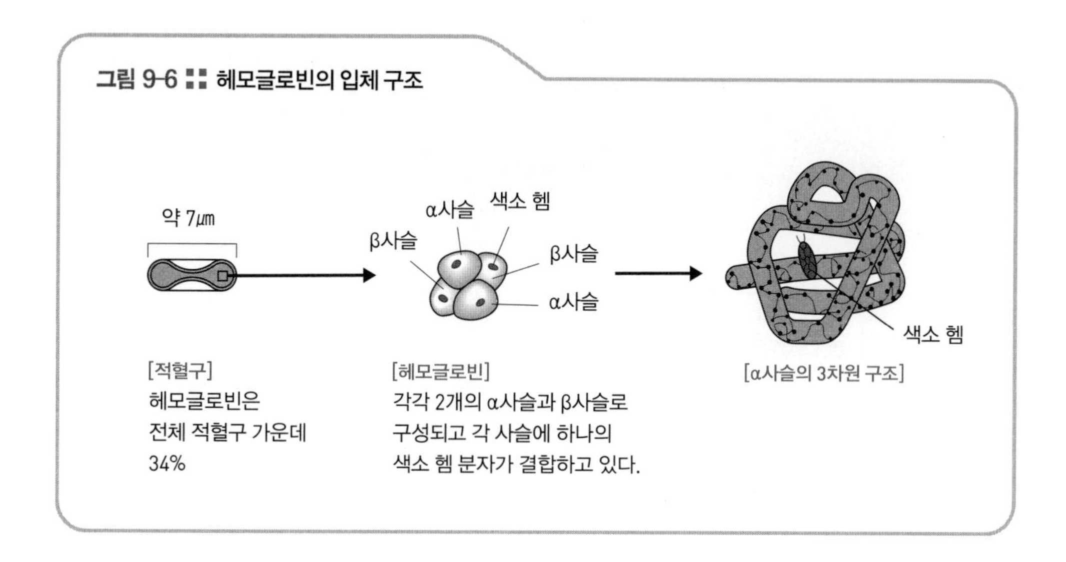

글로빈의 경우 산소가 줄어들어야 비로소 산소를 유리하기 때문에 산소 저장에 적합하다.

더욱이 이산화탄소의 농도가 높아지면(말초조직 등) 산소 결합이 더 어려워지는 성질이 있어서 점점 더 많은 산소를 조직에서 내보낼 수 있는 것이다.

또한 태아의 헤모글로빈은 성인의 헤모글로빈보다 산소와 결합하기 쉬운 성

그림 9-7 :: 헤모글로빈의 산소 해리 곡선

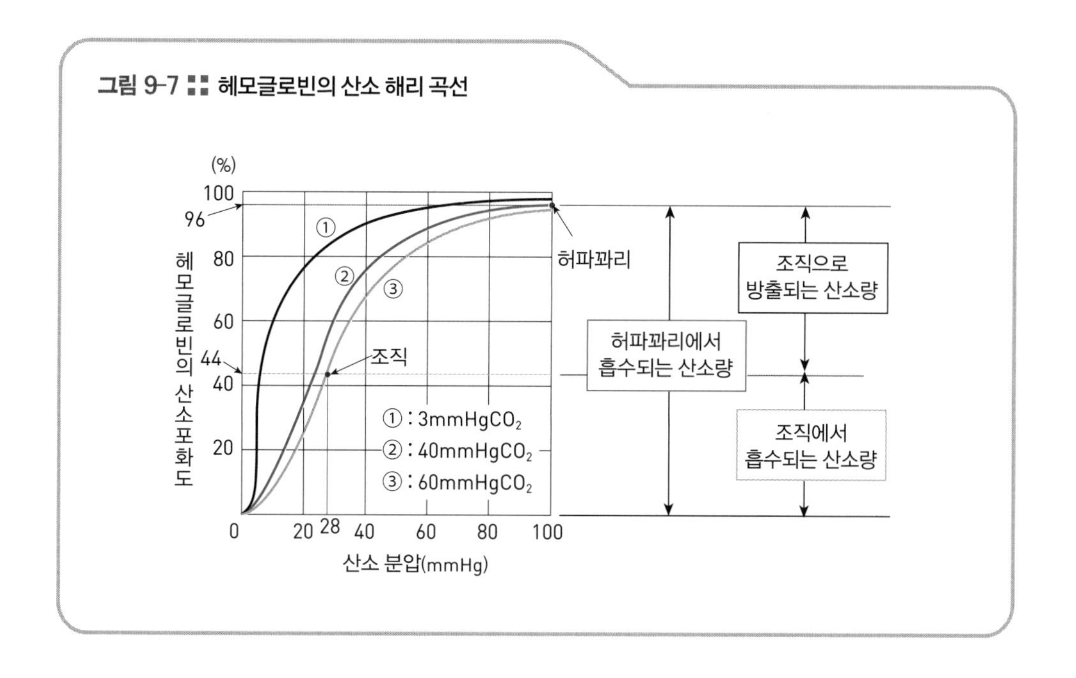

질을 갖추고 있다. 따라서 태반에서는 모체의 헤모글로빈에서부터 태아의 헤모글로빈으로 산소가 전해진다. 그리고 세상에 태어난 직후 순식간에 헤모글로빈의 형태가 전환되어 외부의 산소 농도에 맞추어진다.

고지 훈련으로 적혈구 수를 늘린다?

고지대에서 장기간 지내면 콩팥이 저산소압을 감지해서 '적혈구 생성 인자'를 만들어낸다. 이 물질이 골수에 작용하여 더 많은 적혈구를 만들고, 결과적으로 산소가 부족한 고지대에서도 수월하게 많은 산소를 받아들일 수 있게 된다. 이를 고지 적응이라고 부른다.

스포츠 선수들은 고지 적응 성질을 이용해서 고지 훈련을 한다. 특히 마라톤 선수는 해발 1500~2000m의 고지대에서 장기간 훈련하여 기록 향상을 도모하는 일이 많다고 한다.

'한가위 보름달 빛을 소중하게 모아서 숲속으로 가져갑니다. 조만간 다시 찾아뵙겠습니다.'
베어 군은 이런 쪽지를 남기고 자취를 감추었다.

10월 운동회

왜 늙을까, 왜 죽을까?

숲으로 홀연히 떠난 베어 군은 초승달이 비치는 밤에 집으로 돌아왔다. 곰마을에서 주최하는 운동회에 참가하고 왔다고 한다.

베어 군 허허허, 저도 이제 늙었나 봐요. 달리기 대회에서 젊은 곰한테 졌어요. 옛날에는 항상 1등으로 들어왔는데…. 요즘 인간세계에서 먹기만 하고 운동을 게을리 해서 그런가 봐요.

생박사 그나저나 숲속으로 보름달을 잘 모셔갔나 모르겠네.

베어 군 아니, 가는 도중에 달 모양이 점점 찌그러지는 거 있죠.

생박사 달 크기는 변함이 없는데, 태양 빛이 닿는 곳이 조금씩 움직여서 그런 거겠지.

베어 군 으음, 달은 끊임없이 커졌다 작아졌다 되풀이하는데, 인생은 아니 곰생은 왜 지난 시간으로 돌아갈 수 없는 거죠? 달처럼 다시 젊어진다면 저는 운동선수나 의사 선생님이 되고 싶어요.

생박사 베어 군은 나보다 훨씬 젊은데 뭘. 지금 당장 시작해도 늦지 않아. 그럼 오늘은 노화에 대해 이야기해보자고.

인생은 두 번 오지 않는다

나이가 들수록 사람들은 인생을 새롭게 다시 살아보고 싶어 한다. 만약 다시 인생을 시작할 수 있다면 언제로 돌아가고 싶은가? 스무 살 시절로? 아니면 열 살로? 그것도 아니면 다시 엄마 뱃속으로! 상상만 해도 미소가 절로 나온다.

대체로 스물다섯 살 이후로 주름이 생기기 시작한다고 하는데, 도대체 몇 살부터 노화가 시작될까? 노화의 정도는 사람에 따라 차이가 많이 나서 생물학적 나이가 같아도 연령대가 전혀 다르게 보이기도 한다. 따라서 단순히 나이듦과 노화는 동의어가 아니다. 노화란 '나이듦에 따라 일어나는 퇴행적 변화'를 지칭하는 단어로, 둘은 구별되어야 한다. 아울러 퇴행이란 성장 과정에서 발달한 것이 구조적·기능적으로 쇠퇴함을 일컫는다.

노화와 죽음의 의미

■ 왜 수명에는 한계가 있을까?

생물학적으로 노화는 왜 일어날까? 노화현상도 유전자에 미리 프로그램되어 있는 것일까? 그렇다면 자연선택에서 노화와 죽음은 어떤 이점이 있을까?

유리한 형질이 아니라면 진화 과정에서 남아 있지 않을 테니까.

단순히 숫자만 비교해보면, 남녀가 아이 한 명을 낳고 영생을 누리는 것과 세 명의 자녀를 낳고 부모의 수명이 다하는 것 모두 세 사람이 생존하는 셈이다. 물론 어느 쪽이 더 나은지는 함부로 단정할 수 없다. 그런데 자연은 후자를 선택했다. 그 이유는 무엇일까?

■ 필요가 없어지면 죽어간다? 죽음과 유성생식의 관계

개체의 죽음은 유성생식의 획득이라는 부대조건으로 나타난다고 볼 수 있다. 그도 그럴 것이, 분열해서 증식하는 세균이나 아메바에게는 노화나 수명의 개념이 적용되지 않으니까. 물론 사고사나 포식자에게 잡아먹히거나 기생당해서 죽임을 당하는 경우는 있겠지만 말이다.

포유류에서 비교하면, 성성숙 연령이 높아질수록 최대수명(생리적 수명)도 높아진다(그림 10-1). 인간의 성성숙 시기는 사춘기이므로 다른 포유류에 비해 현저하게 늦은 편이다.

그림 10-1 ∷ 최대수명과 성성숙 연령과의 관계

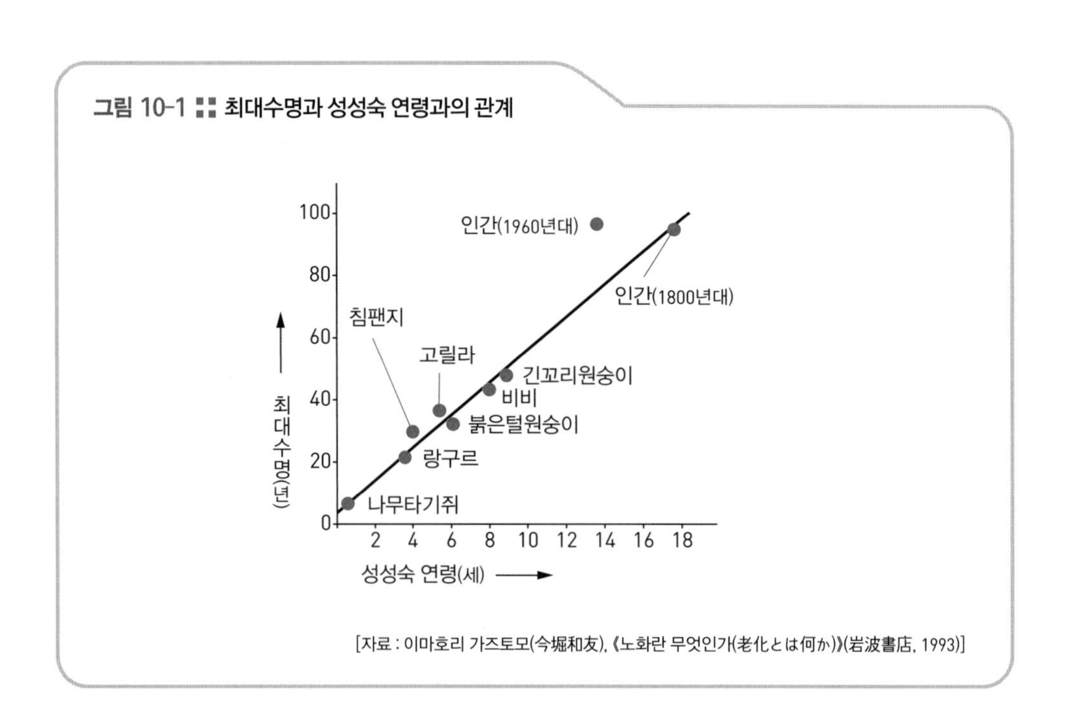

[자료 : 이마호리 가즈토모(今堀和友), 《노화란 무엇인가(老化とは何か)》(岩波書店, 1993)]

이미 앞에서도 언급했지만(3월 입학식 '남과 여, 그 차이를 생각하다'), 생물의 세계에는 '자신의 유전자를 남긴다'는 생물의 본성과 '유전자를 남기려면 변해야 한다'는 환경의 제약이 있어서 이 두 가지의 모순에 대처하는 대응책으로 '유성생식으로 유전자를 남기면서(자녀가 한 명이라면 2분의 1, 자녀수가 많을수록 많은 유전자를 남긴다) 자녀의 유전자 구성은 조금씩 변화하고 부모는 자식을 낳으면 서서히 죽어가는' 길을 선택했다고 말할 수 있다.

요컨대 유성생식을 하는 생물은 필요한 만큼 개체의 수명을 부여하고 필요가 없어지면 죽음에 이르게 하는 시스템을 발달시켰다. 인간도 이 시스템에 속하는 생물인데, 다만 성성숙을 더디게 해서 수명을 길게 연장시키는 동물인 것이다.

■ 생식연령과 평균수명의 관계

대부분의 동물은 생식연령(양육기간 포함)이 지나면 급속히 죽음의 여정으로 치닫는데, 인간은 생식연령이 지나도 꽤 오랫동안 생존해 있다는 점에서 특별한 동물이다(그림 10-2). 즉 생식기 이후의 후생식기가 인간의 경우 30~40년이나

그림 10-2 :: 동물 종에 따른 후생식기의 차이

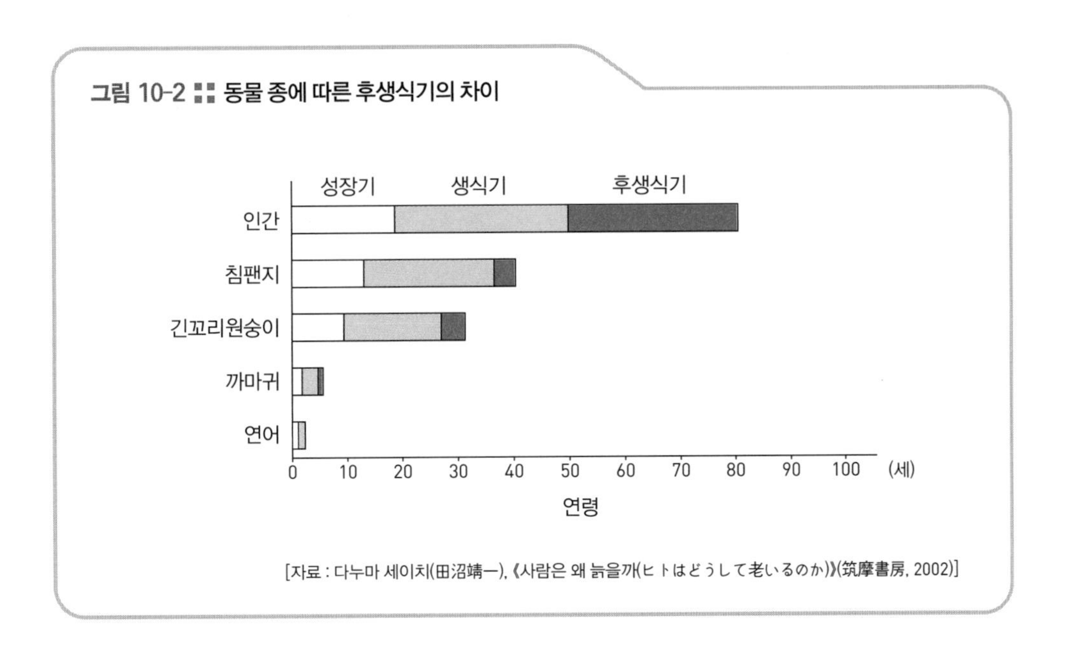

[자료 : 다누마 세이치(田沼靖一), 《사람은 왜 늙을까(ヒトはどうして老いるのか)》(筑摩書房, 2002)]

된다. 침팬지의 후생식기는 5년 정도이니 6~8배나 긴 셈이다.

인간의 평균수명이 증가한 이유는 유아 사망률의 저하가 주된 요인이지만, 생물학적인 생리수명만 단순 비교하더라도 다른 동물에 비해 굉장히 긴 편이다. 이 이유와 관련해 여러 학설이 있지만 아직 확실한 정설은 없다.

개체의 수명은 세포별, 조직 혹은 기관별로 노화와 죽음의 총 결과물에 따라 정해진다. 한편 각각의 세포에도 죽음을 통제하는 시스템이 갖추어져 있다는 사실이 밝혀졌다. 실제로 세포 수준에서는 '아포토시스'라는, 세포가 유전자의 제어를 받아 스스로 죽는 현상이 다양한 장면에서 실행되고 있다(284쪽 참조). 대부분의 세포가 죽지 않으면 개체의 '생(生)'은 있을 수 없다.

오래간만에 큰딸이 손자와 함께 친정을 찾았다. 베어 군이 손자 뒤를 헉헉거리며 쫓아가고 있다.

베어군 박사님, 저 녀석이 제가 찜한 만두를 몽땅 먹었지 뭐예요.

생박사 하하하. 아니, 아이가 먹으면 얼마나 먹는다고. 귀엽잖아?

베어군 그러시면 아니되옵니다. 어렸을 때부터 가정교육이 중요하다고요. 좀 더 엄격하게 키워야 해요!

생박사 그래도 손자 녀석이 너무 귀여운걸. 정말 눈에 넣어도 아프지 않을 것 같아. 아, 이것도 DNA의 전략일지도 몰라. 인간은 자신의 유전자를 가진 자손을 보호함으로써 번식 성공률을 높이고 있는 거야!

베어군 아무튼 제발 손자 좀 막아주세요, 할아버지!

생박사 아니, 할아버지라니! 그렇긴 하지. 벌써 육십이 넘었으니까.

베어군 그러고 보니 박사님 흰머리가 더 늘어난 것 같아요.

생박사 그래, 머리가 빠지고 흰머리도 나고, 모두 노화현상이지. 그럼 이번에는 다양한 노화현상을 알아볼까나?

개체의 노화

■ 대머리와 흰머리

노화현상 가운데 가장 두드러진 특징이 대머리와 흰머리다.

머리카락은 각질화된(케라틴섬유만 남은) 세포가 멜라닌(melanin) 색소에 염색된 것이다. 머리덮개(두피)에는 10만 개의 털구멍(모공)이 있고, 그 뿌리에 털뿌리(모근)세포와 멜라닌 합성 세포가 위치한다. 머리카락은 젊을 때도 하루에 80~100올 정도 빠지지만, 끊임없이 털뿌리세포가 분열하여 하루가 다르게 쑥쑥 올라오니까 머리카락의 숫자에는 크게 변함이 없다.

그런데 노화가 나타나면 털뿌리세포의 분열에서 휴식기가 길어지고 보급이 제대로 되지 않으면서 탈모가 진행된다. 머리카락의 굵기도 가늘어진다(개인 경험상 확실하다). 한편 멜라닌 합성 세포의 활성과 숫자가 감소하면 흰머리가 생기기도 한다.

탈모를 촉진하는 인자로는 안드로젠(남성호르몬)이 있고, 남성의 경우 우성 유전하는 것으로 알려져 있다. 안드로젠의 양이 아니라 안드로젠수용체의 차이가 대머리와 관련이 있다고 여겨진다. 따라서 대머리의 남성을 '안드로젠이 많아서 더 남성적'이라고 말할 수는 없을 것 같다.

생박사 최근 식물 호르몬인 키네틴(kinetin)에 탈모를 억제하는 효과가 있다는 실험 결과가 나와서 이에 발맞추어 키네틴 배합 육모제가 출시되었어. 가격은 엄청 비싸지만 잘 팔린다고 해. 물론 나도 실험용으로 써보고 있지만, 하하하.

베어군 실험용이라고 하시지만, 어쨌든 대머리는 피하고 싶은 거죠?

생박사 아냐, 진짜 단순히 실험이라니까! 키네틴은 식물의 노화 방지제로 아주 오래 전부터 알려져왔는데, 만약 이 식물 호르몬이 동물에게도 효과가 있다면 정말 좋을 것 같아, 하하하!

베어군 잘은 모르지만 노화는 유전자 프로그램에 따른 것이니까, 박사님 괜히 유전자에 대항하지 말아주세요. 가는 세월을 누가 막을 수 있겠어요.

생박사 나 참, 곰돌이가 별 소리를 다하네.

베어군 다 소용없는 줄 알면서도 자신한테 닥치면 불로장생을 바라는 것 같아요. 참 인간이라는 생물은 알다가도 모르겠어요.

■ 노안

나이가 들면 먼 곳의 경치는 감상해도 바로 가까이 있는 신문의 활자는 초점이 바로 맞지 않아서 글자가 흐릿하게 보일 때가 많다. 젊은이들은 같은 상황에서도 즉각적으로 초점을 맞출 수 있다. 이는 우리의 눈에 원근 조절 능력이 있기 때문이다.

초점 조절 임무는 수정체(렌즈에 해당)와 섬모체근(모양체근)이 담당한다. 섬모체근이 수축하거나 이완함으로써 수정체의 두께가 바뀌고 굴절력이 변화해서 거리와 관계없이 초점을 맞추게 된다. 하지만 나이와 함께 수정체가 점점 탄력성을 잃고 딱딱해지며(수정체의 단백질은 새 것으로 교환되지 않는다), 섬모체근도 탄력이 떨어져 힘을 잃는다. 그 결과 조절력이 떨어져서 가까이에 있는 사물의 초점을 맞추기 어려워진다. 이것이 바로 노안의 주요 원인이다.

안구의 조절력 감소는 대개 마흔 즈음부터 시작되어 예순이 되면 더 이상 심해지지 않는다고 한다.

■ 피부 노화

나이가 들수록 피부가 건조해지고 탄성이 떨어지며 주름이 생기기 마련이다. 피부 노화의 원인은 다양한데, 결합조직의 세포 배열 방식을 결정하는 '세포 바깥기질(Extracellular matrix)'의 불균형이 가장 크게 영향을 끼친다.

세포와 세포 사이에 존재하는 공간인 세포바깥 기질은 세포 사이의 접착제, 또는 세포의 시트와 같은 것으로 콜라겐이라는 섬유단백질이 주성분이다. 콜라겐은 인체를 구성하는 단백질 가운데 가장 많은 부분을 차지하고(총 단백질의 약 4분의 1), 피부 이외에도 근육의 이음매, 뼈, 혈관벽에도 존재하면서 이들 조직

그림 10-3 ∷ 콜라겐 섬유의 변성

● 젊은 콜라겐 섬유

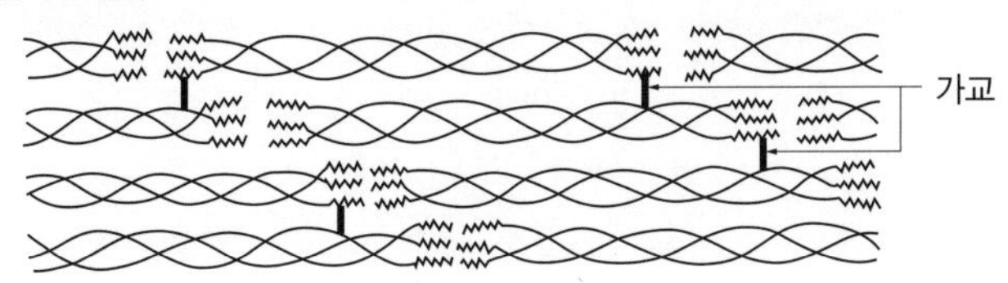

● 나이 든 콜라겐 섬유

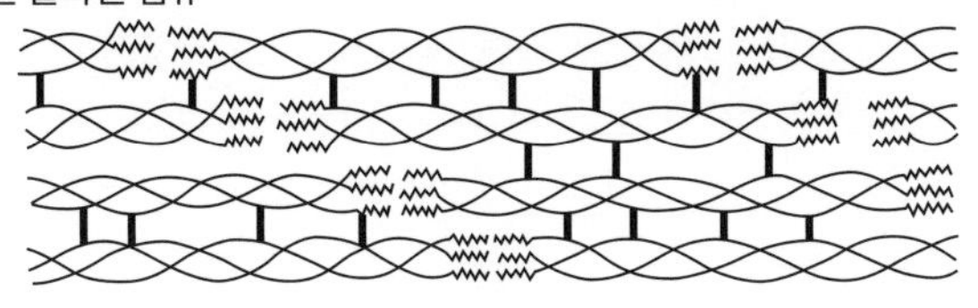

[자료 : 후지모토 다이사부로(藤本大三郎), 《스킨케어의 과학(スキンケアの科学)》(講談社, 1992)]

에 탄력성과 강도를 부여한다.

한창 자라나는 성장기에는 콜라겐이 끊임없이 분해되어 새로 합성된 콜라겐으로 신속하게 교체되지만, 나이를 먹으면서는 신구 교체가 더뎌지고 양이 줄어 콜라겐 분자 사이나 콜라겐 분자 내에 불필요한 가교가 많이 생기면서 변성이 일어난다(그림 10-3). 이 때문에 결합조직의 탄력이나 보습력을 상실하고 피부 주름이 생기는 것이다. 뼈 조직이 흐물흐물 엉성해지는 뼈엉성증(골다공증)도, 혈관이 딱딱해지는 동맥경화도 콜라겐의 변성과 밀접한 관련이 있다.

두근두근 호기심 칼럼

콜라겐 제품은 얼마나 효과가 있을까?

콜라겐은 다른 단백질에는 없는 아미노산의 하이드록시프롤린(hydroxyproline)을 많이 포함하고, 글라이신이 3개마다 들어 있는 조금 특수한 단백질이다. 피부 진피의 콜라겐 분자는 서로 유사한 3개의 펩타이드 사슬(약 1000개의 아미노산 사슬)이 나선 모양으로 이루어져 있다. 이것이 몇 개나 다발을 이루며 서로 가교가 되어 콜라겐 섬유가 된다. 갓 만들어진 콜라겐 분자의 프롤린을 하이드록시프롤린으로 전환시키는 데 필요한 물질이 바로 비타민C다. 따라서 비타민C가 없으면 콜라겐이 생기지 않고 혈관이 물러지는 괴혈병에 걸리기 쉽다. 비타민C가 피부에 좋다는 것은 바로 이런 연유에서다.

오랜 시간 동안 끓인 사골곰탕을 냉장고에 넣어두면 딱딱해지면서 젤리 같은 상태가 되는데, 이것이 진짜 젤라틴이다. 젤라틴은 콜라겐의 펩타이드 사슬이 용액 속에서 서로 얽히고설키어 주변 물의 움직임까지도 멈추게 만든 상태다. 짐승의 힘줄을 진하게 고아서 굳힌 젤라틴은 아교라고 해서, 예전에는 접착제로 사용했다.

그렇다면 노화와 함께 줄어들고 변성한 피부의 콜라겐을 인공적으로 보충할 방법은 없을까? 이것이 가능하다면 피부를 젊게 유지할 수 있지 않을까?

이와 같은 의문점에서 출발해 콜라겐을 배합한 화장품이 등장했다. 하지만 콜라겐은 분자 크기가 큰 고분자 단백질이기 때문에 화장품 형태로 발라도 표피를 뚫고 피부 진피까지 도달하기는 어렵다. 다만 콜라겐은 세포와 친숙해지기 쉽고 보습력이 강하기 때문에 표피세포에 수분을 공급하는 효과는 있다.

그러면 건강기능식품으로 콜라겐을 섭취하는 것은 효과가 있을까?

만약 고분자 콜라겐이라면 위에서 단위 분자인 아미노산으로 쉽게 분해되어 피부까지 도달하기 어렵다. 다만 섭취량 가운데 약간의 콜라겐은 폴리펩타이드 사슬 그대로 흡수되어 관절 물렁뼈(연골) 등에 모인다는 사실이 알려지면서 무릎이나 엉덩관절(고관절)의 통증 완화에 효과가 있다는 연구 결과도 보고되었기 때문에, 장기간 복용하면 어느 정도는 효과를 기대할 수 있을지도 모른다.

베어군 오호, 아기가 잠들었어요. 야호, 이제 차분히 밥 좀 먹어야지. 아니, 이제 조용하게 공부할 수 있겠군요!

생박사 신문에 재미난 기사가 났어. 곰은 날씨가 좋지 않아서 흉년이 든 해에는 수확 시기가 오기 훨씬 전부터 식량을 구하러 마을로 내려온다네.

베어군 그거야. 곰한테 직감이 있어서 그렇죠. 곰은 겨울잠을 자기 전에 많이 먹어둬야 하잖아요. 그러니 순전히 직감으로 먹을거리가 부족한지 어떤지 미리미리 아는 예지력을 타고난 거죠. 사활이 걸린 문제니까.

생박사 우와, 예측이 가능하다니, 대단한데! 그러면 한꺼번에 많이 먹어두는 폭식이 곰에게는 일종의 항상성인가 보네. 노화해서 항상성이 떨어진 곰은 굶어죽을지도 모르고.

베어군 지금 무슨 말씀을 하시는지… 너무 어려워요.

생박사 그럼 인체 조절계의 노화에 대해 잘 들어보라고.

조절계의 노화

■ 면역 기능의 저하

면역계, 내분비계, 신경계의 활동으로 체내 항상성이 유지되고 있다는 사실을 앞에서 소개했지만 이들 조절계는 연령 증가와 함께 기능이 떨어진다. 그중에서도 면역 기능의 저하는 노화에 치명적인 영향을 끼칠 수 있다.

가슴샘(흉선)에서 성숙 과정을 거치는 림프구의 T세포와 항체 생산을 담당하는 림프구의 B세포가 면역계의 주인공으로 활동한다. 림프 면역기관인 가슴샘은 사춘기를 정점으로 크기가 작아지기 시작해서 가장 빨리 노화하는 기관으로 알려져 있다.

가슴샘이 작아져도 당장은 큰 영향을 받지 않는다. 하지만 노년기에 접어들면 면역력이 떨어지고, 감시가 소홀한 틈을 타서 암세포가 세력을 확장시키거나 더욱이 자기 성분을 공격하는 항체를 만들어서 류머티즘이나 아교질병(교원병) 등의 자가면역질환이 늘어나게 된다(그림 10-4).

■ 내분비 기능의 저하

나이가 들면 호르몬의 균형이 깨지기 쉽다. 특히 여성의 경우 여성호르몬인 에스트로겐이 감소하고 사이뇌 시상하부나 뇌하수체 앞엽의 마이너스 피드백이 약해져서 생식샘자극호르몬의 양은 반대로 증가한다. 이에 따라 폐경기를

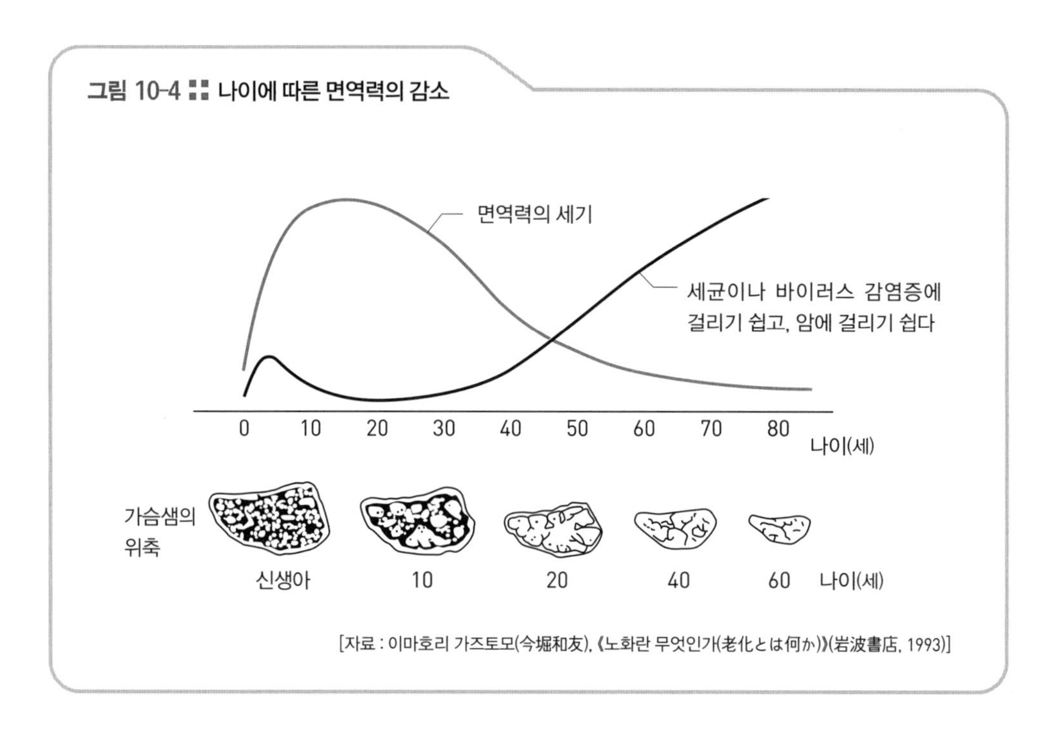

그림 10-4 ∷ 나이에 따른 면역력의 감소

[자료 : 이마호리 가즈토모(今堀和友), 《노화란 무엇인가(老化とは何か)》(岩波書店, 1993)]

맞이하고 호르몬 불균형에 따른 갱년기장애가 발생한다. 또 배란이 멎으면서 생식력이 상실된다.

남성은 여성만큼 변화가 뚜렷하지는 않지만, 역시 여러 가지 장애가 발생한다. 정자 형성 능력이 서서히 떨어지고 전립샘은 비대해진다.

내분비계 가운데 부신겉질이나 부신속질은 스트레스에 맞서는 저항력과 밀접한 관련이 있기 때문에 노화현상의 하나로 스트레스에 약해지기도 한다.

사이뇌의 시상하부는 내분비계 및 자율신경계를 지배하고 항상성의 중추로 활동하는 부위이므로, 내분비 기능의 저하에는 시상하부의 노화도 중요한 요인으로 여겨진다.

■ 신경계의 기능 저하

노년기에 접어들면 신경계 특히 중추신경계인 뇌도 기능이 떨어진다. 컴퓨터 단층촬영(CT; Computed Tomography)을 해보면 고령자의 뇌는 주변부나 중심부 모두 틈이 듬성듬성 나 있고 위축된 모습을 관찰할 수 있다. 이는 신경세포 자

그림 10-5 ■■ 나이에 따른 신경세포의 형태 변화

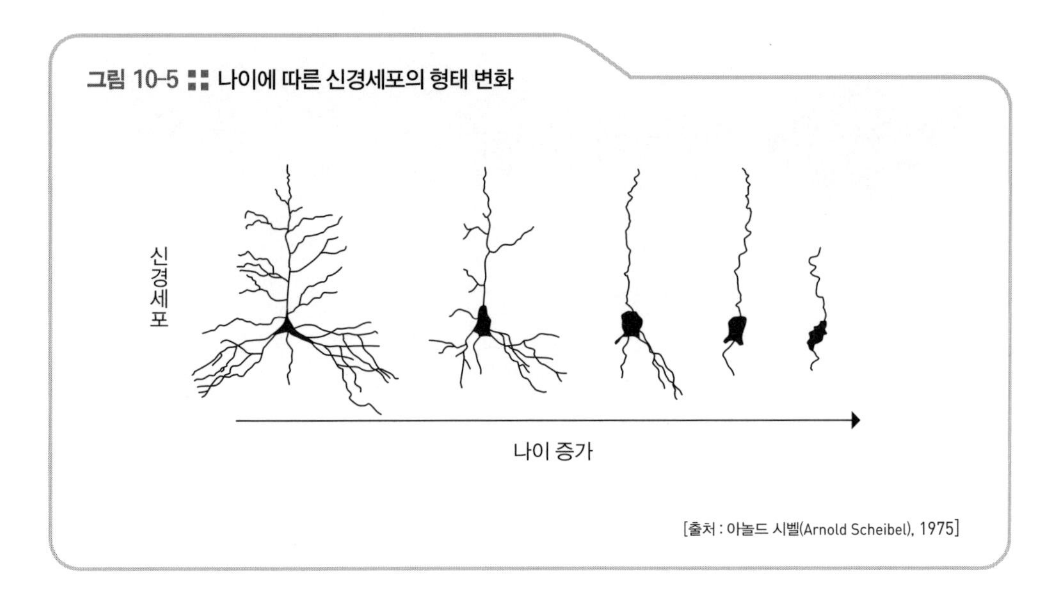

[출처 : 아놀드 시벨(Arnold Scheibel), 1975]

체가 분열 능력을 갖추고 있지 않기 때문에 세포 단계에서 다양한 변화가 발생하여 가지돌기가 점차 줄어들며 신경세포 간의 연락을 위한 시냅스도 감소하고 심지어 신경세포 자체가 죽어가는 것이다(그림 10-5).

실제로 실험 측정한 바에 따르면, 90세 노인은 청년보다 머리 앞쪽 부위가 50~60%까지 위축되어 있었다고 한다. 나이가 많아지면 건망증이 심해지는 것도 이런 뇌 기능의 쇠퇴가 원인으로 여겨진다. 다만 뇌는 매우 여유분이 많아서 실제 활동하는 부위는 지극히 일부분이다. 따라서 네트워크의 일부가 끊어져도 다른 세포가 이를 보충하고 기능을 회복할 수 있다.

신경계(특히 해마)에도 분열과 재생 능력을 갖춘 줄기세포가 있어서 소실된 세포 복구에 줄기세포가 관여한다는 사실이 최근 밝혀졌다. 뇌경색의 후유증으로 장애가 생겼을 때 재활치료를 통해 회복이 가능한 이유도 뇌가 갖춘 훌륭한 가소성에서 비롯되었다고 여겨진다.

치매는 왜 생길까?

나이가 많아지면 치매에 걸릴 확률도 높아진다. 평균수명이 늘어나면서 노인성 치매가 사회문제가 되고 있다.

노인성 치매는 '뇌혈관성 치매'와 '알츠하이머병'이 주를 이룬다. 치매 가운데 3분의 1이 혈관성 치매, 3분의 1이 알츠하이머병, 나머지 3분의 1은 외상이나 종양에 따른 것인데, 최근에는 알츠하이머병의 빈도가 높아지고 있다.

먼저 뇌혈관성 치매를 알아보자.

신경세포에는 근육세포처럼 크레아틴인산 등의 에너지 물질이 없고 산소 저장을 위한 미오글로빈도 없으며 호흡의 재료인 글리코겐도 거의 없다. 따라서 뇌혈관이 핏덩이(혈전) 등으로 막히면, 즉 뇌경색이 발생하면 산소나 포도당의 공급이 차단되어 막힌 부위부터 그 이후의 신경세포는 죽음에 이른다. 미세한 뇌경색은 고령자에게 흔히 발생하는데 그 발생 부위가 이마엽이나 해마 등 중요한 부위라면 뇌혈관성 치매로 진행할 수 있다.

알츠하이머병인지 아닌지는 사후에 뇌 병변을 직접 관찰하지 않으면 정확하게 알 수는 없다. 알츠하이머병은 발병 연령에 따라 비교적 젊은 나이에 발생하는 초로기 알츠하이머병과 65세 이상 노인에게서 주로 나타나는 노년기 알츠하이머병으로 나눌 수 있다.

노년기 알츠하이머병의 경우 뇌 위축과 대뇌겉질에 신경반(노인반)이라 부르는 불용성 침착물을 관찰할 수 있다. 신경반은 단백질의 일종인 β아밀로이드(beta-amyloid)가 침착되어 생긴 것이다.

초로기 알츠하이머병은 유전자와 관련이 있어서 21번 염색체와 14번 염색체에 원인 유전자가 있다고 알려져 있다. 이 가운데 21번 염색체의 신경반에는 β아밀로이드 유전자가 있어서 β아밀로이드의 이상설이 유력하게 지목되고 있다.

다만, 노년기 알츠하이머병은 β아밀로이드가 만들어지는 양이 정상인과 크게 다르지 않은 것으로 밝혀져 정확한 원인은 여전히 베일 속에 가려져 있다. 한편 '네프릴리신(neprilysin)'이라는 β아밀로이드를 분해하는 단백질에 뚜렷한 차이가 보여서 이 단백질의 활동이 연령 증가와 함께 약해지면 뇌에 β아밀로이드가 침착되어 노년기 알츠하이머병이 발병하는 것으로 조심스럽게 추측할 따름이다.

베어 군 조직이나 기관은 세포가 모여서 생긴 것이니까, 조직이나 기관이 노화한다는 것은 바로 세포가 노화한다는 뜻일까요? 아니면 세포 하나하나는 변하지 않지만 세포의 모임 방식이 노화된 것일까요?

생 박사 그거 참 어려운 질문이네. 인간의 체세포는 항상 교체되고 있다는 이야기를 앞에서 했지? 교체되기 위해서는 세포가 끊임없이 분열을 해야 하거든. 즉 세포가 끊임없이 분열하는 조직은 새로운 조직이라고 말할 수 있지. 반대로 분열하지 않고 세포가 교체되지 않으면 결국 그 조직은 노화하고 죽어간다고 생각해야겠지.

베어 군 조직이라고 하면 회사 조직도 마찬가지 같아요. 젊은이가 신입사원으로 회사에 들어가고 나이가 많은 사람은 정년퇴직을 하고요. 이것은 끊임없이 사람이(세포가) 신구 교체되고 있다는 의미겠지요. 새로운 신입사원이 새로 투입되지 않는 조직은 언젠가 망하게 된다, 뭐 그렇게 이해하면 되겠네요.

세포도 늙고 죽는다

지금까지 살펴본 기관의 노화는 세포의 노화와 죽음이 깊숙하게 개입하고 있다. 세포의 노화와 죽음에는 몇 가지 유형이 있는데, 그 원인도 제각기 다르다.

활성산소설 : 세포에 상처가 난다

세포가 노화하는 첫 번째 원인으로는 세포가 생활하고 분열, 증식하는 동안 다양한 손상이나 이상이 지속적으로 발생하면서 마침내 분열 증식이 불가능해지는 상황을 꼽을 수 있다. 여기에서 가장 주목을 끄는 것이 '활성산소'다. 호흡을 위해 이용하는 산소의 일부(약 2%)가 특별히 산화력이 강한 활성산소라는 물질로 변하는데(그림 10-6) 이 활성산소가 단백질, 지방, DNA 등을 산화시킴으로써 세포 내에 이상 단백질이나 지방을 축적시키고 유전자에 손상을 입히는 것이다.

세포 안에서 발생한 활성산소 대부분은 슈퍼옥시드 디스뮤타제(SOD; Super Oxide Dismutase)라는 효소가 분해하여 활성산소를 무독화시킨다. 그런데 효소의 기능이 세포의 연령이 증가하면서 저하되는 사실이 밝혀짐으로써 이것이 세

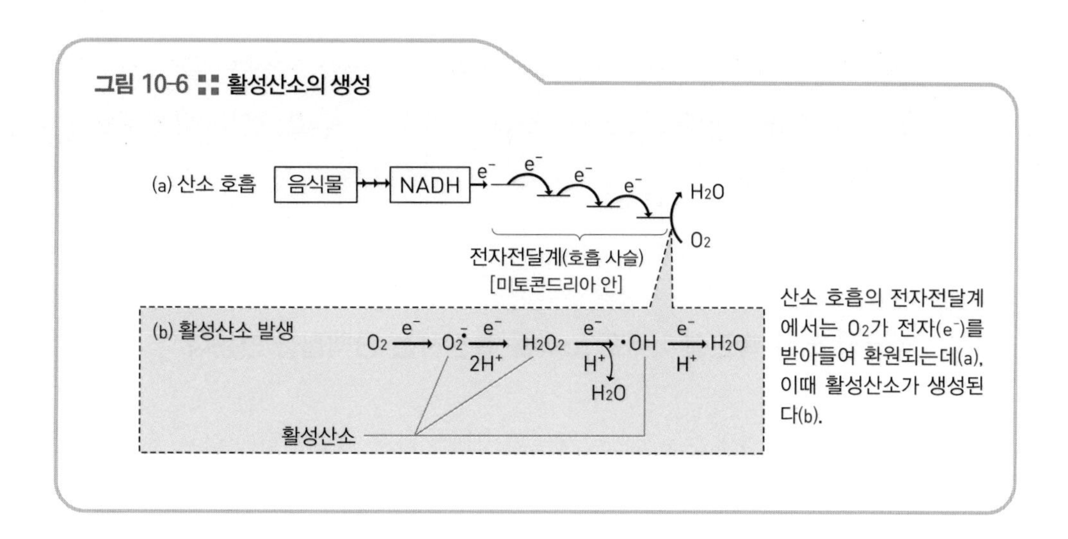

포를 노화시키는 원인으로 추측하고 있다.

또한 수명이 짧은 쥐의 경우 슈퍼옥시드 디스뮤타제의 활성이 인간보다 훨씬 낮다는 사실이 알려지면서 슈퍼옥시드 디스뮤타제의 활성 차이가 동물 개체의 수명을 결정하는 요인으로 추정하고 있다(그림 10-7).

한 실험에서는 실험쥐에게 식사를 제한했더니 수명이 늘어났다고 한다. 이 실험 결과를 거꾸로 생각하면, 너무 심하게 과식을 하면 수명이 단축될 수도 있

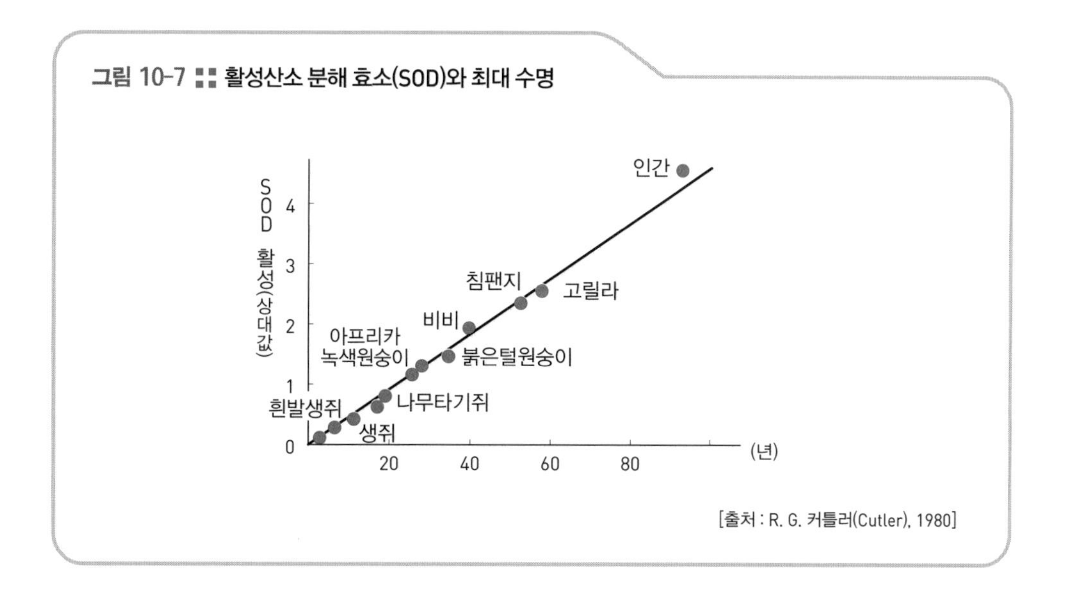

다는 의미가 된다. 이처럼 음식을 적게 섭취하면 그만큼 호흡량이 줄어들고, 그 영향으로 호흡을 하면서 발생하는 활성산소의 양이 감소한 것이 수명에 영향을 끼쳤지 않을까 싶다.

적극적 노화 촉진설 : 세포 노화를 촉진하는 단백질을 만든다

활성산소에 의해 수동적으로 세포에 상처가 나서 세포가 힘을 잃는 것이 아니라, 세포 자체에 노화를 촉진하는 시스템이 마련되어 있다는 주장이다.

이는 세포융합이라는 방법으로 젊은 세포와 노화한 세포를 융합시키는 실험에서 밝혀졌다. 젊은 세포와 노화한 세포를 융합하면 노화한 세포가 젊음을 되찾을 것으로 예상했는데, 예상을 뒤엎고 양쪽 세포 모두 DNA 복제가 중단되었다. 또 노화한 세포의 핵을 젊은 세포핵과 교체했지만 역시 세포가 젊음을 되찾지 않았다.

이들 실험을 통해 노화가 세포분열을 중단시키는 세포질 인자를 만들어낸다는 사실이 밝혀졌으며, 세포 노화에 관여하는 단백질을 몇 가지 찾아냈다.

베어군 그렇다면 젊은 아가씨와 중년 아저씨가 사귀면 중년 아저씨가 회춘하는 것이 아니라 젊은 아가씨가 나이 들어버리는 건가요?

생박사 어찌 이야기가 전혀 엉뚱한 곳으로 흘러간 것 같네.

텔로미어 가설

몸에서 떼어낸 세포를 아미노산이나 비타민, 성장인자 등이 들어간 액체에 배양하면 처음에는 활발하게 분열 증식한다. 하지만 배양액을 항상 신선한 상태로 유지하더라도 일정한 시기부터는 증식 속도가 떨어지면서 분열을 멈추게 된다.

이처럼 배양 세포의 분열 증식에 한계가 있다는 사실을 1961년에 미국의 생물학자이자 해부학자인 레너드 헤이플릭(Leonard Hayflick, 1928~)이 발견했다. 인간의 피부세포를 배양하면 아무리 조건을 좋게 하더라도 30~60회 정도에서 분열을 끝마치게 된다. 이를 '헤이플릭의 한계(Hayflick limit)'라고 부른다.

여러 동물 태아의 피부섬유모세포(섬유아세포)의 분열 횟수와 생리적 수명을 비교했더니, 개체의 수명이 길수록 세포분열 횟수도 많다는 사실이 밝혀졌다. 이로써 세포의 분열 횟수가 개체의 수명 결정에 깊이 관여한다는 것을 알 수 있다. 그 원인은 무엇일까?

여기에는 각 염색체 양끝에 있는 '텔로미어'라는 특수한 구조가 영향을 끼친다. 텔로미어는 TTAGGG라는 염기서열이 수백 회 이상 반복된 구조다. 이 텔로미어가 세포분열을 할 때마다 약 20단위씩 짧아진다(그림 10-8). 따라서 젊은이의 체세포와 노인의 체세포를 비교하면 노인이 훨씬 짧다(그림 10-9a). 결과적으로 텔로미어가 짧아지면 염색체 구조를 정상적으로 유지할 수 없으므로 유전자의 이상을 초래하고 세포가 더 이상 분열할 수 없는 상황에 직면하게 된다(그림 10-9b). 말하자면 텔로미어는 '생명의 티켓' 혹은 '생명의 모래시계'와 같은 셈이다.

그런데 태아의 텔로미어 길이가 길다는 사실은 어딘가에서 모래시계가 뒤집혀 있다는, 혹은 리셋되어 있다는 뜻이다. 요컨대 생식세포가 형성될 때 텔로미어를

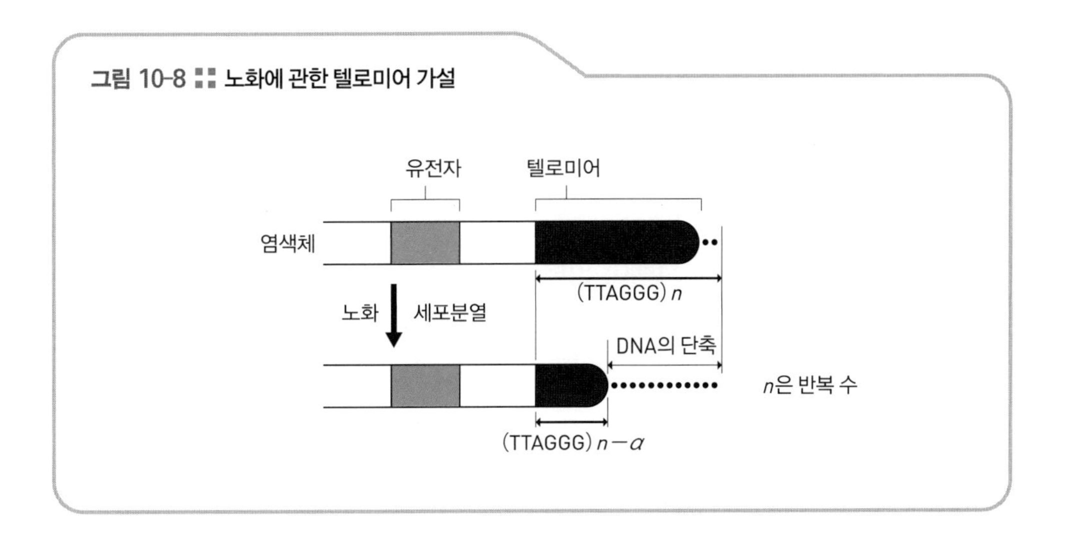

그림 10-9 :: 노화와 텔로미어

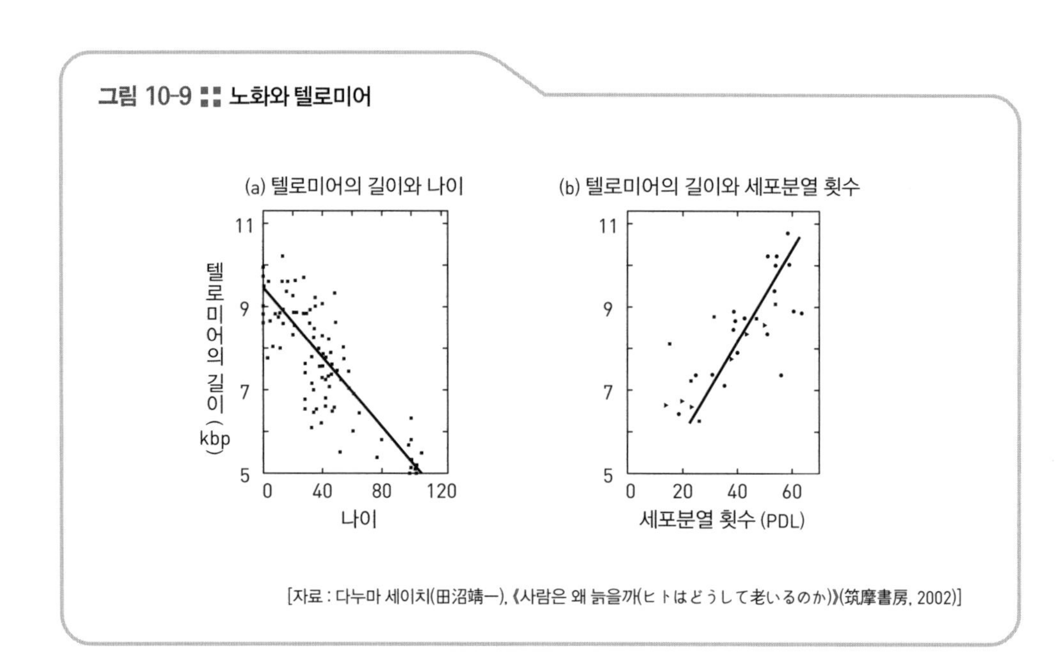

[자료 : 다누마 세이치(田沼靖一), 《사람은 왜 늙을까(ヒトはどうして老いるのか)》(筑摩書房, 2002)]

길게 하는 효소인 텔로머라아제가 나와서 텔로미어를 다시 원 상태로 길게 늘여 놓은 것이다. 텔로머라아제는 대부분의 체세포에서는 볼 수 없지만(유전자는 있지만 효소가 만들어지지 않는다), 계속해서 분열하는 조혈 줄기세포에는 존재하는 것으로 알려졌다. 암세포에도 텔로미어의 길이를 늘려놓는 텔로머라아제가 있다고 하는데, 그런 의미에서 암세포는 영원히 죽지 않는 세포라고 말할 수 있다.

지금쯤 텔로머라아제의 유전자를 활성화시키면 불로장생의 삶을 누릴 수 있지 않겠느냐는 생각을 할지도 모르겠다. 하지만 텔로머라아제의 활성이 수많은 암세포를 불러들여서 오히려 수명을 단축시킬지도 모른다.

세포에는 자살 프로그램이 입력되어 있다

세포 단계에서 죽음은 정상적인 현상으로, 죽어야 마땅할 세포는 적당한 시기에 죽어야 한다. 오히려 세포가 죽지 않으면 개체의 생명과 활동이 정상적으로 유지될 수 없다. 발생 과정에서는 대부분의 세포가 죽음으로써 개체의 형태가 갖추어지고, 면역세포도 신경세포도 처음 발생한 세포가 대체로 사멸함으로써 시스템이 완성된다. 일상적으로도 혈액세포나 소화계통의 세포 등 대부분의 세포는 개체의 규칙에 따라 자살하고 있다. 암세포는 이런 규칙에 따르지 않는 세포로 일종의 테러리스트나 다름없다. 이처럼 개체의 규칙에 따라 연출되는 세포의 죽음을 '프로그램된 세포사(programmed cell death)'라고 부르고, 그 죽는 방식을 '아포토시스'라고 부른다. 에이즈 바이러스 감염에서 T세포가 사멸하는 것도, 방사선 피폭으로 세포가 죽어가는 것도 모두 아포토시스에 해당한다.

반면에 독극물로 인한 세포사는 '괴사(necrosis)'라고 부른다. 괴사의 경우 세포핵이 팽창하여 세포가 파손됨으로써 죽어가는데, 아포토시스의 경우 먼저 세포핵의 응축이 일어나고, 그다음에 세포가 단편화해서 죽어간다. 이와 같은 세포 자멸사에는 몇 가지 유전자가 관여하고, 세포를 죽음으로 이끄는 단백질이 생성되어야 한다.

베어 군 세포는 생각보다 굉장히 복잡하네요. 이것도 세포가 생각하는 게 아니라 게놈의 전략일까요?

생 박사 그렇지. 단순히 생명을 늘리는 일만이 해당 생물(실은 게놈)에 유리한 것은 아닐 테니까. 어떤 생애주기를 디자인하고 생식에 따라 어떻게 자손에게 유전자 바통을 전해줄 것인가의 전략 가운데 수명을 결정한다고 말할 수 있는 거지.

베어 군 박사님, 너무너무 어려워요.

생 박사 좀 더 쉽게 말하면 쥐는 빨리 성숙해서 자식을 만들고 빨리 죽지만, 수많은 자식을 만들어서 쥐라는 종족은 영원히 번창하잖아. 그런 생애주기를 갖추는 것이 바로 전략이라는 거지.

베어 군 그럼 몇 가지 유전자가 게놈의 전략을 토대로 힘을 모아서 개체의 수명을 디자인하고 있다는 말씀이네요.

생 박사 그렇지. 이제 베어 군은 하나만 가르쳐줘도 열을 알아듣는구먼.

수명을 결정하는 유전자

지금까지 살펴본 바와 같이 인간의 수명을 결정하는 데는 여러 요인이 서로 얽히고설키어 있어 수명과 관련된 유전자를 해석하는 일은 매우 복잡하고 어렵다.

하지만 인간과 쥐, 초파리, 선충, 더욱이 균류나 효모 등은 공통 유전자를 갖고 있어서 그 가운데 수명이 짧고(약 3주간) 몸을 이루는 세포 수도 적은(1090개) 선충을 대상으로 연구와 실험을 함으로써 인간의 수명을 결정하는 유전자를 찾아내고 있다.

실제로 수명이 다른 선충의 돌연변이체에서 수명 결정에 관여하는 몇 가지 유전자가 주목을 끌고 있다.

≫ Age−1유전자가 활동하지 않으면 수명이 1.5배로 늘어나는데, 이 변이체에서는 슈퍼옥시드 디스뮤타제의 활성이 높다는 사실이 밝혀졌다. Age−1유전자는 세포 외부에서 유입되는 호르몬 등의 정보를 세포 내부로 전달하는 효소를 생성한다는 사실도 밝혀졌다.

≫ daf−2유전자가 다른 돌연변이체는 수명을 두 배로 늘린다. 이 유전자가 만드는 단백질은 인간의 인슐린수용체와 구조가 아주 흡사하다는 점에서, 원래 daf−2와 인간의 인슐린수용체를 만드는 유전자가 동일한 유전자였던 것으로 추측된다.

선충은 daf-2유전자의 변이로 인슐린과 유사한 호르몬의 정보를 원활하게 받아들일 수 없기 때문에 기아 상태에 빠지게 되고 포도당 대사를 억제하게 된다. 그리고 혹독한 환경을 참아내며 연명함으로써 수명이 늘어나지 않을까 싶다.

이 유전자의 변이는 인간에게 당뇨병을 일으키는 원인 가운데 하나이지만, 굶주림이 거듭되던 원시시대에는 오히려 연명하는 데 유리했을지도 모른다고 주장하는 학자도 있다. 식사 제한으로 수명이 늘어나는 이유도 이와 관련이 있을지 모른다.

이처럼 선충의 연구를 통해 수명이나 노화와 관련된 유전자가 조금씩 규명되고 있다. 다만 수많은 종류의 유전자가 노화와 관련되어 있는 것으로 밝혀져, 수명이나 장수를 단순하게 결정할 수 있는 것이 아니라 여러 유전자에 따라 다양한 활동의 차이가 생겨나고 이것이 노화 속도나 수명의 차이를 낳지 않을까 조심스럽게 추정하고 있는 것이다.

두근두근 호기심 칼럼

오래 살수록 좋을까?

노화나 수명의 메커니즘을 규명하는 연구는 수명 연장과 이어질 수도 있다. 하지만 수명 연장이 곧 행복한 삶과 직결되는 것은 아니라고 나는 생각한다.

하루하루 충실한 인생을 보내고, 다른 사람의 행복 실현에 도움을 주고, 다음 세대를 위해 이바지하는 일이 인생에서는 더 의미가 있지 않을까?

생박사 옛날 왕들은 죽음을 두려워해서 신하들에게 불로초를 구해오라고 했지. 어떻게 하면 죽지 않고 영원히 살 수 있을까 하고.

베어군 하지만 성공한 왕은 단 한 명도 없었잖아요. 앗, 그런데 복제인간을 만들면 죽지 않을지도 모르겠네요.

생박사 아니지, 엄연히 다른 인격이잖아. 그리고 복제인간만 있으면 바이러스 등으로 인간이라는 종 자체가 멸종할 수도 있어. 설명한 거 벌써 잊었나? 게다가 마냥 수명을 늘리기만 하면 반드시 모순이 생기지. 먹을 게 한정되어 있으니까. 어쩌면 노인이 스스로 산에 들어가서 죽어야 하는 비극이 생길지도 몰라.

베어 군 수명에는 분명 의미가 있군요. 하지만 전 늙기 싫어요.

베어 군은 내 손자와의 달리기 경주에서 이겼다며 폴짝폴짝 뛰며 좋아했다. 아직 젊다고 자랑했지만, 그 다음 날 무릎 통증으로 일어나지도 못했다.

11월 단풍

인간은 어디에서 왔을까?

낙엽을 긁어모아 태우고 있자니 단풍놀이에 갔던 베어 군이 돌아왔다. 기념품이라도 사온 줄 알았더니 빈손으로 털레털레 들어왔다. 아직 인간의 마음을 제대로 이해하지 못하는 것 같다.

베어 군 연기가 장난이 아니네요. 옆집에 민폐 끼치는 것 아니에요?

생박사 도심 한복판도 아니고 풍향도 괜찮을 것 같아서 하는 거야. 불조심해야 하니까 그만 정리해야겠네.

베어 군 산에서 본 단풍은 진짜 장관이더라고요. 울긋불긋 보석이 콕콕 박혀 있는 것 같았어요. 그리고 뭔가 애절한 느낌도 들었어요. 어쩌면 저는 북쪽 곰나라의 왕손일지도 모른다는 생각이 문득 스치는 것 있죠!

생박사 뭐, 상상은 자유니까. 그럼 오늘은 생물학적으로 인간과 곰의 기원에 대해 이야기해줄게.

인간의 뿌리를 찾아가다

먼저 필자의 뿌리를 더듬어보자.

나는 1940년 11월 7일, 어머니의 뱃속에서 세상을 향해 뛰쳐나왔다. 하지만 실제로는 270일 전에 아버지의 정자와 어머니의 난자가 합체(수정)해서 수정란이 되었을 때 이미 '나'라는 존재가 생겼다고 말할 수 있다. 어머니와 아버지도 각각 할머니와 할아버지의 난자와 정자가 만나서 생겼다.

이런 식으로 1세대를 25년으로 삼고 10대를 거슬러 올라가면 약 250년 전, 즉 17세기 말에서 18세기 초 즈음이 된다. 이때 나의 유전자가 유래한 10대 전의 조상은 모두 2^{10}=1024명이 되는 셈이다. 여기에서 10대를 더 거슬러 올라가면 내 조상은 100만 명 정도 된다. 따라서 같은 나라 사람들이라면 거의 같은 조상을 모시는 셈이다.

생명의 기원으로 거슬러 올라가다

100대를 거슬러 올라가면 기원전 2, 3세기이며 1000대를 거슬러 올라가면 구석기시대가 나온다. 이때 조상은 아시아 대륙에 살던 아시아인종(Mongoloid)

이었을 것이다. 그리고 1만 대를 거슬러 올라가면 현생 인류가 나올 텐데, 이 시대의 조상은 아프리카에 살고 있었다. 좀 더 타임머신의 속도를 올려서 100만 대로 거슬러 올라가면 인류가 아닌 긴꼬리원숭이의 조상과 같은 원시원숭이가 될 것이다.

한편 2억 년 전에 조상은 포유류의 조상이 되고, 3억 년 전 조상은 파충류, 4억 년 전 조상은 양서류, 5억 년 전에는 원시어류로 바다에서 헤엄치고 있었을 것이다. 그리고 더 이전에는 무척추동물, 15억 년 전에는 단세포인 진핵생물, 30억 년 전에는 세균류, 즉 원핵생물밖에 없었다.

우리의 생명은 그들 모두와 서로 연결되어 있는 셈이다. 원핵생물 중에서도 최초의 생명이 탄생한 것은 지구가 탄생한 후 약 5억 년이 지난 40억 년 전의 일이다. 요컨대 지구에 살고 있는 모든 생명체의 기원은 지금으로부터 40억 년 전으로 거슬러 올라가는 것이다.

베어군 우와, 상상만 해도 머리가 지끈지끈해요. 아무튼 저와 박사님은 같은 조상에서 태어났다는 말씀이지요? 물고기도 꽃도 같고요? 같은 조상인데, 지금 누구는 잡아먹고 누구는 잡아먹히는 처지가 되어 있는 걸 보면 정말 신기해요.

생박사 그렇지. 하지만 모양이나 생김새는 달라도 우리 모두 같은 지구에 살고 있는 친구들이란다.

원핵생물에서 진핵생물로

이번에는 생물의 탄생에서 시간의 급물살을 타고 초기 생물의 발달을 살펴 보자.

생명의 탄생

약 40억 년 전 뜨거운 지구가 서서히 식으면서 바다가 생겼을 무렵 해저 분화구에서는 메탄과 수소, 질소, 황화수소 등을 포함한 가스가 분출했고, 동시에 엄청난 고온과 고압 상태에서 다양한 화학반응이 이루어졌다. 그리고 여러 가지 아미노산이나 염기, 당이 합성되고 이 합성물이 서로 반응해서 복잡한 유기물이 생겨났다. 단백질, DNA, RNA 등 수많은 물질도 태어났다. 몇천 년 아니 몇만 년 동안 이런 반응이 되풀이되면서, 우연히 이 물질들이 서로 모여 관계를 맺고 자신을 보존하며 분열 증식할 수 있는 '부드러운 덩어리'가 탄생했다.

이 덩어리, 즉 원시세포는 외부에서 간단한 물질을 흡수, 분해하고 에너지를 뽑아내서 더 복잡한 물질을 합성하는 능력, 즉 대사능력을 갖추고 자신만의 특징을 정보로써 보존하는 게놈을 지니게 되었다. 이는 오늘날의 세균보다 훨씬 단순한, 말 그대로 원시세포였다. 이렇게 해서 우리의 생명이 출발한 것이다.

산소의 증가

최초의 지구에는 산소가 없었기 때문에 원시세포는 산소 없이 유기물을 분해하는 발효로 에너지를 얻었다. 사실상 산소는 유기물을 변질시키는 맹독 성질도 있으므로, 산소가 없었던 것이 당시 생물에게는 천만다행이었다.

이 가운데 광합성을 하는 세균인 남세균이 출현해서 그 숫자가 늘어남으로써 산소가 발생하기 시작했다. 산소에 대한 방어 시스템이 없는 대부분의 세균은 죽음에 이르렀지만, 개중에는 산소의 독을 억제하면서 산소를 호흡에 활용하는 세균(호기성 세균)도 출현하게 되었다.

진핵생물의 출현

지금으로부터 약 20억 년 전, 산소에는 약하지만 다른 세균을 잘 잡아먹는 생물(원핵생물의 고세균)이 호기성 세균을 받아들여 자신의 세포 안에서 활동하게 함으로써 새로운 형태의 세포로 형성된 생물이 탄생했다. 이 생물이 바로 진핵생물이고, 흡수한 호기성 세균은 미토콘드리아라는 세포소기관이 되었다. 이후 미토콘드리아는 줄곧 세포 안에서 호흡을 담당했다.

또한 남세균을 흡수한 생물도 있어서, 남세균은 세포 안에서 광합성을 하는 엽록체가 되었다. 말무리세포의 탄생이다. 이렇게 해서 진핵생물이 탄생하고(공생설, 그림 11-1), 이후 단세포의 원생생물은 점차 다세포화하고 유성생식이 시작됨으로써 동물·식물·균류 등으로 급속하게 생물의 다양화가 추진되었다.

베어군 아미노산이나 염기, 당에서 복잡한 유기물이 생겨나서 생명이 탄생했

그림 11-1 ∷ 원핵생물에서 진핵생물로(공생설)

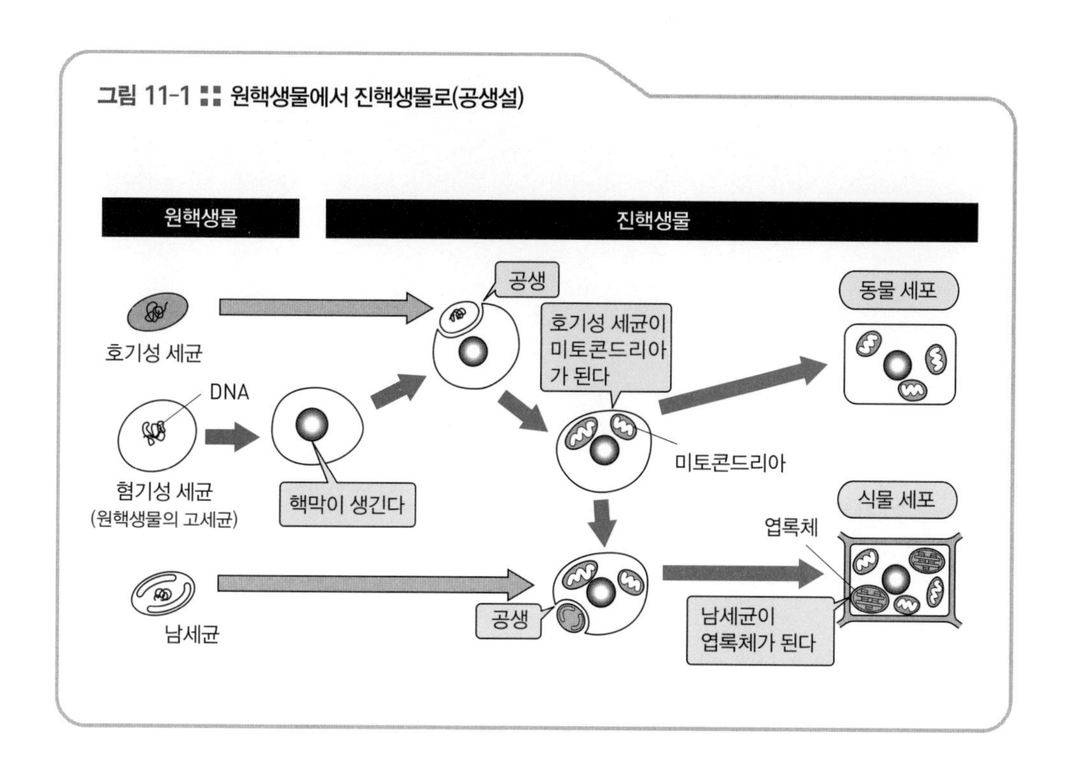

다는 말씀 같은데, 그림이 확 그려지진 않아요. 물질에서 덩어리가 생겨나서 이것이 점점 커져 덩어리를 갖춘 생물이 된다는 건데. 그렇다면 인공적으로 간단하게 생명을 만들 수 있지 않을까요?

생 박사 그렇진 않아. 아마도 생명 탄생의 조건은 어떤 제한된 조건이 있어서 생명이 탄생한 후 급속하게 그 조건이 사라진 것은 아닐까 싶어. 그리고 탄생한 생명끼리 경쟁이나 자연선택이 시작되어서 진화했을 테니까, 쉽사리 탄생의 조건을 재현하거나 똑같은 진화의 길을 거슬러 올라갈 수는 없을 테지.

베어 군 그럼 이 모든 과정은 우연일까요, 필연일까요?

생 박사 우연과 필연이 모두 해당되지 않을까? 하지만 순전히 개인적인 생각인데 나는 필연 쪽을 강조하고 싶어. 똑같은 조건이 갖추어지면 자연법칙에 따라서 똑같은 일이 일어날 수 있을 것 같거든.

베어 군 그렇다면 지구가 아닌 다른 별에서 생명이 탄생할 가능성은 없을까요?

생박사 지구와 똑같다고는 말하기 어렵겠지만, 역시 생명의 탄생과 진화는 충분히 일어날 수 있다고 생각해.

베어 군 아하, 덩어리에서 덩어리! 저는 덩어리라는 단어가 왠지 마음에 안 들어요.

생박사 나 참, 베어 군 몸집이 덩어리라서 그런가? 괜한 이야기하지 말고. 생명 탄생과 진화 이야기를 잘 들어보렴.

인간은 문어보다 성게에 더 가깝다

■ 진핵생물 이후 수많은 진화의 갈래가 생겨나다

지금까지 살펴보았듯, 진핵생물이 탄생하기까지 생물의 진화는 몇 가지 지류가 합류한 강의 흐름이라고 생각할 수 있다. 하지만 진핵생물 이후의 진화는 보통의 강과 달리 수많은 지류로 반복해서 갈라져 간다고 표현할 수 있다. 이렇게 해서 다양한 식물, 균류, 동물의 흐름으로 크게 나뉘고 이 흐름은 도중에 끊어지거나 혹은 다른 흐름이 더 보태져서 오늘날에 이르고 있다.

생박사 베어 군한테 질문 하나 하지. 문어, 성게, 멍게, 메뚜기, 잉어, 새우, 해파리 중에서 인간이나 곰에 가장 가까운 생물부터 차례로 3가지를 골라봐.

베어 군 몰라요! 모두 박사님이나 저하고는 전혀 상관없는 생물 같은데요.

생박사 그럼 내가 정답을 알려주지. 1위는 잉어, 2위는 멍게, 3위는 성게! 문어, 메뚜기, 새우 그리고 해파리는 포유류와는 먼 존재란다. 물론 수많은 공통 유전자를 갖고 있긴 하지만.

베어 군 아니, 성게가 문어보다 저랑 가까운 친척이라고요?!

생박사 질문은 나중에 하고. 퀴즈 하나 더! 위의 동물은 모두 공통점을 갖고 있어. 그게 뭘까?

베어 군　으음, 바다생물인가?

생박사　아니, 아니지. 메뚜기가 바다에 살아? 마음만 먹으면 어디서나 잡아먹을 수 있다는 거!

베어 군　꽈당!!!

■ **멍게와 인간은 가까운 친척이라는데, 정말일까?**

잉어가 인간과 가까운 이유는 포유류와 같은 척추동물이기 때문이다. 그렇다면 퀴즈에서 멍게가 2위를 차지한 이유는 무엇일까?

단지처럼 생긴 멍게는 바다 밑에 들러붙어서 먹이(플랑크톤)를 잡아먹기 때문에 얼핏 보면 동물 같지 않지만, 유생 시기에 척추의 바탕이 되는 '척삭'을 갖는다(원삭동물이라고 한다). 척추동물도 발생 과정에서 척삭을 갖는 시기가 있는 것으로 보아(뒤에 척추로 바뀐다) 멍게는 인간과 가까운 사이임을 알 수 있다.

한편 밤송이처럼 생긴 성게는 눈도 보이지 않고 여러모로 인간과 비슷하지 않다. 오히려 눈을 부릅뜨고 있는 문어가 훨씬 인간과 가까워 보인다. 하지만 성게의 발생 과정을 살펴보면 확실히 척추동물과 가까운 무리임을 알 수 있다. 성게, 해삼과 같은 극피동물의 경우 원삭동물이나 척추동물과 함께 발생 첫 단계에 생긴 구멍인 원구(原口)가 항문이 되고, 입은 그 반대쪽에 새로 열리기 때문에 '후구(後口)동물'이라고 부르고 있다. 반면에 문어, 오징어 등의 연체동물, 새우나 메뚜기 등의 절지동물은 원구가 그대로 입이 되기 때문에 '선구(先口)동물'이라고 부른다.

마지막으로 해파리는 원구가 그대로 입이 되지만(항문은 없다), 중배엽도 없이 이른바 원장배(原腸胚) 단계에서 멈춘 체형을 갖고 있기 때문에 원시적인 생물이라고 할 수 있다.

그림 11-2에 이와 같은 사실을 바탕으로 계통수를 간략하게 그려보았다.

그림 11-2 ▪▪ 동물의 계통수

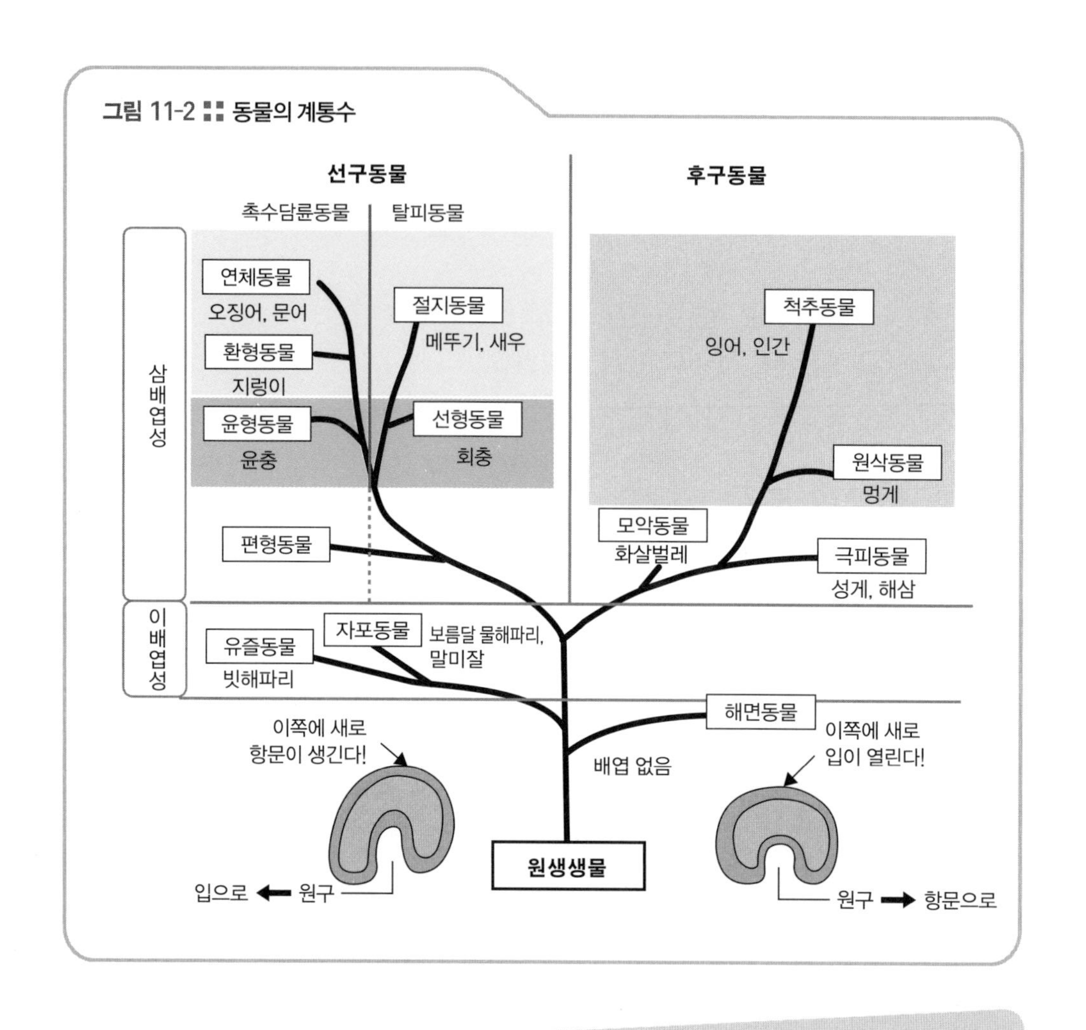

인간이 가장 고등한 동물일까?

인간이 가장 고등한 동물이라고 생각하는 사람은 많다. 하지만 '고등'이라는 단어가 의미하는 바는 무엇일까? 바퀴벌레나 지렁이는 하등 동물로 가치가 없는 동물일까?

환경 적응의 측면에서 말하면, 현재 생존하는 모든 생명체는 환경에 훌륭하게 적응하며 지내고 있다. 어떤 바퀴벌레는 인간이 사는 집의 환경에 굉장히 적응을 잘하고, 지렁이는 부패 도중의 유기물을 포함한 흙을 먹고 흙 속에 숨어 산다는 점에서 토양 환경에 적응하며 잘살고 있는 것이다.

인간은 자신의 의사에 따라 환경을 변화시키는 동물이니까 그런 점에서는 자연환경에 적응하며 지낸다고 말할 수 없다. 아마도 인간의 경우 벌거벗은 채로는 다른 동물처럼 자연 속에서 제대로 생활하지 못할 것이다.

요컨대, 인간은 도구를 이용하고 공동사회를 형성하고 문화나 문명을 공유하면서 생활하는 동물로, 이는 대뇌겉질이 비대화·고도화·특수화된 동물이기 때문에 가능한 일이다. 따라서 신경계의 발달이라는 점에서 인간은 고등일지 모르나 이는 인간이 제멋대로 정한 척도에 불과한 것으로 생물계, 동물계 전체에서 인간이 더 훌륭한 생물이라고는 말할 수 없다. 인간이 진화의 끝자락에 있는 것은 사실이지만, 이는 현존하는 모든 생물이 진화의 최고봉에 위치해 있으니 인간만이 가치 있는 것은 절대 아니라는 말이다.

인류를 비교하더라도 그렇다. 밀림에 사는 원주민은 비행기를 만드는 문명은 없지만, 자연에 적응하고 자연과 공존하는 훌륭한 문화를 갖고 있다. '미개인'이라고 비하하는 것은 문명인의 잣대가 아닐까? 이와 마찬가지로 각각의 생물은 각각의 문화를 갖고 있다고 생각해야 한다.

그렇다고 인간은 가치가 없는 존재라는 뜻이 아니다. 다만 인간 이외의 다른 생물은 보잘 것 없는 존재라는 생각이 옳지 못하다는 것이다. 인간도 다른 생물도 모두 진화의 걸작이라고 생각해야겠다.

베어 군 어디선가 들었는데요. 인간은 머나먼 우주에서 온 존재래요. 하지만 제가 보기에는 지구의 모든 생물은 분명 같은 조상에서 왔을 것 같아요.

생박사 인간의 조상이 외계인이라고 믿는 사람도 있는 것 같더라고.

베어 군 정말이요? 아하, 그러고 보니 뉴스에서 요즘 젊은이들은 외계인이래요. 그래서 일도 안 하고 집에만 틀어박혀 있다고. 박사님 저도 외계인을 만나보고 싶어요.

생박사 하하하, 내가 보기에는 자네가 외계인이구먼. 그럼 다시 인간의 조상 이야기로 돌아가자고.

파충류에서 포유류로

공룡이 활보하던 시절인 2억 5000만~6500만 년 전의 중생대(트라이아스기, 쥐라기, 백악기)에 인간의 조상들은 어떤 모습으로 생활하고 있었을까? 척추동물 가운데 인간의 위치를 그림 11-3에 계통수로 나타냈는데, 이를 역사적으로 거슬러 올라가보자.

고생대 말기에 양서류(개구리, 도롱뇽)와 파충류(뱀, 도마뱀)의 중간형 생물인 고등 양서류(세이무리아seymouria)가 나타나면서 여기에서 파충류가 진화했다(그림 11-4). 중생대에 접어들면서 파충류는 여러 계통으로 나뉘었는데, 그중에서도 공룡(대형 파충류)이 가장 큰 번영을 누렸다. 공룡이 파충류라고 하면 놀라는 사람도 있겠지만, 분명 공룡은 알을 낳는 파충류다.

그림 11-3 :: 척추동물 가운데 인간

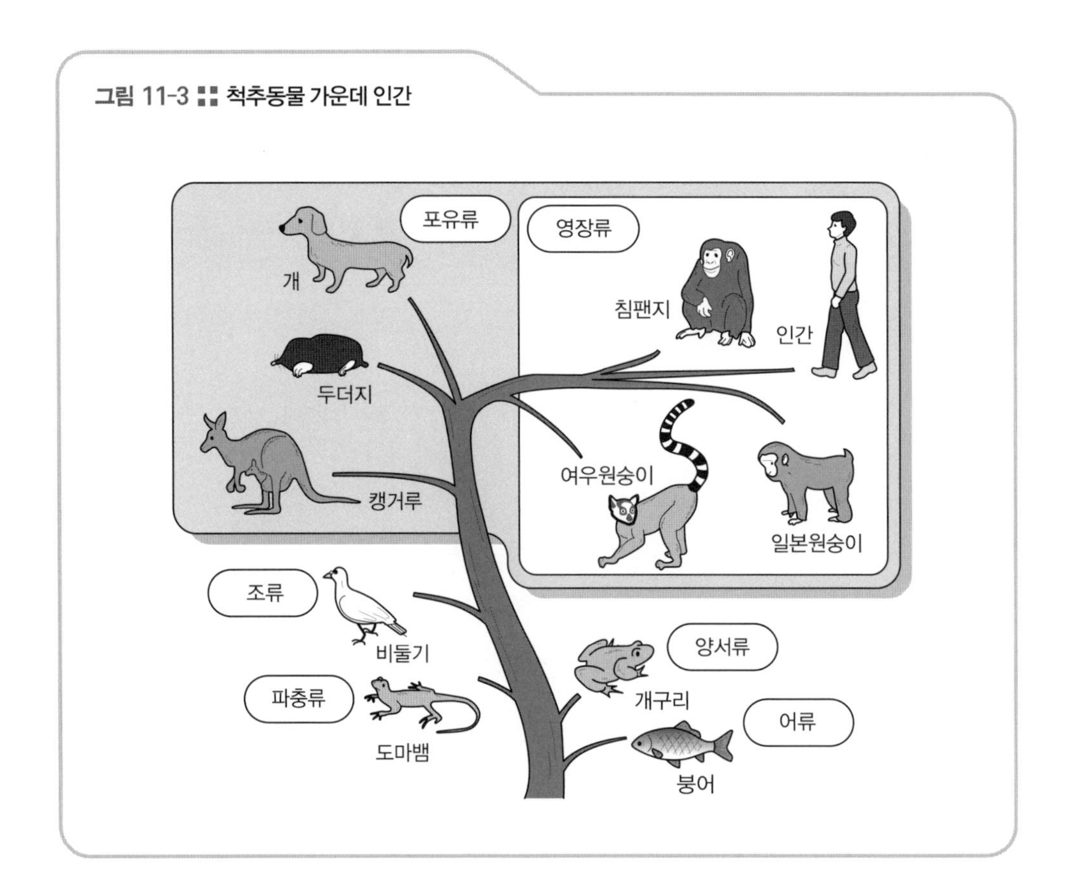

그림 11-4 ▪▪ 양서류의 화석

1996년에 호주의 뉴사우스웨일스에서 양서류의 화석을 발견했다. 공룡이 등장하기 이전인 약 2억 년 전에 서식한 것으로 추측된다. 전체 몸길이는 2m. 오늘날의 개구리나 도롱뇽의 조상으로 여겨진다. [출처: 로이터 통신]

그 무렵 다른 계통에서 포유류의 조상인 포유류형 파충류가 나타났다. 원시 포유류는 척추와 일체화된 어깨, 허리를 갖추고 어깨나 허리에서 각각 아래쪽으로 수직으로 뻗은 앞다리와 뒷다리가 있어서 더 빨리 달릴 수 있었다. 대형 공룡이 거만하게 걸어다닐 때 포유류의 조상은 눈에 띄지 않는 존재로 사뿐사뿐 달리며 죽은 공룡을 먹으면서 살았던 것 같다.

포유류의 조상은 태반이 없는 포유류인 유대류로 진화했는데, 중생대 말기에는 태반을 갖춘 짐승류도 나타났다. 이는 원시적인 식충류로 여겨진다.

현재 가장 유력시되는 가설은 운석충돌설이다. 약 6500만 년 전에 지름이 약 10km의 거대 운석이 지구(유카탄반도 부근)와 충돌하면서 생긴 분진이 햇빛을 가려 기후가 급변하고 결과적으로 공룡이 멸종하게 되었는데, 이때 번식력이 강한 소형 원시포유류가 공룡의 사체를 먹으면서 연명했던 것으로 추측된다.

영장류의 출현과 진화

신생대(6500만 년 전)에 접어들어 원시적인 식충류 가운데 나무 위에서 생활하는 생물이 출현했다. 바로 원시영장류다. 현존하는 이들의 자손으로는 여우

원숭이나 안경원숭이가 있다. 영장류의 조상은 나무에서 나무로 이동하기 위해 정확한 거리 측정이 필요했기 때문에 두 눈이 앞쪽으로 이동해서 입체시가 가능해졌다. 또한 엄지손가락과 다른 손가락이 서로 마주보며 물건을 손에 쥘 수 있게 된 형태나 앞다리(팔)의 운동 기능이 발달한 것도 수상(樹上) 생활에 적응한 결과라고 말할 수 있다. 인간의 손에 지문이나 손금이 있는 것도 미끄럼 방지를 위한 것이다. 더욱이 눈이나 손의 구조와 기능이 크게 발달하고 이에 따라 감각이나 운동의 중추로서 대뇌도 두드러지게 발달했다.

이후 영장류 가운데는 환경 변화에 발맞추어 생활 범위를 삼림에서 초원까지 이동해가는 생물이 나타났다. 인간과 침팬지, 고릴라 등 유인원의 공통 조상은 지상 생활을 하는 영장류에서 진화했다고 추측된다.

인간으로 향하는 여정

■ 게놈 해석으로 밝혀진 진화의 여정

인간게놈이 완전히 해독되면서 인간과 유인원과의 게놈 차이는 인간과 고릴

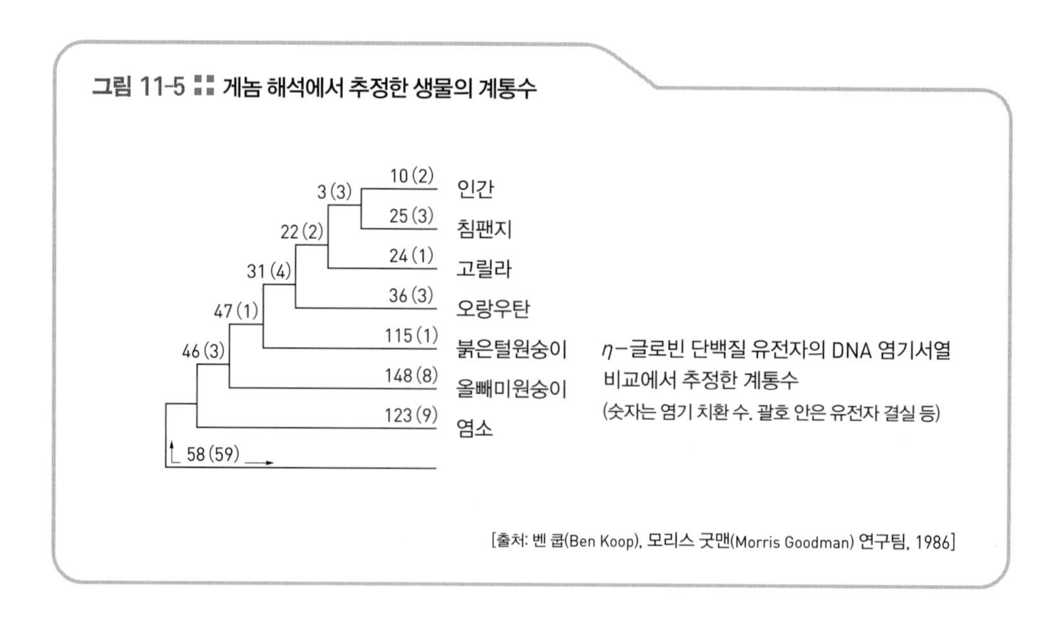
그림 11-5 :: 게놈 해석에서 추정한 생물의 계통수

[출처: 벤 쿱(Ben Koop), 모리스 굿맨(Morris Goodman) 연구팀, 1986]

라가 1.4%, 인간과 침팬지는 1.2%에 불과하다는 사실이 밝혀졌다. 이처럼 얼마 안 되는 DNA의 차이가 인간과 유인원이라는 큰 차이를 낳는다는 사실에 적잖이 놀라는 독자들도 많을 것이다. 특정 유전자의 염기서열을 계통이 가까운 동물과 서로 비교함으로써 계통 관계와 대강의 분파 시간을 추정할 수 있는데(그림 11-5), 그 결과 고릴라와 인간, 침팬지의 조상이 갈라진 것은 약 700만 년 전, 인간과 침팬지가 구분된 것은 약 500만 년 전으로 추측하고 있다.

인간은 유인원과 어떻게 다를까?

인간과 침팬지, 고릴라는 어떤 점이 다를까?

먼저 인간은 침팬지나 고릴라에 비해 몸의 털이 적고 피부가 보이는 부위가 넓다. 털로 뒤덮여 있는 부위는 머리, 겨드랑이, 음부에 국한된다. 똑바로 서서 두 다리로 걸을 수 있는 것도 인간의 특징이다. 간혹 침팬지도 두 다리로 서서 다닐 때도 있지만 걸음걸이가 엉성하다. 인간의 경우 다리가 팔보다 훨씬 길고 발가락도 짧아서 발가락으로 물건을 잡을 수는 없지만, 발바닥이 오목하게 들어가서 오래 걸어도 체중의 충격을 덜 수 있다.

또한 골반이 옆으로 벌어져서 내장을 수직 방향으로 지탱할 수 있게 되었다. 무엇보다 머리가 커서 S자 모양으로 굽은 척추가 머리 부위 바로 아래에서 무겁고 큰 머리를 부드럽게 떠받치고 있다(그림).

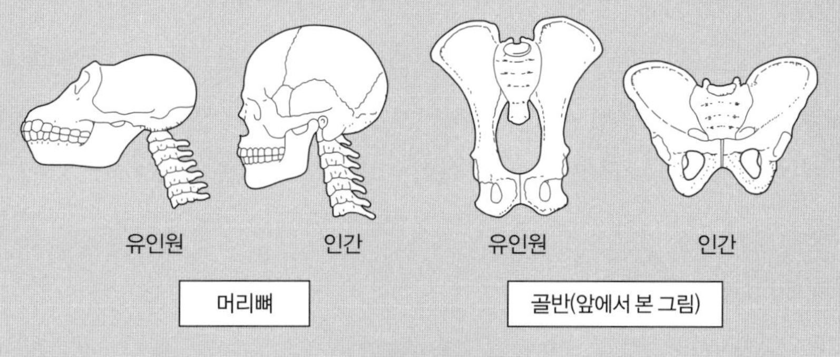

직립보행의 증거

인간의 얼굴은 침팬지보다 아래턱이 작고 코가 앞으로 돌출했다. 먹이가 되는 동식물을 불을 이용해 조리해 먹으면서 치아와 아래턱이 퇴화한 것으로 여겨진다. 눈구멍 위쪽의 이마뼈 융기(안와상융기)도 훨씬 낮아졌다. 더욱이 침팬지보다 훨씬 표정이 풍부해서 다양한 감정을 표현할 수 있다.

피부가 겉으로 드러나거나 표정이 풍부한 것은 상대방과 커뮤니케이션을 더욱 친밀하게 하는 데 도움이 된다. 피부가 노출됨으로써 보디페인팅이나 문신을 하고 의복을 갖추어 입는 행위는 자기표현에 도움을 주고 문화의 발생과 발달에 공헌했다.

이와 같은 특징에서 인간은 일정한 시기(아마도 약 500만 년 전)에 침팬지와 공통 조상에서 갈라져 나와 숲을 떠나 두 다리로 걷거나 뛰면서 평지 생활을 하게 되었고, 집단이 모여 서로 소통하면서 사냥을 하고 사회생활을 영위하는 과정에서 진화한 것으로 추측된다.

직립보행이 가능해지면서 큰 머리를 꼿꼿하게 지탱할 수 있게 되고, 머리가 커지면서 동시에 뇌가 발달하고, 손을 자유롭게 움직이면서부터 문화를 갖춘 인간으로 진화해서 오늘날의 현대인에 이르게 된 것이다.

■ 직립보행을 한 오스트랄로피테쿠스

게놈 비교를 통해 인간과 유인원의 관계를 심도 있게 파헤치는 연구에서, 인간이 유인원에서 어떻게 갈라져 나왔는지를 알아보려면 역시 화석 연구가 중요하다.

그림 11-6은 다양한 화석 연구의 결과를 종합해서 나타낸 인류의 계통 발생도다. 가장 오래된 인류 화석은 새롭게 발견되고 있어서 아직 단정 짓기는 어렵지만, 약 400만 년 전 남아프리카에 생존한 오스트랄로피테쿠스(Australopithecus, '남쪽의 원숭이'라는 의미)가 인간의 특징인 완전한 직립보행을 했다는 사실은 확실하다.

오스트랄로피테쿠스 아파렌시스(A. afarensis) 화석은 '루시(Lucy)'라는 애칭으로 널리 알려져 있는데, 이 화석이 발견되었을 때 녹음기에서 흘러나온 비틀즈

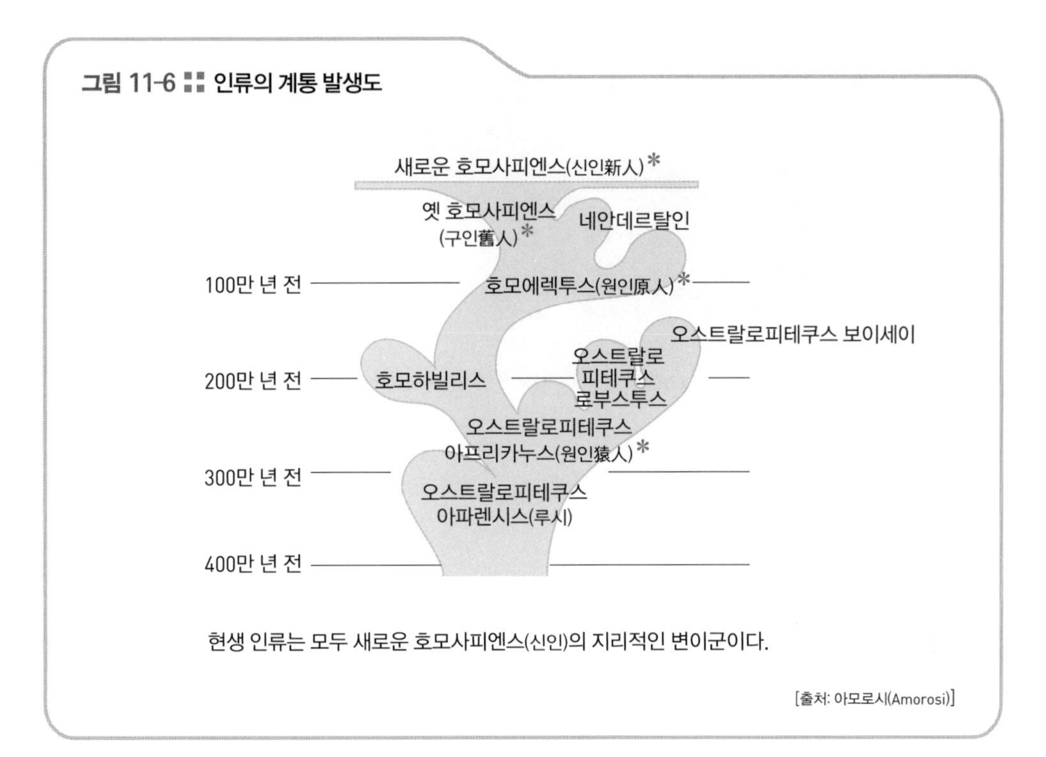

그림 11-6 :: 인류의 계통 발생도

현생 인류는 모두 새로운 호모사피엔스(신인)의 지리적인 변이군이다.

[출처: 아모로시(Amorosi)]

노래인 〈Lucy in the Sky with Diamonds〉에서 루시라는 이름을 따왔다고 한다. 루시는 넙다리뼈가 몸의 중심을 향해 있다는 점, 머리뼈 바로 아래에 척추가 붙어 있다는 점에서 직립보행을 했다고 결론지었다. 더욱이 오스트랄로피테쿠스의 발자국 화석도 발견되어서 직립보행은 의심할 여지가 없는 듯하다.

* 인류의 진화단계: 원인(猿人)→ 원인(原人)→ 구인(舊人)→ 신인(新人)

오스트랄로피테쿠스의 뇌 용량은 400cc 정도로 침팬지보다 약간 크다. 이와 같은 사실에서 인류는 뇌가 먼저 커진 것이 아니라 직립보행이 먼저 이루어졌다는 추론이 확실해진 셈이다.

오늘날 현생 인류의 직계 조상에 해당하는 화석 인류는 약 240만 년 전에 살았던 호모하빌리스(Homo habilis, '능력 있는 사람'의 의미)이다. 뇌 용량은 500~800cc이며 석기를 이용해서 고기를 잘랐다고 여겨진다.

■ 불을 사용하기 시작한 호모에렉투스

약 150만 년 전에 유인원과 현생 인류의 중간 단계인 호모에렉투스(Homo

그림 11-7 ▪▪ 화석 인류의 복원상과 대응하는 머리뼈 모형

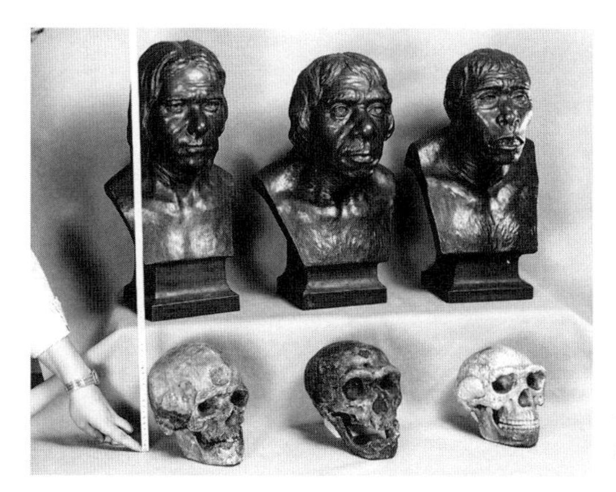

왼쪽에서부터 크로마뇽인,
네안데르탈인, 베이징원인

[출처: 도쿄대학교대학원 이학계연구과 인류학 강좌 소장]

erectus, '곧선사람'의 의미)가 출현했다. 자바원인, 베이징원인으로 알려져 있는데 이들은 구석기 문화를 누리고 불을 사용해 조리를 시작했고, 뇌 용량은 900~1100cc에 이르렀던 것으로 추정된다.

■ 현생 인류의 조상이 등장하다

약 25만 년 전에 현생 인류와 동종인 호모사피엔스(Homo sapiens, '생각하는 사람'의 의미) 고대형이 출현했다. 네안데르탈인(호모사피엔스 네안데르탈렌시스 neanderthalensis, 구인)이 여기에 속하며, 그들은 현대형 호모사피엔스(호모사피엔스사피엔스, 신인)에 비해 크고 우람한 체격을 갖고 안와상융기가 돌출되어 있는 점이 눈에 띈다. 뇌 용량도 현생 인류(1400cc)와 비슷하거나 오히려 좀 더 컸던 것 같다(1200~1750cc). 정교한 석기를 이용하고 죽은 사람을 매장하거나 약자를 보호하고 고도의 문화를 갖추고 있었던 것으로 추측된다.

네안데르탈인은 약 3만 5000년 전에 멸종한 것으로 여겨지는데, 이보다 훨씬 이전인 약 20만 년 전에 이미 현생 인류의 조상인 현대형 호모사피엔스가 출현했던 것으로 보인다. 이 현대형 호모사피엔스를 크로마뇽인이라고 부른다(그림

11-7).

그렇다면 현생 인류와 네안데르탈인 사이에 직접적인 혈연관계는 있었을까? 이 문제는 학자들 사이에서도 논쟁거리로 남아 있었는데, 최근 연구 결과에 따르면 네안데르탈인의 뼈에서 추출한 DNA와 현대인의 게놈을 분석한 결과 현대의 유럽인과 아시아인의 게놈에는 2% 내외로 네안데르탈인에서 유래하는 게놈이 섞여 있다는 사실이 밝혀졌다. 반면에 아프리카에 남은 현생 인류의 후예라고 여겨지는 현대 아프리카인에게는 공통 DNA가 나오지 않았다. 아프리카를 떠난 현생 인류가 네안데르탈인을 만나서 자손을 만들지 않았을까 싶다.

* 위의 현생 인류와 네안데르탈인의 교배 부분은 원서 제2판의 내용을 토대로 최신 연구 결과로 수정했음을 미리 밝힌다. -옮긴이

한편 동양인은 모두 지역적으로 가까운 베이징원인의 자손일까?

한때 각각의 지역과 나란히 호모에렉투스에서 현대형 호모사피엔스로 진화했다는 가설도 있었지만, 게놈 해석에 따르면 약 20만 년 전에 아프리카에서 출현한 현대형 호모사피엔스가 전 세계로 뻗어나가 오늘날의 다양한 인종을 형성했다고 여겨진다. 호모에렉투스는 훨씬 이전에 갈라져 나왔다고 추측된다(아프리카 단일 기원설).

두근두근 호기심 칼럼

모든 인간은 한 여성에서 시작되었다?

세포 호흡에 관여하는 세포소기관인 미토콘드리아는 자신만의 DNA가 있다. 이는 미토콘드리아가 예전에 세균이었다는 근거이기도 하다.

그런데 미토콘드리아 DNA는 반드시 어머니의 난세포에서 유래한다는 사실이 밝혀졌다. 수정 시 난자 안으로 들어온 정자의 미토콘드리아는 DNA를 포함해 분해되어버리기 때문이다. 따라서 미토콘드리아 DNA는 반드시 여성을 매개로 대대손손 이어져왔다고 말할 수 있다.

1987년에 발표된 인간 미토콘드리아 DNA의 비교연구 결과에 따르면, 현재 살아 있는 모든 인간은 약 20만 년 전 에티오피아 부근에 살았던 한 여성에서 유래한다는 것이다. 이는 현재 아프리카에 살고 있는 사람들과 차이가 많이 나

는 반면에(일찍이 분화된 사실을 나타낸다), 다른 대륙에 사는 사람들과는 차이가 훨씬 적었기 때문이다(늦게 분화된 사실을 나타낸다).

요컨대 아프리카에 살던 사람들 가운데 어떤 집단이 전 세계로 이동하면서 인종을 형성했다는 것이다. 에티오피아에 살았던 가상의 여성을 인류의 공통 조상으로 간주해서 '미토콘드리아 이브'라고 부르는 학자도 있다. 아울러 이 결과는 아프리카 단일 기원설을 강력하게 뒷받침해주는 가설이기도 하다.

인종이란?

지금까지의 연구에서 현생 인류는 모두 호모사피엔스사피엔스에 속한다는 사실이 밝혀졌다. 한때 아프리카의 흑색인종이나 오스트레일리아의 원주민을 유인원에 가깝다고 폄하하던 시절도 있었지만 전혀 사실이 아님을 현대 생물학은 분명히 했다. 현재 지구에 사는 모든 인종은 약 20만 년 전에 살았던 공통 조상에서 유래한다는 것이 틀림없는 정설로 받아들여지고 있는 것이다.

인종을 구분하는 절대적인 기준이 없기 때문에 자의적인 판단에 맡길 수밖에 없지만, 대부분의 인류학자는 인간을 백색인종, 황색인종, 흑색인종의 3대 인종으로 나눈다. 그 밖에 갈색인종의 구분을 덧붙이는 경우도 있다.

최근 핵 내 유전자에 대한 수많은 유전자 다형이 발견됨으로써 인종간의 유전 거리를 계산할 수 있게 되었다. 그 결과 3대 인종으로 구분된 시기는 흑색인종–황색인종의 경우 약 12만 년 전, 흑색인종–백색인종은 약 11만 5000년 전, 백색인종–황색인종은 약 5만 5000년 전으로 추정하고 있다. 요컨대 먼저 흑색인종과 백색인종·황색인종의 갈래가 나뉘고, 이후 백색인종과 황색인종이 나뉘어졌다고 생각할 수 있다.

이와 같은 통계자료에 기초해서 현대인의 유연 계통도를 그림 11–8에 정리해 두었다.

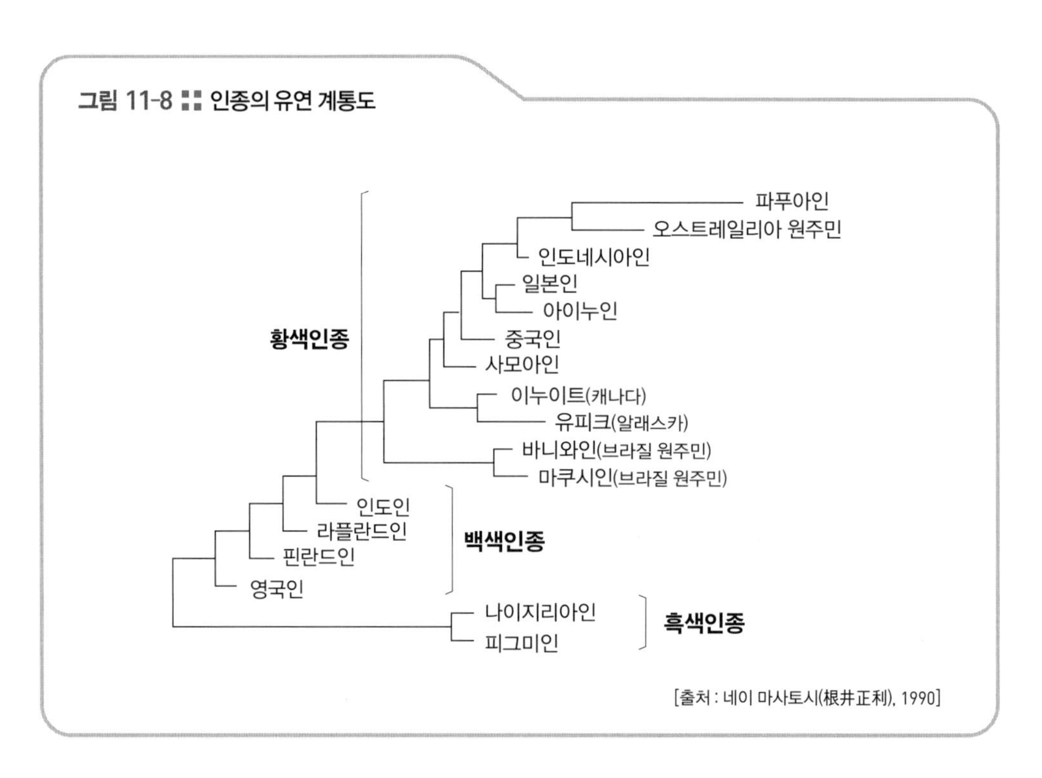

그림 11-8 :: 인종의 유연 계통도

[출처 : 네이 마사토시(根井正利), 1990]

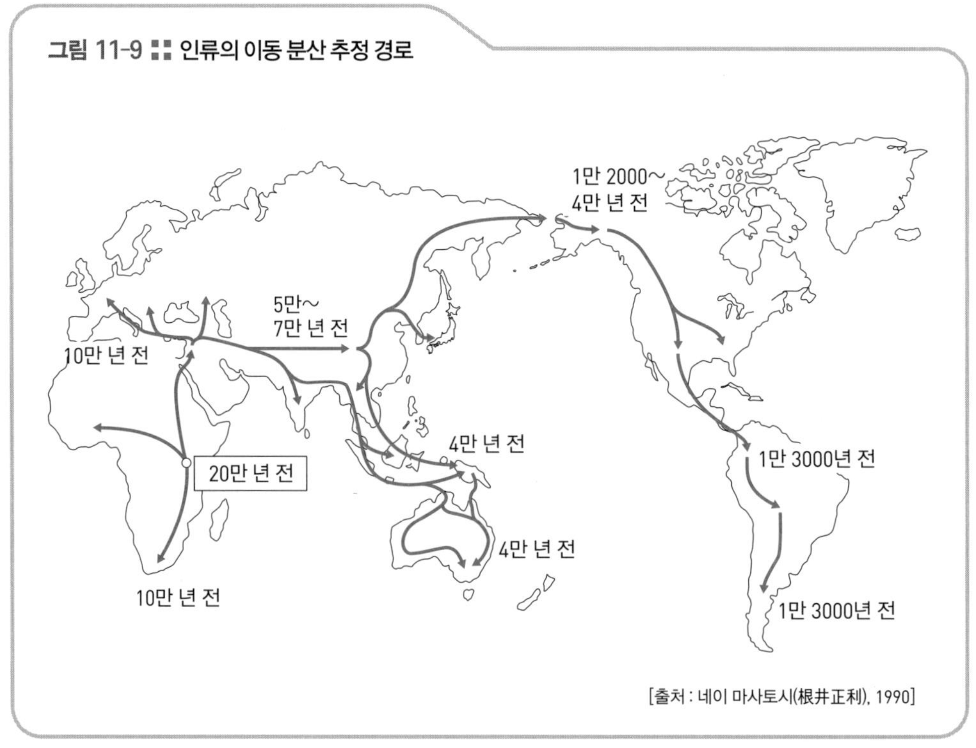

그림 11-9 :: 인류의 이동 분산 추정 경로

[출처 : 네이 마사토시(根井正利), 1990]

또한 화석이나 고고학 자료와 유전학적 자료를 통합해서 추론한 인류의 이동 분산 경로는 그림 11-9와 같다.

생박사 오늘은 얌전하게 경청하던데, 무슨 일 있어?

베어군 아까 장작불 속에 감자가 없는 걸 확인하는 순간 충격 받았어요.

생박사 아니 그럼 지금까지 강의를 제대로 듣지 않았단 말인가?

베어군 실은 인간이 어디에서 왔는지는 전혀 궁금하지 않아요. 제가 알고 싶은 건 현재 인간이니까요.

생박사 아니지. 인간의 기원을 거슬러 올라가면 알 수 있는 사실도 참 많은데. 인간과 곰이 같은 조상에서 왔다는 건 몰랐잖아?

베어군 그러게요. 그럼 인간을 인간답게 만들어준 문명의 발달 이야기를 좀 더 자세히 들려주세요.

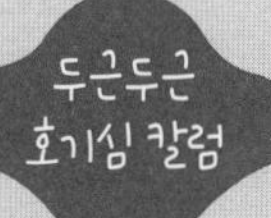

문명의 탄생과 계승

인간과 다른 동물을 구분하는 중요한 특징으로 형태나 성질의 차이 이외에도 불의 사용이나 도구 제작, 언어 발달, 가족 형성, 사회 발달 등을 꼽을 수 있다. 이들 요소는 유전자로 전달되는 것이 아닌 대뇌에 입력된 정보를 사람에서 사람으로, 세대에서 세대로 전달함으로써 계승된 것이다. 더욱이 유전자에 따른 본능적인 욕망을 억제하고 사회적 인간으로서 이성적, 이타적으로 행동하는 경우도 있다.

불의 사용은 음식물을 조리함으로써 감염증을 예방하고, 쉽게 씹어 먹을 수 있어서 식생활을 풍요롭게 해주었다. 또한 밤에도 활동하거나 동물의 습격을 막아주는 등 생활 범위나 생활 시간을 확대할 수 있게 되었다.

침팬지는 돌을 이용해서 나무 열매를 쪼개고, 해달은 돌로 조개껍질을 깨는 등 도구를 사용하는 동물은 몇몇 존재하지만 도구를 만드는 데 도구를 사용하는 것은 인간뿐이다. 이를 이차적 도구라고 부른다.

음성으로 의사소통을 하는 동물은 돌고래를 비롯해 여럿 있지만, 복잡한 언어를 구사할 수 있는 지구 생명체는 역시 인간뿐이다. 게다가 인간은 언어를 문자로 기록하면서 아주 빠른 속도로 문명을 구축할 수 있게 되었다.

또한 인간은 대뇌 발달에 따라 복잡한 구조와 기능을 갖춘 가족이나 사회를 형성하고, 언어나 문자를 통해 다양한 경험을 지식으로 축적하고 자손에게 전달함으로써 훌륭한 문화와 문명을 이룩해낼 수 있었다.

최근에 '무엇을 위해, 무엇 때문에 공부하는가?'라는 회의적인 질문을 던지는 청소년이 늘어났다는 언론보도를 접한 적이 있는데, 이 질문에 '인간 사회의 일원으로 살아가기 위해서'라고 답한다면 충분한 대답이 되지 않을까 싶다. 물론 필자만의 생각이지만.

어느새 주위가 어두워지고 군데군데 불빛이 비치기 시작했다. 저녁 바람이 차게 느껴져서 방에 들어가자고 했더니 베어 군이 쓸쓸한 듯 말했다.

베어 군 언어를 이용해서 박사님과 이렇게 대화할 수 있는 거, 정말 굉장한 일 같아요. 하지만 제 생각을 제대로 전하고 있는 걸까요? 저는 박사님 말씀을 제대로 이해하고 있는 걸까요?

생박사 그럼, 충분히 의사소통을 하고 있잖아. 그런데 왜 갑자기 그런 이야기를 하지? 아니, 머리가 뜨거운 게 열도 있네.

그날 밤 베어 군은 감기에 걸려 끙끙 앓았다.

12월 대청소

인간이 지구에 저지른 일들

드디어 한 해의 마지막 달, 12월이 되었다. 베어 군은 감기로 며칠 고생을 하더니 다시 부활해 오늘은 콧노래를 부르며 걸레질을 하고 있다. 딸아이가 청소를 잘한다고 칭찬해주자 더 신나 열심히 쓸고 닦고 있다.

베어 군 박사님, 저 이제 걸레도 아주 잘 빨아요. 이렇게 꽉 짜기도 하고요. 제가 닦은 마룻바닥 좀 보세요. 번쩍번쩍 광이 나지요? 목욕탕 청소도 아주 깔끔하게 끝냈어요.

생박사 우와, 깔끄미 베어 군! 그럼 내 방 청소도 좀 부탁할까?

베어 군 도와드리고 싶지만 그만 쉬어야겠어요. 이것 좀 보세요. 손이 거칠어졌는걸요. 혹시 이거 주부습진 아닌가요?

생박사 허허허, 글쎄다. 세제를 사용했나 보구나. 그럴 땐 고무장갑을 끼는 게 좋은데.

베어 군 곰돌이 장갑 좀 사주셔요. 근데 박사님, 왜 세제를 쓰면 손이 거칠어져요? 그러고 보니 예전에 곰팡이 청소를 하고 나서 손이 까칠해졌어요. 세제가 몸에 나쁜가요? 그럼 인간은 몸에 나쁜 걸 사용해서 청소하는 건가요?

생박사 세제도 종류가 많은데, 오염물질을 제거하기 위해서 여러 가지 화학성분이 들어 있는 청소용 세제를 쓰거든. 그런 화학성분이 피부에 좋지 않아. 세제가 섞인 물을 강으로 흘려보내면 환경에도 나쁘고.

베어 군 환경이라면…. 아 맞다! 르포 쓰는 걸 깜박 잊고 있었네요. 박사님, 그럼 환경문제에 대해 자세히 말씀해주세요.

인간의 출현이 생태계를 변화시켰다?

인간이 등장하기 이전에도 다양한 생태계가 꾸려지고 있었다.

잠시 생태계를 설명하면, 어떤 지역 공간에 살고(서식하고) 있는 생물 전체(생물군집)와 이를 둘러싼 환경(무기적 환경)이 물질적·에너지적으로 연결되어 있는 시스템(공동체)을 생태계라 일컫는다.

생태계의 특징

숲을 예로 들어 생각해보자. 숲에는 나무나 풀, 곤충, 파충류, 포유류, 조류, 그리고 다양한 토양 미생물이 살고, 먹고 먹히는 먹이사슬로 이어져 있다. 그리고 이를 둘러싼 햇빛, 공기, 토양, 물 등의 물질이 순환하며 에너지가 흐르고 있다. 그리고 숲은 어느 순간 사라지거나 멸종하지 않고 영원하다. 바로 이 숲이라는 공동체가 생태계다.

생태계에서는 단기적으로 어떤 생물(종)이 늘어나더라도 다시 원래 개체수로 돌아간다. 그 이유를 생각해보면 어떤 생물(종)이 늘어나면 이를 잡아먹는 포식자(천적)도 식량이 풍부해져서 늘어나고 결국 먹이가 되는 해당 생물이 서서히 줄어들기 때문이다. 또 개체군의 밀도 효과(숫자가 늘어나면 증식을 억제하는 변화가 생겨나는 것)도 작용할 것이다. 반대로 어떤 생물이 감소했을 때는 위와 반대가 되는 변화가 생겨서 역시 원래의 개체수로 되돌아가는 복원력이 영향을 끼친다.

물론 기후 변동, 지각 변동, 소행성 충돌 등에 따라 지구의 생태계는 다양한 변화를 거쳐왔고, 어떤 환경 안에서 생육하는 생물공동체와 그 생물을 제어하는 무기적인 환경의 차이로 인해 생태계도 조금씩 다르게 꾸려졌다. 하지만 어떤 생태계라도 에너지의 창구 역할을 담당하는 생산자(보통은 식물)와 여기에 먹이사슬로 연결되어 있는 소비자(보통은 동물), 그리고 이들 사체나 배설물을 먹는 분해자(미생물)로 각각의 임무를 나누고 물질의 순환과 에너지의 흐름을 유지하면서 거의 변화가 없는 생태계의 자기조절 성질, 즉 '생태계의 균형'이 유지되어왔다.

베어 군 몸속에도 항상성 시스템이 작용해서 체온이나 혈당이 일정하게 유지되고 있다는 이야기를 들었는데, 생태계도 비슷한가 봐요.

생박사 그렇지. 정말 열심히 들었구나. 그럼 인간이 지구에 끼친 영향을 중점적으로 이야기해보자.

인간이 생태계를 바꾸기 시작했다

약 500만 년 전 인간이 지구상에 출현했다. 최초의 원시인류는 이전부터 존재한 삼림이나 초원이라는 생태계의 구성원으로 편입되어 수렵이나 채집 중심의 생활을 하며 자손을 만들었고 맹수에게 잡아먹히는 일도 비일비재했다. 그 무렵 인류는 기후 변화나 재해에 크게 휘둘렸고, 기아나 질병 등에 따라 심각한 영향을 받았을 것이다.

그러나 100만 년 전쯤 호모에렉투스 시대에 접어들어 불을 사용함으로써 먹

그림 12-1 ∷ 라스코의 동굴 벽화(1만 7000년 전)

내장이 드러난 들소와 사냥하는 인간이 그려져 있다.
[©Le Ministère de la Culture et de la Communication, France]

이의 종류가 늘어나고 생활 범위가 넓어지면서 천적이었던 맹수와의 관계에서도 우위를 차지할 수 있었다. 그 결과 불의 이용은 자연생태계에서 지배권을 장악하는 획기적인 사건이었을 것이다. 인간의 활동 무대가 넓어지는 동시에 수렵

그림 12-2 ∷ 식용 식물이 재배된 장소

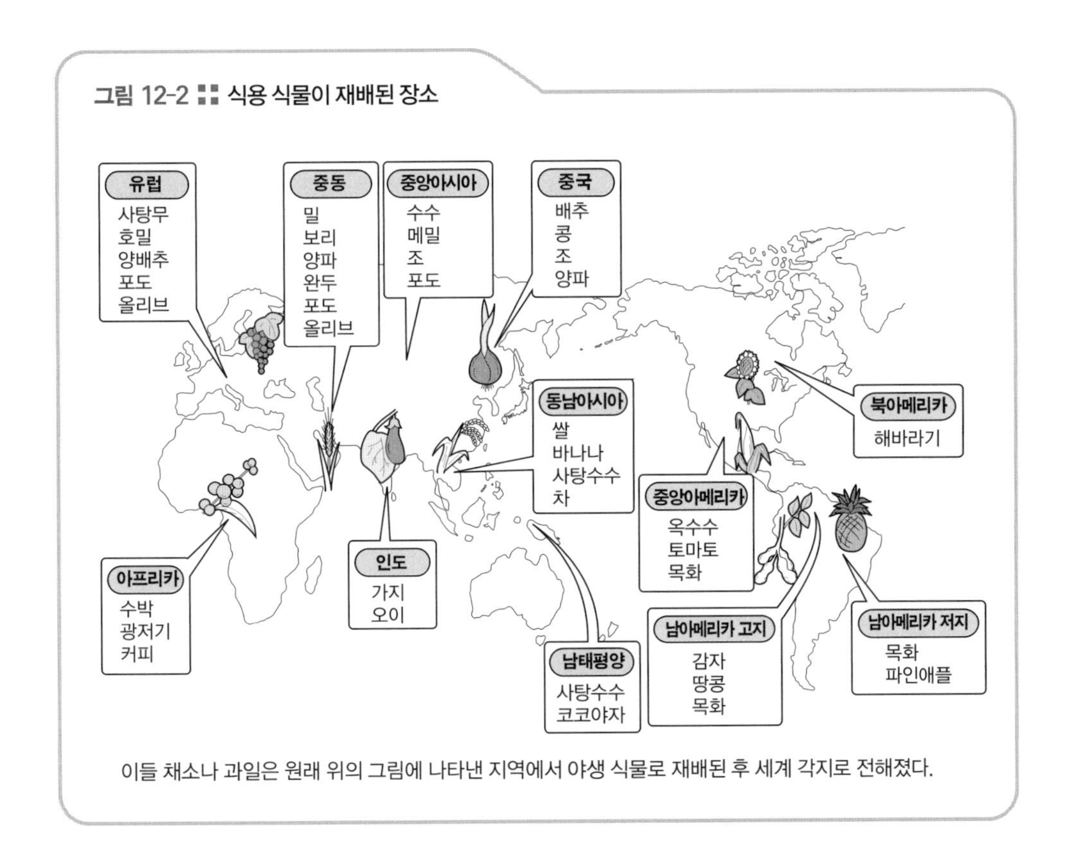

이들 채소나 과일은 원래 위의 그림에 나타낸 지역에서 야생 식물로 재배된 후 세계 각지로 전해졌다.

등으로 상당히 많은 수의 대형 동물이 멸종 위기에 처했다(그림 12-1). 화재로 인한 생태계 파괴도 빈번했으리라 여겨진다.

그리고 약 1만 년 전, 현생 인류(호모사피엔스사피엔스)의 조상은 다양한 농작물을 재배하고(그림 12-2) 가축을 사육하기 시작했다. 이는 신석기시대의 일로, 인류의 역사에서도 지구의 역사에서도 획기적인 발전이었다. 이전에는 생물과 인간의 관계가 동등한 수평관계였다면 농작물 재배 이후에는 상하관계, 수직관계로 변모했다고 말할 수 있다. 주위의 자연을 의식적으로 관리함으로써 인류는 대변화를 이룩한 것이다.

덧붙이자면, 우리가 흔히 '문화'라는 의미로 알고 있는 'culture'에는 '재배'라는 뜻도 있다고 하니, 고개가 절로 끄덕여지지 않는가!

자급자족 농업에서 근대 농업으로

■ 처음에는 생태계를 위협하지 않았다

인류가 농경과 목축을 처음으로 시작한 자급자족 농업 단계에서는 인간의 활동이 생태계에 크게 영향을 끼치지 않았다. 농경지도 자신의 가족과 가축에게 필요한 만큼만 이용했고, 식용 부위를 제외한 식물이나 인간과 가축의 배설물은 거름으로 땅에 되돌려줌으로써 생태계의 물질순환을 방해하지 않았다. 화전 농업에서도 몇 년마다 장소를 옮겨가며 지력이 약해지지 않게끔 노력했다. 요컨대, 애초 인류의 농경이나 목축 활동은 자연의 복원력 범위 내에 있었던 것이다.

■ 농업의 근대화가 환경에 심각한 영향을 끼쳤다

자급자족 농업에서 근대 농업으로 이행하면서 자연환경에 영향을 끼치기 시작했다.

≫ **인위적인 농경지** : 근대 농업에서는 무엇보다 엄청난 규모의 삼림이 파괴되고 대신 그 자리에 농경지와 목장이 빼곡히 채워졌다. 가끔 도심을 떠나 시골을 여행하다 보면 드넓은 논밭을 구경할 수 있는데, 황금 들판을 보고 한가로이 자연을 연상할 수도 있겠지만 사실 이런 황금 들판은 자연과는 거리가 먼 인위적인 환경이다. 그도 그럴 것이 농경지에서는 대체로 단일 식물만 재배되기 때문이다. 단일 식물이 대평원에 생육하는 환경은 원래 자연에 존재하지 않는다. 또 이 농경지 상태를 유지하는 일이 굉장히 힘들다. 자연은 조건만 허락한다면 점점 초원에서 삼림으로 변화하기 때문이다.

≫ **제초제, 살충제 살포** : 단일 농작물로 꾸려진 부자연스러운 생태계인 농토에서는 특수한 소비자(초식동물)가 폭발적으로 늘어날 가능성이 있다. 이는 먹이사슬이 단순하기 때문인데, 인간은 이 특수한 소비자, 즉 초식동물을 해

그림 12-3 ∷ 주요국의 농약 사용량 추이

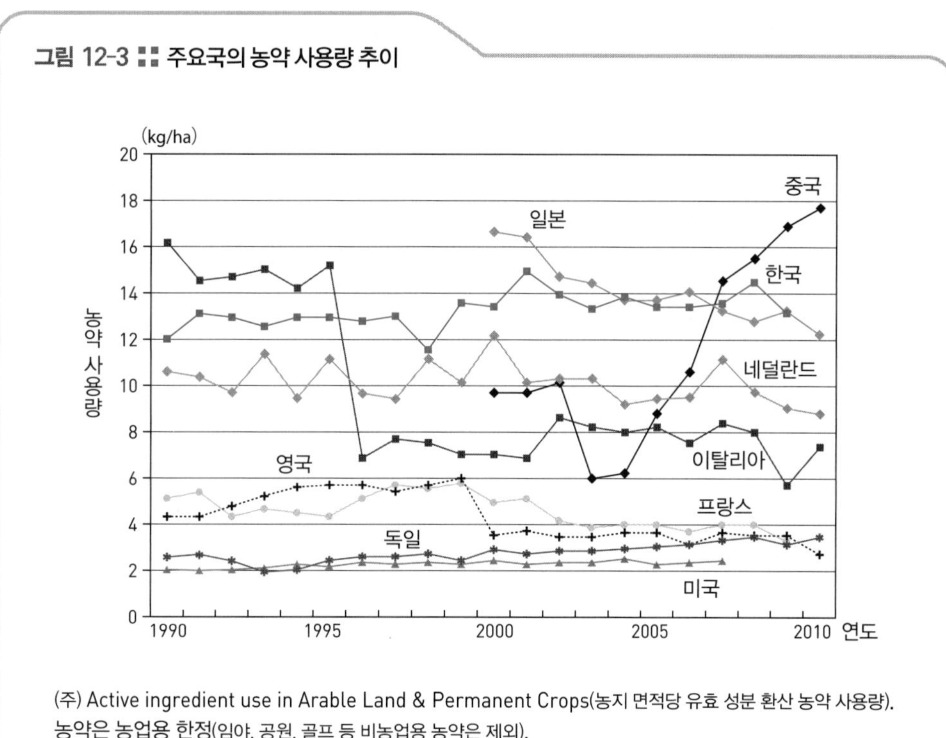

(주) Active ingredient use in Arable Land & Permanent Crops(농지 면적당 유효 성분 환산 농약 사용량). 농약은 농업용 한정(임야, 공원, 골프 등 비농업용 농약은 제외).

[자료 : Faostat 2013. 8.4]

충이라고 이름 붙여서 없애려고 한다.

이때 복잡한 생태계를 아주 단순한 상태로 붙들어두기 위해서는 인간의 힘이 필요하다. 소규모일 때는 인간이 직접 잡초나 해충을 잡고 허수아비를 세워서 참새를 쫓을 수 있겠지만, 공간이 무한대로 넓어지면 제초제나 살충제의 힘을 빌려야만 한다. 물론 해충이나 잡초도 이에 뒤질세라 돌연변이와 농약에 내성을 획득하게 되고, 결과적으로 농약과 해충의 꼬리에 꼬리를 무는 술래잡기가 시작되는 것이다.

≫ **인위적인 품종 개량**: 인간은 작물이나 가축을 효율적으로 키우기 위해 품종을 끊임없이 개량해왔다. 품종 개량은 생물을 인위적으로 변화시키는 일이다. 생산 효율이 높은 농작물, 추위에 강한 식물, 곰팡이나 세균에도 끄떡없는 식물, 우유를 더 많이 생산하는 소, 매일 알을 낳는 닭이 새롭게 만들어졌다. 그런데 이와 같은 품종 개량은 우연히 발견된 돌연변이 개체의 선택과 같은 품종 간 교배에 따른 것으로, 종의 테두리를 벗어나지 않았다.

하지만 최근에는 유전자변형에 따른 품종 개량이 이뤄지고 있다. 이는 종의 테두리를 넘어서 유전자를 조작하는 행위이므로 자연과는 동떨어진 개량 작업임이 분명하다. 따라서 종래의 농작물과 유전자변형 농작물을 실질적으로 동등하다고 판단해야 할지, 경우에 따라서는 같지 않은 이질 농작물로 판단해야 할지 논쟁이 분분하다.

≫ **식량 해결과 근대사회**: 인간은 농업의 비약적인 발달로 식량 측면에서 다소 여유를 갖게 되었다. 식량난이 해결되자 인간은 생산력을 중심으로 근대사회로 빠르게 도약할 수 있었다. 하지만 산업혁명을 거쳐 공업화가 진행되고 근대산업사회로 발전하는 단계에 이르자 자연의 난개발이나 화석 연료의 대량 소비, 인공 화학물질 등이 지구 환경에 심각한 영향을 끼치게 되었고, 급기야 자연이 포용할 수 있는 한계를 초월하는 사태에 직면했다.

베어 군　솔직히 먹을거리는 땅이나 바다, 자연이 준 선물이잖아요. 자연의 은혜를 인간이 장악하려고 하니까 문제가 생기는 것 같아요.

생박사 맞아! 하지만 의식주를 해결하기 위해서는 자연을 이용할 필요도 있지. 물론 생태계에 나쁜 영향을 끼치는 일은 심각하게 반성해야겠지만 말이야.

베어군 인간이 아무리 심사숙고해도 치명적인 사고는 항상 생기는 것 같아요. 처음 발표 당시에는 절대적으로 안전하다는 식품첨가물이나 약물이 시간이 흐르면서 몸에 좋지 않다고 폐기 처분되는 사례도 많았잖아요.

생박사 그렇지. 실수나 잘못을 저지르지 않도록 정신을 바짝 차려야겠지. 하지만 모든 일에는 좋은 면과 나쁜 면이 공존한다는 사실을 명심해야 할 거야! 자신이 의도한 대로 흘러가지 않는 게 세상일이니까.

베어군 근데 박사님, 저는 인간이 아니라고요. 왜 저에게 설교를 하시나요!

인공 화학물질의 명암

■ 인공 화학물질의 최초 합성에서 공업화 시대로

인간이 유기물(탄소를 포함한 화합물)의 인공 합성에 최초로 성공한 것은 1828년으로, 독일의 화학자인 프리드리히 뵐러(Friedrich Wöhler, 1800~1882)가 무기물인 시안산암모늄에서 요소를 합성하면서 시작되었다.

하지만 실제로 인공 화학물질이 사람들의 생활에 영향을 끼친 것은 공업적으로 유기물을 대량 생산할 수 있게 되면서부터다. 먼저 석탄에서 건류(공기를 차단하여 가열 분리하는 일) 공정을 통해 석탄가스 연료를 얻게 되었는데, 이때 생겨난 폐기물인 콜타르에서 최초로 나프탈렌과 벤젠을 분리하는 데 성공했다. 더욱이 1856년에는 영국의 유기화학자인 윌리엄 퍼킨(William Perkin, 1838~1907)이 콜타르를 원료로 엷은 보라색의 인공 염료 제1호를 합성했다. 이전에는 염료라고 하면 곤충이나 조개껍질, 식물에서 추출한 천연 염료밖에 없었다. 인공 합성염료의 성공에 힘입어 인공 화학물질의 합성은 붐을 이루었고, 진통제인 아스피린까지 합성할 수 있게 되었다.

결과적으로 석탄을 원료로 하는 유기합성공업은 20세기에 접어들어 가파른 성장을 보였다. 20세기 후반에는 좀 더 다루기 쉬운 석유를 원료로 하는 석유화학 시대로 돌입하여 순식간에 인공 화학물질이 인간의 생활 구석구석까지 파고들었다. 그리고 이들 합성물질은 여러모로 인간에게 편리한 생활을 제공해주었다.

■ 유기염소화합물의 대량 생산과 대량 소비

인공 화학물질 가운데 20세기에 대량으로 생산, 사용되면서 크게 문제가 된 것이 유기염소화합물(염소가 결합된 유기물)이었다. 살충제인 DDT(dichloro-diphenyl-trichloroethane)나 BHC(Benzene Hexachloride), 제초제인 2·4-D, 절연체에 주로 사용된 폴리염화바이페닐(PCB), 플라스틱인 염화비닐, 냉매에 쓰인 프레온 등이 유기염소화합물에 해당한다(그림 12-4, 표 12-1).

왜 유기염소화합물이 만들어졌을까?

애초 비누 제조나 석유 정제, 제지 공업 등에 필요했던 물질은 수산화나트륨(NaOH)이었는데, 이는 식염수(NaCl)를 전기분해하여 얻을 수 있었다. 하지만 전기분해 결과 독성이 있는 염소(Cl) 가스가 함께 배출되어 처리를 고심하던 차에 엉뚱한 곳에서 그 수요가 생겨났다. 당시 염소 가스는 제1차 세계대전의 독가스

그림 12-4 ▪▪ 유기염소화합물의 예

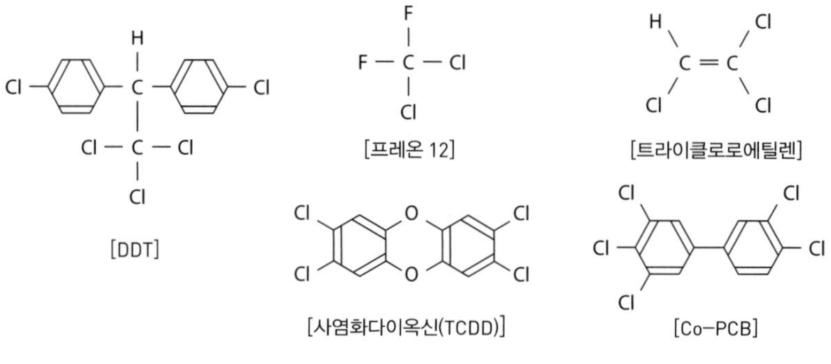

[DDT] [프레온 12] [트라이클로로에틸렌]

[사염화다이옥신(TCDD)] [Co-PCB]

표 12-1 ∷ 합성화학물질에 얽힌 주요 사건 사고

연대	사건 사고
1828	프리드리히 뵐러, 요소 합성
1856	윌리엄 퍼킨, 인공 염료 합성(유기화학공업의 개시)
1874	오트마르 자이틀러(Othmar Zeidler, 1850~1911), DDT 합성
1888	전기분해를 이용한 염소 제조 개시
1915	제1차 세계대전 당시 독일군이 염소를 독가스로 사용
1930년대	프레온, PCB 제조 개시
1938	파울 뮐러, DDT의 살충 효과 발견
1943	제2차 세계대전 당시 미국군이 DDT를 대량 사용
1945	제2차 세계대전 종료 후 DDT, BHC를 농약으로 사용 개시
1953	미나마타병 발생
1961	옛 서독, 탈리도마이드 기형 보도
1962	레이첼 카슨, 《침묵의 봄》 출간
1963	일본, 가네미유(油) 사건
1970	베트남전쟁에서 미국군이 고엽제 살포, 선천성 기형 대량 발생(다이옥신이 원인)
1972	DDT, BHC 등의 생산과 사용 금지
1976	이탈리아, 세베소 농약공장 폭발로 다이옥신 누출 사고
1984	인도 보팔 화학공장에서 아이소사이안화 메틸 누출 참사
1985	남극 상공에 오존 홀 발생. 오존층 보호 조약 체결
1995	특정 프레온 전량 폐기
1996	테오 콜본 외 《도둑맞은 미래》 출간
1997	기후변화협약에 대한 교토의정서 채택
2002	요하네스버그 선언문의 이행 계획에 따른 세계 공통 목표의 설정
2006	제1회 국제화학물질관리회의(ICCM) 개최 국제적인 화학물질 관리를 위한 전략적 접근(SAICM) 채택
2009	제2회 국제화학물질관리회의(ICCM) 개최
2020	국제적인 화학물질 관리를 위한 전략적 접근(SAICM) 목표 해

(화학무기)로 매우 유용했던 것이다. 먼저 독가스를 이용해 기선을 제압한 쪽은 독일군이었지만, 맞불 작전을 펼치던 연합군 쪽에서도 이에 뒤질세라 더 강력한 유기염소계 독가스인 포스젠(phosgene)을 개발했다.

그러나 제1차 세계대전이 끝나자 독가스를 찾는 수요가 급격하게 줄어들면서 각 기업은 남아도는 생산 능력을 써먹을 수 있는 염소의 활용 방안을 강구했다. 이렇게 해서 DDT 등의 새로운 유기염소화합물이 잇달아 탄생했고, 이후에는 제2차 세계대전의 발발로 다시 군수용으로 대량 생산, 이용되었다.

한편 DDT의 살충 효과를 규명한 스위스의 화학자인 파울 뮐러(Paul Müller, 1899~1965)는 그 공로로 1948년에 노벨 생리·의학상을 수상했다.

■ 환경오염과 《침묵의 봄》

해충을 구제하는 DDT나 BHC 등의 살충제가 처음 사용되기 시작했을 때 생산 기업 측에서는 사람이나 가축에게 무해하다고 대대적으로 홍보했고, 많은 사람들이 그렇게 믿었다. 그런데 미국의 생물학자인 레이첼 카슨(Rachel Carson, 1907~1964)이 1962년에 농약의 해악을 알린 명저 《침묵의 봄》을 발표함으로써 일반인에게 환경문제에 대한 새로운 인식과 현대적인 환경운동을 촉발시켰다.

레이첼 카슨은 책에서 유기염소계나 유기인계의 농약이 새와 물고기를 죽이고 인간의 신경계에 침투해 죽음까지 초래할 수 있다고 규탄했다. 또 하나의 중요한 문제인 생물 내 농축에 따른 생태계 파괴에 대해서도 경종을 울렸다. 새나 짐승이 죽거나 기형이 되는 상황은 언젠가는 인간에게도 영향을 끼칠 것이라고 레이첼 카슨은 예언했는데, 이후 실태 조사에서 이것이 사실로 밝혀져 살충제가 사람이나 가축에게 치명적인 영향을 끼친다는 진실을 많은 사람들이 또렷이 인식하게 되었다.

당시 일본에서는 유기수은이 초래하는 미나마타병을 비롯한 공해병이 심각한 사회문제로 대두되었다. 또 베트남전쟁에서 미국군이 대량으로 살포한 제초제(2·4·5–T), 즉 고엽제가 크게 문제가 되었다. 그중에서도 역사상 가장 맹독

성분으로 알려진 다이옥신이 고엽제에 섞여 있다는 사실이 드러나면서(훗날 기형아, 뇌 손상 장애아 출산의 원인으로 여겨졌다) 인공 화학물질로 인한 환경오염 문제가 사회운동으로 주목을 받기 시작했다.

마침내 1971년 즈음부터는 최기형성(태아기에 작용해 장기 형성에 영향을 주어 기형이 되게 하는 성질), 발암성이 의심된 DDT·BHC·PCB 등의 유기염소화학물질의 생산과 사용이 잇달아 금지되었다. 그러나 후진국에서는 이들 농약이 여전히 사용되고 있어서 수입 농산물이나 생선에 고농도로 잔류하는 문제가 끊임없이 제기되고 있다.

■ 프레온가스로 인한 오존층 파괴

1982년부터 남극 대륙 상공의 오존층이 엷어지면서 구멍이 뚫린 것 같은 '오존 홀(ozone hole)' 현상이 나타났다. 조사에 따르면 남극 이외에도 오존층이 파괴된 곳이 발견되어 '오존 스폿(ozone spot)'이라 부르기도 했다. 1985년에 접어들어 오존층 파괴의 원인 물질로 프레온가스가 의심되었고, 실제 오존 홀에서 염소 존재가 확인되기도 했다.

프레온은 사람이나 가축에게는 무해한 물질이다. 화학적으로 안전한 물질로, 보통 조건에서는 반응성이 없고 독성도 전혀 없다. 따라서 컴퓨터 부품의 세정제, 에어컨의 냉매제, 스프레이의 증압제 등에 널리 사용되었다. 그런데 프레온이 성층권의 오존층까지 도달하면 강력한 자외선으로 인해 프레온에서 염소가 유리되고, 이 염소가 촉매로 작용해 오존(O_3)을 산소(O_2)로 바꾸어버린다. 오존층이 파괴되면 생물에 유해한 자외선이 지표면에 투과되는 양이 증가하여 피부암의 발생 빈도가 두드러지게 높아진다.

결국 1987년에 몬트리올의정서가 채택되었고, 이후 5회에 걸쳐 의정서의 규제 조치가 강화되어 선진국에서는 1995년 말 특정 프레온이 전량 폐기되었다. 이처럼 규제와 단속은 강화되었지만 2000년에는 최대의 오존 홀이 관측되기도 했다. 인체에 무해한 물질이 실은 모든 생물에 유해했던 셈이다.

■ 내분비교란물질로 인한 수컷의 여성화

흔히 '환경호르몬'이라고 부르는 내분비교란물질의 정식 명칭은 '외인성 내분비 교란 화학물질'이다.

꽤 오래 전부터 화학물질 중에서 동물의 생식 기능에 영향을 끼치는 물질이 존재한다는 지적은 있었지만, 환경호르몬의 존재가 대중의 머릿속에 각인된 것은 1996년에 내분비교란물질의 권위자인 테오 콜본(Theo Colborn)과 다이앤 듀마노스키(Dianne Dumanoski), 존 피터슨 마이어스(John Peterson Myers)가 함께 저술한 《도둑맞은 미래》라는 책이 출간된 이후부터다.

이 책은 많은 사람들이 《침묵의 봄》 속편으로 부를 만큼 환경오염의 심각성을 전 세계에 고발한 책으로, 수많은 연구 논문을 통해 DDT를 금지한 지 20년 이상이나 지났지만 미국 오대호 주변에서 빈번하게 출현하는 야생 생물의 생식기 장애를 확인하고 그 원인을 과학적으로 분석하고 있다. 연구조사 결과, 살충제나 제초제 등의 인공 화학물질 중에 호르몬, 특히 여성호르몬(에스트로겐)처럼 작용하는 물질이 있어서 이 물질이 생식 기능에 이상을 초래하는 것으로 추정했다. DDT, PCB, 노닐페놀(nonylphenol), 프탈산에스테르(플라스틱 가소제)가 여기에 포함된다.

한 가지 사례를 들어보면, 미국 플로리다의 아폽카 호수에 서식하는 수컷 악어의 경우 다른 청정 호수에 사는 악어에 비해 음경이 매우 작거나 심지어 없는 개체가 많이 발견되었다. 생식기 결함의 원인으로 지적된 것이 바로 호수 근처 화학공장에서 10년 전에 배출한 DDT 살충제였다. 살충제의 영향은 과학적으로도 입증되었다. DDT 또는 그 분해 산물이 먹이사슬을 통해 생물에 농축되면서 여성호르몬으로 작용해 수컷 악어의 여성화를 초래한 것이다. 또한 DDT의 분해 산물인 DDE는 남성호르몬수용체와 결합해서 체내 남성호르몬의 결합을 방해하고 생체 남성호르몬의 작용을 억제한다는 사실도 밝혀졌다.

내분비교란물질은 호르몬의 수용체와 결합해서 해당 호르몬의 유사 효과를 초래하거나 본래 생체 호르몬의 작용을 방해하기도 한다. 따라서 고환이 만들어지게끔 유전자가 작동해야 하는데 고환 대신 난소를 만들거나, 남성의 특징을 나타내는 남성의 뇌로 바뀌지 않는 등의 문제가 생긴다. 더군다나 생식 기능에 끼치는 영향은 세대를 초월해서 나타나므로 해당 생물 종의 존속과도 관련이 있다. 인간이라는 종족도 절대 예외가 아님을 잊지 말아야 할 것이다.

베어군 마음이 무거워지네요. 이대로 가다가는 인간이 멸종하는 것도 시간문제일 것 같아요. 인간만 사라지는 게 아니라, 곰마을까지 해가 미치니까요. 정말 인간이 싫어요.

생박사 그렇게 되지 않게끔 전 지구인들이 노력하고 있단다.

베어군 이미 파괴가 된 걸요. 다 부질없어요.

생박사 그렇게 화만 내지 말고, 지금부터 하는 이야기를 잘 들어보렴.

지구온난화로 지구가 더워지고 있다

지금으로부터 1000년 전쯤 대기 중의 이산화탄소(CO_2) 농도는 280ppm(0.028%)으로 거의 일정하게 유지되었지만, 19세기 무렵부터 농도가 상승하기 시작해 20세기 후반에 접어들면서 수치가 급격하게 상승했다(그림 12-5 A). 산업 발달에 따른 에너지 소비가 증대하고 화석 연료의 소비가 늘어났기 때문이다.

1999년에는 이산화탄소 농도가 369ppm이었고, 2013년에는 396ppm에 달했다. 이와 같은 추세라면 21세기 말에는 280ppm의 두 배에 이를 것으로 추정된다. 만약 농도가 배로 높아지면 평균기온은 약 2.5℃ 상승한다고 한다. 여기에서 가장 큰 문제는 이산화탄소가 온실효과를 초래한다는 것이다.

온실효과란 태양의 가시광선은 투과시키지만 지표에서의 복사선인 적외선은 흡수, 반사하기 때문에 공기가 따뜻해지는 현상이다. 요컨대 빛은 받아들이고 열은 내보내지 않는 온실과 같은 상태가 되는 셈이다. 온실효과를 일으키는 온실가스로는 이산화탄소 이외에도 프레온, 메탄 등이 있다. 한편 지난 100년 동안 이산화탄소의 증가에 따라 기온이 0.6℃나 상승했다고 한다.

지구온난화는 이미 빠른 속도로 진행되고 있다(그림 12-5 B). 지구촌의 기후가 크게 요동치고, 극지방의 빙하가 녹아서 해수면이 상승하는 등의 심각한 환경 변화(그림 12-6)는 모두 지구온난화 현상에서 비롯된 것이다.

그림 12-5 ▪▪ 대기 중의 이산화탄소 농도와 기온 변화

A. 이산화탄소의 농도 변화(1980년대 이후)

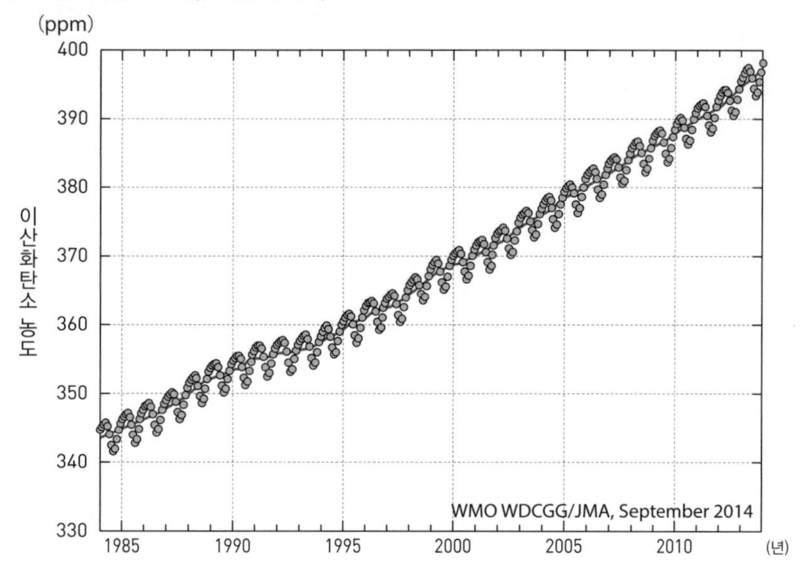

[온실효과가스 세계자료센터(WDCGG)의 데이터를 통계학적 기법으로 해석하여 산출된 지구 전체의 이산화탄소 농도(WDCGG 해석 수치)의 연도별 추이. 일본 기상청 홈페이지 참조 http://www.jma.go.jp/jma/index.html]

B. 세계의 연평균 기온 편차

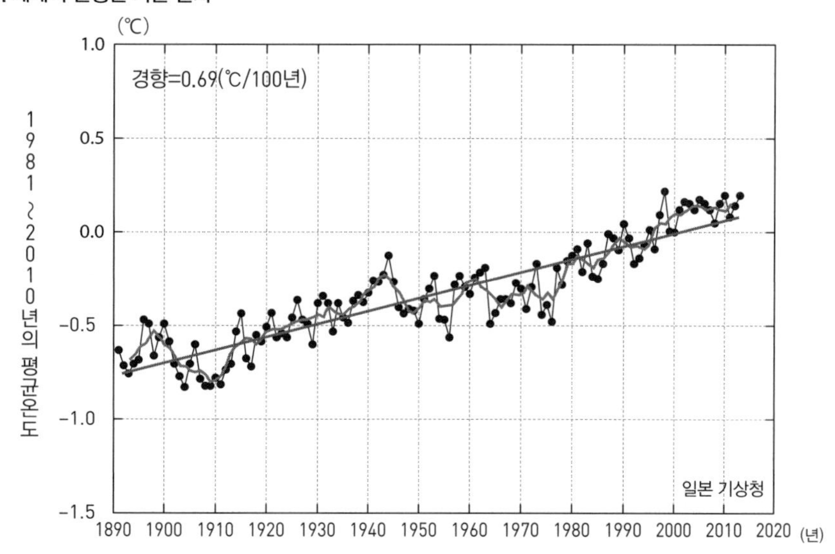

[일본 기상청 홈페이지 참조 http://www.jma.go.jp/jma/index.html]

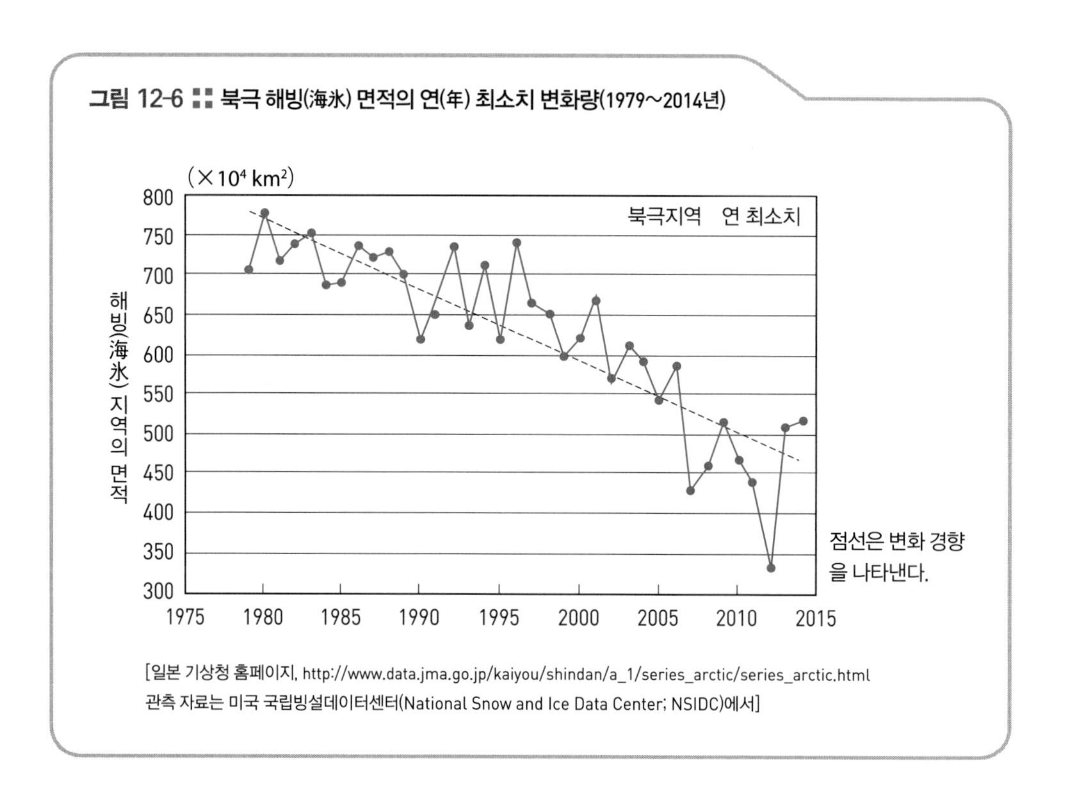

그림 12-6 ∷ 북극 해빙(海氷) 면적의 연(年) 최소치 변화량(1979~2014년)

[일본 기상청 홈페이지, http://www.data.jma.go.jp/kaiyou/shindan/a_1/series_arctic/series_arctic.html 관측 자료는 미국 국립빙설데이터센터(National Snow and Ice Data Center; NSIDC)에서]

교토의정서

1997년 12월, 일본 교토에서 개최된 기후변화협약에 대한 제3차 당사국 총회에서 선진국을 중심으로 이산화탄소 배출량을 감축시키는 것을 골자로 한 교토의정서가 채택되었다. 주요 내용은 1990년을 기준으로 2010년까지 이산화탄소 배출량을 유럽은 8%, 미국은 7%, 일본은 6%로 감축하자는 것이었다. 이는 인류 역사상 획기적인 사건이라고 개인적으로 생각한다. 지금까지 인류의 활동은 성장과 팽창에 치우쳐 에너지 소비가 끊임없이 증가했지만, 교토의정서에서 처음으로 성장 가속화에 제동을 걸었던 셈이다.

이후 배출권 거래(다른 나라의 배출권 일부를 구입하는 일이 가능) 등의 탄력적 조치(교토 메커니즘)를 인정했기 때문에 주요 골자가 빠졌다는 비판도 있지만 대체로 중요한 의의를 갖는 일임에는 분명하다.

그런데 2001년, 미국의 부시 정권은 교토의정서에서 탈퇴를 선언, 2002년 독자적인 감축안(좀 더 후퇴한 안)을 발표했다. 의정서에 따르지 않고 독자적인 길을 가겠다는 것이다. 전 세계 이산화탄소 배출량의 4분의 1을 차지하는 미국이 빠지는 것은 안타까운 일이지만, 유럽을 포함한 많은 국가들이 의정서를 비준해서 감축 목표를 지키기 위해 노력하고 있다.

지구온난화 방지를 위한 대책

지구온난화 방지를 위해서 선진국은 다음과 같은 조치를 이행해야 한다.

① 석유나 석탄 등의 화석 원료를 효율적인 천연 가스로 대체한다.
② 탄소세를 도입해서 가스 배출량을 줄인다.
③ 자원순환형(에너지 절약형) 사회로 이행한다.
④ 이산화탄소의 흡수처로 나무를 많이 심는다.
⑤ 이산화탄소를 배출하지 않는 발전(연료 전지, 태양 에너지, 풍력 발전 등)을 늘린다.

이를 위해서는 개개인의 생활주기를 에너지 절약형으로 바꾸는 일이 중요하다. 자동차를 타지 않는다거나 쓰레기를 줄이는 일도 온난화 방지에 크게 도움이 된다.

베어 군　오호, 인간이 노력하고 있긴 하군요. 그런데 아무리 회의를 해도 협력하지 않는 나라가 있거나 실행하지 않는 나라가 있다면 의미가 없겠죠.

생 박사　그렇지. 하지만 대체로 지구 환경을 위해서 애쓰고 있는 것은 사실이야.

베어 군　지구온난화라… 어쩐지, 요즘은 겨울에 그렇게 춥지 않은 것 같아요. 얼마 전 텔레비전 다큐 프로그램에서 봤는데요. 북극의 얼음이 자꾸자꾸 녹고 있대요. 환경이 변하면 북극곰은 먹잇감을 그만큼 구하기 힘들겠죠. 북극곰이 너무 불쌍해요. 엉엉엉!

생박사 그렇지, 동물들도 영향을 많이 받을 거야.

베어군 이러다가 전쟁이라도 일어나면 어쩌죠?

생박사 아니, 이번에는 자네가 나한테 설교를 하려고?

산성비 문제는 여전히 진행 중이다

공장이나 화력 발전소, 자가용을 이용하기 위해 화석 연료를 연소하면 이산화탄소를 비롯해 황산화물(SOx, 주로 SO_2)이나 질소산화물(NOx)이 대기 중에 배출된다. 이들 공해 물질이 대기 중에서 변화하여 빗물이나 눈에 녹아 산성도가 높은 비(산성비)나 눈이 내린다.

산성비의 영향으로 유럽이나 미국에서는 호수에 서식하는 어패류가 죽거나 삼림이 고사하는 피해가 속출하고 있다. 일본에서도 산성비가 관측되고 있는

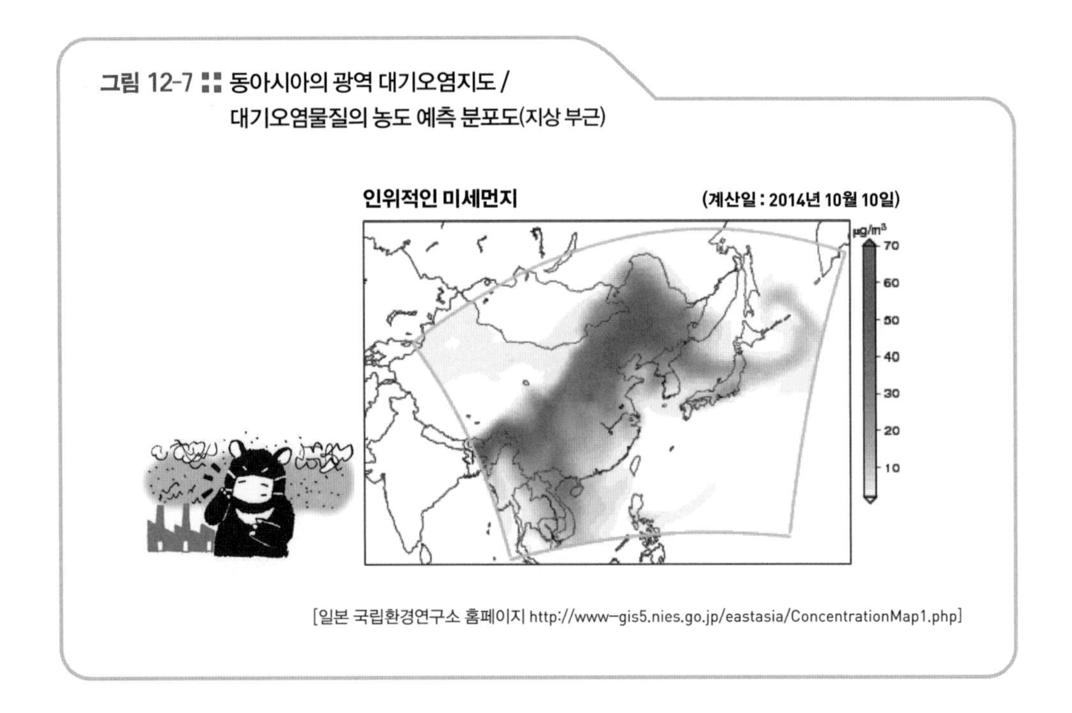

그림 12-7 :: 동아시아의 광역 대기오염지도 / 대기오염물질의 농도 예측 분포도(지상 부근)

[일본 국립환경연구소 홈페이지 http://www-gis5.nies.go.jp/eastasia/ConcentrationMap1.php]

데, 생태계에 나쁜 영향을 끼칠까 봐 우려되고 있다. 실제로 2002년에 일본을 관측조사했더니 산성비(pH 5.6 이하)가 55%나 내렸고, 강력한 산성비는 약 22%였다. 최근에는 산성비 문제를 심각하게 생각하지 않는 사람들이 많은 것 같은데, 산성비는 여전히 지구 환경을 오염시키는 주범임을 잊지 말아야겠다.

요즘 베어 군은 열심히 취재를 하러 다닌다. 인간이 지구의 환경을 파괴하고 있다는 이야기에 아무래도 경각심을 갖게 된 것 같다. 밤새 인터넷을 찾으며 뭔가 조사하고 글을 쓰고 있는데….

생박사 그렇게 오랫동안 컴퓨터 앞에 앉아 있으면 힘들지 않아?

베어 군 괜찮아요. 사명감을 갖고 일하고 있는 걸요. 전혀 피곤하지 않아요.

생박사 오호, 사명감!

생박사 저는 지금 모든 생물을 향해 지구의 위기에 대해 이야기하고 있어요. 타고난 르포작가니까요.

생박사 모든 생물이라. 그렇지. 오늘날 인간의 활동이 전 세계 모든 생물의 생활에 영향을 끼치고 있으니까.

베어 군 지금이 문제가 아니라 앞으로 더 심각한 사태를 가져올지도 몰라요.

생물의 다양성이 상실되고 있다

인류는 산업혁명 이후 산업과 과학기술의 눈부신 발전에 발맞추어 풍요로운 생활을 누리게 되었다. 아울러 인구가 급격히 증가했는데, 20세기 초에 20억 명이 채 되지 않았던 세계 인구는 20세기 말 60억 명에 이르렀다. 그 결과 인간의 생활이 지구의 생태계를 파괴했고, 다른 생물의 생존까지 위협하고 있다.

야생 생물의 멸종

야생 생물의 멸종 속도가 옛날 옛적 공룡시대에는 1년 동안 0.001종이었지만, 1975년 이후 1000종, 2000년에는 4만 종에 달하고 있다. 하루에 100종이 넘는 생물 종이 멸종하고 있는 셈이다(표 12-2).

현재 생물 분류에 정확하게 동정(同定)한 야생 생물은 약 160만 종이다. 아직 분류하지 않은 종까지 포함하면 약 2000만 종에 달하는 것으로 추정된다. 생물의 분포는 한대지방에 1~2%, 온대지방에 13~14%, 그리고 면적이 불과 7%밖에 되지 않는 열대지방에 74~86%가 서식하고 있는 것으로 여겨진다.

야생 생물의 멸종 원인(표 12-3)은 인간의 산업활동 탓이라고 말할 수 있다.

표 12-2 :: 종의 멸종 속도

구분	속도(종/년)
공룡시대	0.001
1600~1900년	0.25
1900년	1.0
1975년	1,000
2000년까지의 평균	40,000

[출처: 노먼 마이어스(Norman Myers), 1979]

표 12-3 :: 야생 생물의 멸종 위기의 원인(1600년 이후, 단위 : %)

원인	포유류	조류	파충류	양서류
서식 환경의 악화	19	20	5	100
난획	23	18	32	0
침입 종의 영향	20	22	42	0
기타	2	3	0	0
불명	36	37	21	0
합계	100	100	100	100

[출처: 국제자연보호연맹(IUCN), 1983]

구체적인 이유를 꼽는다면 도시화나 농경지화, 삼림 붕괴에 따른 서식 환경의 악화, 남획, 침입 종의 영향 등이 있다.

남획을 방지하기 위해 워싱턴조약, 정확하게는 '절멸 위기에 있는 야생 동식물의 국제거래에 관한 조약'에 따라 야생 생물의 상거래가 금지되어 있다. 조약의 보호 대상이 되는 동물은 약 3000종, 식물은 약 3만 종과 해당 생물의 가공품인데, 가맹 국가에서 유보 품목을 설정해서 규제하고 있다.

다양한 생물이 더불어 살아야 한다

그렇다면 왜 생물이 절멸해서는 안 될까? 이유는 세 가지 정도로 요약할 수 있다.

첫째, 생물은 어떤 종이든 생태계의 일원으로서 생태계의 균형에 도움을 주기 때문에 구성 종이 단순화되는 것은 생태계를 불안정하게 만들며 결국 인간도 그 영향을 받게 된다.

둘째, 질병 치료에 효과가 있는 유효성분을 얻는 대상으로서, 즉 유전자 자원으로 필요하다.

셋째, 다채로운 야생 생물이 서식하는 자연환경은 자동화되고 인위적인 환경에서 살아가는 인간의 인격 형성에 필요하며, 자연유산으로 후세들에게 물려주어야 하기 때문이다.

한 해를 마무리하는 날이 코앞으로 다가왔다. 딸아이는 호주로 여행을 떠났고, 베어 군은 하루 종일 모니터에 시선을 고정하고 있다. 아, 이렇게 올해도 저물어 가는구나!

생박사 베어 군, 르포는 잘되어가나?

베어군 뭐 그렁저렁이요. 뭔가 부족한 게 있는 거 같은데….

생박사 그러지 말고 마당 청소나 하는 게 어때? 좋은 아이디어가 떠오를지도 모르잖아.

베어 군은 마지못해 자리에서 일어났다. 하지만 5분 후 다시 거실로 들어왔다.

베어군 박사님, 문 앞에 까마귀가 진을 치고 있어서 나갈 수가 없어요. 전 싸우는 게 정말 싫거든요. 앗, 생각났어요. 그럼 까마귀가 지나갈 동안 전쟁이 지구에 어떤 영향을 끼쳤는지 말씀해주세요. 바로 그 부분이 궁금했거들랑요.

하늘을 곱게 물들이는 따오기를 다시 만날 수 있을까?

행운을 불러오는 길조인 '따오기'의 학명은 'Nipponia nippon'으로, 이름에서도 알 수 있듯이 일본이 주요 서식지였다. 하지만 19세기 후반에 접어들어 아름다운 깃털이 밀렵꾼의 사냥감이 되었고, 농가에서는 무논을 망친다고 싫어했다. 더욱이 20세기 후반에는 자연 파괴와 환경 오염 때문에 따오기는 멸종 위기에 처했다. 1981년 일본 사도 섬에 있던 마지막 5마리가 인공 번식을 위해 포획되었지만 안타깝게도 2003년 10월 마지막 한 마리가 세상을 떠나면서 일본에서는 더 이상 따오기의 모습을 구경할 수 없었다.

중국에는 일본의 따오기와 DNA가 아주 흡사한 따오기가 서식하고 있었다. 그래서 일본의 따오기보호센터에서는 1999년에 중국에서 기증받은 따오기를 번식시키기 위해 힘썼고, 지금은 따오기의 개체수를 220여 마리로 불리는 데 성공했다.

따오기의 안정된 정착을 위해서는 해결해야 할 문제가 산더미같지만 하늘을 곱게 물들이는 따오기의 모습을 상상하는 것만으로도 가슴이 설렌다.

전쟁과 환경 파괴

인간이 지구에 저지른 일들은 무수히 많지만, 마지막으로 인간의 전쟁이 지구에 어떤 영향을 끼쳤는지 반성해보려고 한다.

인류의 역사를 보면 세계 각지에서 전쟁이 끊이지 않았다. 전쟁은 많은 사람들의 목숨을 빼앗고, 논밭의 황폐와 도시 파괴 등 수많은 희생을 동반했다. 하지만 19세기까지는 적어도 생태계의 파괴까지 자행할 정도로 규모가 크지는 않았다.

그런데 20세기가 되자 근대식 무기의 발달과 함께 인류의 생존을 위협하는 핵무기, 생물화학무기 등이 등장함으로써 전쟁이 지구 전체의 환경을 위협하고 있다. 베트남전쟁에서 고엽제 사용, 걸프전쟁 때 유전 파괴에 따른 원유 유출과 화재 등 세계적 규모로 환경 파괴가 자행되는 셈이다.

생물화학무기의 사용

생물무기와 화학무기를 BCW(Biological and Chemical Weapon), 즉 '생물화학무기'라고 총칭해서 부른다. 핵무기를 포함해서 ABCW(Atomic, Biological and

Chemical Weapon) 혹은 ABC무기(화생방무기)라고 부를 때도 있다.

■ 생물무기란?

생물무기란 사람이나 가축, 식물을 사멸시키거나 발병에 이용하는 미생물(세균, 바이러스, 진균 등)이나 생물 독소 등의 무기를 일컫는다. 무기를 제조하는 데 비용이 많이 들지 않고 소규모 설비로 가능하며, 무기 제조 금지 조약을 체결하더라도 사찰이 지극히 어렵다.

2001년, 미국에서는 우편물을 이용한 탄저균 테러가 발생하기도 했다. 1t의 탄저균은 100km² 이내에 거주하는 주민을 패혈증에 빠지게 할 수 있다고 한다. 또 최근에는 유전자 조작 기술을 이용해서 더 강력한 생물무기를 제작하는 일이 가능해졌다.

■ 화학무기란?

화학무기는 치사제, 무능력화제 등의 화학물질을 이용한 무기를 말한다.

1995년 일본 옴진리교 테러 사건 때 이용한 화학무기는 독가스의 하나인 사린(sarin)이었는데, 사린 0.1mg/m³을 혼합한 공기에 30초간 접촉만 해도 15분 이내의 치사율이 95%나 된다.

제1차 세계대전에서는 약 30종의 화학무기가 사용되어 수많은 사상자가 속출했다. 제2차 세계대전 중에는 독일, 일본 등이 화학무기 개발에 앞장섰다. 최근 중국에서는 땅속에 묻혀 있던 옛 일본군의 화학무기 폭탄이 터지는 바람에 그곳에서 작업하던 농부가 머스터드 가스(겨자 가스. 피부 점막이 벗겨지는 미란성 독가스)에 노출되어 심각한 피해를 입었다. 제2차 세계대전이 끝난 지 반세기가 지난 오늘날에도 여전히 전쟁의 무시무시한 위협에 시달리고 있는 것이다.

전쟁과 생물화학무기

베트남전쟁 당시 2·4-D와 2·4·5-T 등의 고엽제가 대량으로 살포되어 생태계를 대규모로 파괴했고, 고엽제에 들어 있던 다이옥신은 임산부에 치명적인 영향을 초래했다. 선천성 기형이나 기형아, 사산이 높은 빈도로 발생했다는 사실이 보고되고 있다.

일찍이 전쟁에서 생물화학무기의 사용을 제한하는 국제적인 움직임이 있었지만 사용을 금지하는 조약을 체결해도 실제 전쟁터에서는 조약을 위반하며 비밀리에 생물화학무기를 개발하는 나라가 있다는 사실이 가장 큰 문제다. 결과적으로 생물화학무기의 위험성은 여전히 사라지지 않은 셈이다.

핵무기

핵무기의 공포는 굳이 설명할 필요가 없을 것이다. 현재 세계 각국이 보유하고 있는 핵무기의 절반만 사용해도 7억 5000만 명이 즉사하고, 이후 100년 동안 암 등의 질병에 시달릴 뿐만 아니라, 전 세계의 유전과 삼림이 불타면서 생긴 연기가 햇볕을 차단시킴으로써 '핵겨울'을 맞을 수 있다. 농업이 파괴되고 물도 오염되어 생태계가 붕괴하고 10억 명 이상의 아사자가 속출할 것이라는 예측도 나오고 있다. 이 예측에는 포함되지 않았지만, 만약 핵전쟁이 발발해서 원자력 발전소가 폭격을 당한다면 원자로에서 방출된 방사능은 핵무기 이상, 체르노빌의 피해와는 비교가 되지 않을 정도로 인류를 위협할 것이라는 지적도 나오고 있다.

어떤 상황에서든 전쟁만큼 인류와 지구에 엄청난 피해를 주는 무시무시한 괴물은 없다는 사실을 강조하고 싶다.

제야의 종소리가 울려 퍼진다.

나는 텔레비전에서 흘러 나오는 새해를 알리는 타종 소리를 혼자 듣고 있다. 베어 군은 저녁 때 마당 청소를 하면서 무슨 생각을 했는지 "그럼, 더 늦기 전에 고향으로 돌아가겠습니다. 그동안 정말 감사했습니다!" 하며 인사를 하고 홀연히 떠났다. 희망찬 새해에는 '곰돌이도 이해하는 인간생물학'이라는 책을 한번 써볼까?!

갑자기 텔레비전에서 웅성웅성 왁자지껄 소리가 요란했다. 신년을 축하하는 카운트다운이다.

그런데 텔레비전 채널을 돌리자 낯익은 모습이 눈에 들어오는 게 아닌가! 바로 베어 군이 정장을 갖춰 입고 스튜디오에 앉아 있었다.

사회자 앞으로 1년 동안 인간생물학 강의를 해주실 베어 선생님을 소개하겠습니다. 강의 내용은 1월 유전자부터 시작해서 12월에는 환경문제까지 아주 다채롭군요.

베어 군 안녕하세요? 스마트한 베어 군입니다. 그럼 재미나고 지루하지 않게 인간생물학 이야기를 들려드리겠습니다.

뭐야, '생물학 박사 베어 선생'이라고?

베어 선생, 아니 베어 군이 카메라를 향해 씽긋 윙크하는 것 같았다.

●●●

그리고 나는 잠에서 깼다.

인용 및 참고 문헌

■ 전체

- 吉田邦久, 《好きになる生物学(좋아지는 생물학)》, 講談社, 2001.
- 新井康允, 近藤洋一, 《放送大学教材 人間の生物学(방송대학교재 인간의 생물학)》, 放送大学教育振興会, 1999.
- 石浦章一, 《よくわかる生命科学 — 人間を主人公とした生命の連鎖(쉽게 이해하는 생명과학−인간을 주인공으로 삼은 생명의 연쇄)》, サイエンス社, 2002.

■ 1월·2월

- ネイチャー 編集, 《ヒトゲノムの未来 — 解き明かされた生命の設計図(인간게놈의 미래−밝혀진 생명의 설계도)》, 徳間書店, 2002.
- 榊佳之, 《ヒトゲノム — 解読から応用人間理解へ(인간게놈−해독에서 응용·인간 이해를 향해)》, 岩波書店, 2001.
- 大朏博善, 《図解 ヒトゲノムのことが面白いほどわかる本(도해 인간게놈을 재미있게 이해하는 책)》, 中経出版, 2000.
- 福田哲也, 《ゲノムは人生を決めるか(게놈은 인생을 결정할까)》, 新日本出版社, 2001.
- 青野由利, 《遺伝子問題とはなにか — ヒトゲノム計画から人間を問い直す(유전자 문제란 무엇인가−인간게놈프로젝트에서 인간을 다시 묻는다)》, 新曜社, 2000.
- 石山いく夫, 吉井富夫, 《DNA鑑定入門 — 刑事事件への適用と親子鑑定(DNA 감정 입문−형사사건 적용과 친자감정)》, 南山堂, 1998.
- 米本昌平, ぬで島次郎, 松原洋子, 市野川容孝, 《優生学と人間社会(우생학과 인간사회)》, 講談社, 2000.

■ 3월

- 長谷川真理子, 《オスの戦略メスの戦略(수컷의 전략 암컷의 전략)》, 日本放送出版協会, 1999.
- 新井康允, 《男脳と女脳 こんなに違う(남자의 뇌와 여자의 뇌, 이렇게 다르다)》, 河出書房新社, 1997.
- 新井康允, 《脳の性差 — 男と女の心を探る(뇌의 성별 차이−남녀의 심리를 탐구하다)》, 共立出版, 1999.
- 中原英臣, 佐川峻, 《利己的遺伝子とは何か — DNAはエゴイスト!(이기적 유전자란 무엇인가−DNA는 에고이스트!)》, 講談社, 1991.
- 山元大輔, 《恋愛遺伝子 — 運命の赤い糸を科学する(연애유전자−운명의 붉은 실을 과학하다)》, 光文社, 2001.

■ 4월

- 今井裕, 《クローン動物はいかに創られるのか(복제동물은 어떻게 만들어질까)》, 岩波書店, 1997.
- 御輿久美子, 西村浩一, 鈴木良子, 福本英子, 北川れん子, 粥川準二, 《人クローン技術は許されるか(인간 복제기술은 허용될까)》, 緑風出版, 2001.
- クローン技術研究会, 《クローン技術 — 加速する研究·過熱するビジネス(복제 기술−과속하는 연구·과열되는 비즈니스)》, 日本経済新聞社, 1998.
- 大朏博善, 《ES細胞 — 万能細胞への夢と禁忌(ES세포−만능 세포를 향한 꿈과 금기)》, 文藝春秋, 2000.
- 小野繁, 《人の体はどこまで再生できるか — 失った肉体をとりもどす医療(인간의 몸은 어디까지 재생할 수 있을까(잃어버린 육체를 되찾는 의료)》, 講談社, 1999.

■ 5월·6월
- 石浦章一,《脳内物質が心をつくる(뇌내 물질이 마음을 만든다)》, 羊土社, 2001.
- 伊藤正男,《脳の不思議(뇌의 불가사의)》, 岩波書店, 1998.
- 桜井 芳雄,《ニューロンから心をさぐる(뉴런에서 마음을 살피다)》, 岩波書店, 1998.

■ 7월
- 立川昭二,《病気の社会史 — 文明に探る病因(질병의 사회사-문명에서 찾아보는 질병의 원인)》, 岩波書店, 2007.
- 山口彦之,《人と病気の科学史(인간과 질병의 과학사)》, 裳華房, 1989.
- 吉川昌之介,《細菌の逆襲 – ヒトと細菌の生存競争(세균의 역습-인간과 세균의 생존 경쟁)》, 中央公論社, 1995.
- 生田哲,《感染症が危ない(감염증이 위험하다)》, 光文社, 1997.
- 生田哲,《エイズの生命科学(에이즈의 생명과학)》, 講談社, 1996.
- 萩原清文,《好きになる免疫学(좋아지는 면역학)》, 講談社, 2001 :《내 몸 안의 주치의 면역》, 전나무숲, 2006.
- 小林博, 近藤喜代太郎,《がんの健康科学(암의 건강과학)》, 放送大学教育振興会, 2004.
- 高田明和,《「病は気から」の科学('병은 마음에서'의 과학)》, 講談社, 2004.

■ 8월
- 高橋久仁子,《「食べもの情報」ウソ ・ ホント('먹을거리 정보' 진실 혹은 거짓)》, 講談社, 1998.
- 星野貞夫,《ヒトの栄養 動物の栄養(인간의 영양 동물의 영양)》, 大月書店, 1987.
- 《AERA MOOK 食生活学がわかる(식생활학을 이해하다)》, 朝日新聞社, 2000.
- リチャード ローズ,《死の病原体 プリオン(죽음의 병원체 프라이온)》, 草思社, 1998 :《죽음의 향연》, 사이언스북스, 2006.
- 川口啓明, 菊地昌子,《遺伝子組換え食品(유전자변형 식품)》, 文藝春秋, 2001.
- 渡辺雄二,《よくわかる遺伝子組換え食品(쉽게 이해하는 유전자변형 식품)》, ベストセラーズ, 2001.

■ 9월
- 蒲原聖可,《肥満遺伝子 – 肥満のナゾが解けた!(비만유전자-비만의 수수께끼를 풀었다!)》, 講談社, 1998.
- 長野敬,《生体の調節(생체의 조절)》, 岩波書店, 1994.
- 大石正道,《ホルモンのしくみ(호르몬의 구조)》, 日本実業出版社, 1998.

■ 10월
- 田沼靖一,《ヒトはどうして老いるのか – 老化·寿命の科学(사람은 왜 늙을까-노화·수명의 과학)》, 筑摩書房, 2002.
- 今堀和友,《老化とは何か(노화란 무엇인가)》, 岩波書店, 1993.
- 白沢卓二,《老化時計 – 寿命遺伝子の発見(노화시계-수명유전자의 발견)》, 中央公論新社, 2002.
- 永田親義,《活性酸素の話 — 病気や老化とどうかかわるか(활성산소 이야기-질병이나 노화와 어떤 관련이 있을까)》, 講談社, 1996.

- 後藤眞,《痛快! 不老学(통쾌! 불로학)》, 集英社, 2000.
- 品川嘉也, 松田裕之,《死の科学 ― 生物の寿命は､どのように決まるのか(죽음의 과학 - 생물의 수명은 어떻게 결정될까)》, 光文社, 1991.
- 柳澤桂子,《われわれはなぜ死ぬのか ― 死の生命科学(우리는 왜 죽을까-죽음의 생명과학)》, 草思社, 1997.

■ 11월

- リチャード リーキー,《ヒトはいつから人間になったか(사람은 언제부터 인간이 되었을까)》, 草思社, 1996 :《인류의 기원》, 사이언스북스, 2005.
- 宝来聰,《DNA 人類進化学(DNA 인류진화학)》, 岩波書店, 1997.

■ 12월

- レイチェル カーソン,《沈黙の春(침묵의 봄)》, 新潮社, 1974 :《침묵의 봄》, 에코리브르, 2011.
- シーア コルボーン,《奪われし未来(빼앗긴 미래)》, 翔泳社, 2001 :《도둑맞은 미래》, 사이언스북스, 1997.
- 長山淳哉,《しのびよるダイオキシン汚染(스멀스멀 다가오는 다이옥신 오염)》, 講談社, 1994.
- 泉邦彦,《恐るべきフロンガス汚染(무시무시한 프레온 가스 오염)》, 合同出版, 1987.
- 増田善信,《地球環境が危ない(지구 환경이 위험하다)》, 新日本出版社, 1990.
- 本間慎,《データガイド 地球環境(데이터 가이드 지구 환경)》, 青木書店, 1995.

찾아보기

ㅈ

ㅊ

옮긴이 _ 황소연

대학에서 일본어를 전공하고 첫 직장이었던 출판사와의 인연 덕분에 지금까지 10여 년간 전문 번역가로 활동하면서 〈바른번역 아카데미〉에서 출판번역 강의도 맡고 있다.
어려운 책을 쉬운 글로 옮기는, 그래서 독자를 미소 짓게 하는 '미소 번역가'가 되기 위해 오늘도 일본어와 우리말 사이에서 행복한 씨름 중이다.
옮긴 책으로는《내 몸 안의 지식여행 인체생리학》,《내 몸 안의 작은 우주 분자생물학》,《내 몸 안의 주치의 면역학》,《내 몸 안의 뇌와 마음 탐험 신경정신의학》,《면역습관》,《유쾌한 공생을 꿈꾸다》,《우울증인 사람이 더 강해질 수 있다》 등 80여 권이 있다.

내 몸 안의 생명 원리, 인체생물학

개정판 1쇄 인쇄 | 2022년 8월 17일
개정판 1쇄 발행 | 2022년 8월 24일

지은이 | 요시다 구니히사
옮긴이 | 황소연
펴낸이 | 강효림

편집 | 곽도경
디자인 | 채지연
마케팅 | 김용우

종이 | 한서지업(주)
인쇄 | 한영문화사

펴낸곳 | 도서출판 전나무숲 檜林
출판등록 | 1994년 7월 15일 · 제10-1008호
주소 | 121-230 서울시 마포구 방울내로 75, 2층
전화 | 02-322-7128
팩스 | 02-325-0944
홈페이지 | www.firforest.co.kr
이메일 | forest@firforest.co.kr

ISBN | 979-11-88544-88-2 (44470)
ISBN | 979-11-88544-31-8 (세트)

※ 이 책은《내 몸 안의 생명 원리 인간생물학》의 개정판입니다.
※ 책값은 뒷표지에 있습니다.

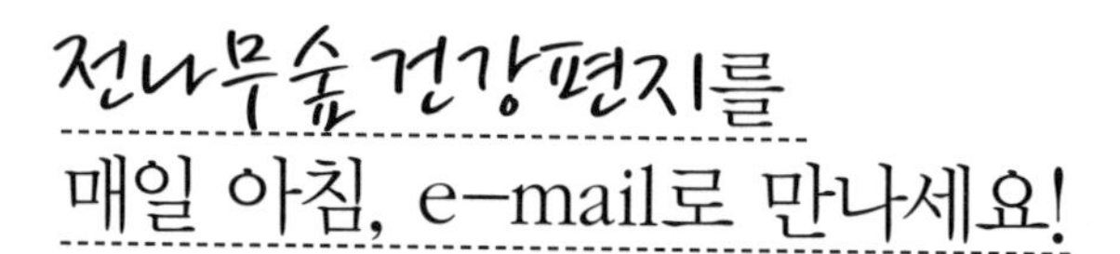

전나무숲 건강편지는 매일 아침 유익한 건강 정보를 담아 회원들의 이메일로 배달됩니다. 매일 아침 30초 투자로 하루의 건강 비타민을 톡톡히 챙기세요. 도서출판 전나무숲의 네이버 블로그에는 전나무숲 건강편지 전편이 차곡차곡 정리되어 있어 언제든 필요한 내용을 찾아볼 수 있습니다.

http://blog.naver.com/firforest

'전나무숲 건강편지'를 메일로 받는 방법 forest@firforest.co.kr로 이름과 이메일 주소를 보내주세요. 다음 날부터 매일 아침 건강편지가 배달됩니다.

유익한 건강 정보, 이젠 쉽고 재미있게 읽으세요!

도서출판 전나무숲의 티스토리에서는 스토리텔링 방식으로 건강 정보를 제공합니다. 누구나 쉽고 재미있게 읽을 수 있도록 구성해, 읽다 보면 자연스럽게 소중한 건강 정보를 얻을 수 있습니다.

http://firforest.tistory.com

스마트폰으로 전나무숲을 만나는 방법

네이버 블로그

다음 블로그